高等职业教育机电类专业"互联网＋"创新教材

工 程 力 学

第 2 版

主　　编：张春梅　段翠芳
副主编：王文堂　李　娜
参　　编：刘华博　花少震　李　伟　郭学周

U0179500

机械工业出版社

本书注重强化学生的工程意识，注意培养学生解决工程实际问题的能力。编写中，针对专业岗位的工作任务、工作过程对工程力学的要求，设计学习性工作任务，突出了应用性。

本书内容涵盖"工程力学"课程大纲的基本要求。全书共3个模块，20个典型工作任务，模块一刚体静力学包括静力学基础、平面汇交力系平衡问题、平面力偶系平衡问题、平面任意力系平衡问题和空间力系平衡问题。模块二运动力学包括刚体上一点的运动学、刚体的基本运动、点和刚体的复杂运动、质点动力学基础、刚体动力学基础、动力学普遍定理简介和达朗贝尔原理。模块三材料力学包括轴向拉伸与压缩、剪切与挤压、圆轴扭转、弯曲、应力状态与强度理论简介、组合变形、压杆稳定和动载荷与交变应力。书后附录部分有热轧型钢常用参数表，每章后均有思考与练习和习题答案。

本书采用双色印刷，并且增加了一些视频教学内容，以二维码形式放在相关知识点附近，学生用手机扫码即可观看，为阅读和学习提供了方便。

本书可作为普通高等学校应用型本科、高等职业院校、高等专科学校、成人高校和民办高校机械类和近机械类专业力学课程的教材，也可供相关的工程技术人员参考。

本书配有电子课件，凡使用本书作为教材的教师可登录机械工业出版社教育服务网 www.cmpedu.com 注册后免费下载。咨询电话：010 – 88379375。

图书在版编目（CIP）数据

工程力学/张春梅，段翠芳主编 . —2 版 . —北京：机械工业出版社，2020. 10

高等职业教育机电类专业"互联网＋"创新教材

ISBN 978-7-111-66732-2

Ⅰ . ①工… Ⅱ . ①张… ②段… Ⅲ . ①工程力学 – 高等职业教育 – 教材 Ⅳ . ①TB12

中国版本图书馆 CIP 数据核字（2020）第 189852 号

机械工业出版社（北京市百万庄大街 22 号 邮政编码 100037）
策划编辑：刘良超 责任编辑：刘良超
责任校对：李 婷 封面设计：严娅萍
责任印制：郜 敏
北京中兴印刷有限公司印刷
2021 年 2 月第 2 版第 1 次印刷
184mm×260mm·16 印张·392 千字
0 001—1 900 册
标准书号：ISBN 978-7-111-66732-2
定价：49.80 元

电话服务　　　　　　　　网络服务
客服电话：010-88361066　机 工 官 网：www.cmpbook.com
　　　　　010-88379833　机 工 官 博：weibo.com/cmp1952
　　　　　010-68326294　金 书 网：www.golden-book.com
封底无防伪标均为盗版　机工教育服务网：www.cmpedu.com

前　言

"工程力学"是高等工科院校许多专业必修的基础课程，学习本门课程能够使学生初步具备零件设计过程中力学分析和工程计算的能力，系统地引导学生结合工程实际，在学生能力和素质的培养中占有重要地位。随着教育教学的改革，高等学校的教学结构做了调整，一些前沿、时尚学科的增加，使得"工程力学"的授课时间普遍减少。但对于普通高等学校应用型本科及高职高专院校人才培养目标来说，出于培养社会适应度高、具有一定技术创新能力的高素质技术技能型专门人才的需要，"工程力学"基本理论又是不可或缺的。本书正是基于此而编写的。

在编写本书时，编者根据应用型本科和高等职业教育的特点，遵循"必需，够用"的原则，借鉴诸多力学教材，为结合编者的教学实践经验，对编写内容作了精心的选择。通过走访部分与机械相关的企业，了解专业岗位的工作任务、工作过程对工程力学的要求，以此设计学习性工作任务。繁琐的理论推导过程和实用价值较小的内容尽可能省略，增加了与实践结合的工程示例，注重强化学生的工程意识，注意培养学生解决工程实际问题的能力，尽量将抽象的力学理论具体化，深入浅出，进一步突出实用性，为学生后续专业的学习打好基础。

本书内容涵盖"工程力学"课程大纲的基本要求。全书共 3 个模块，20 个典型工作任务，编者本着加强力学基本概念、基本理论、基本解题方法训练的指导思想，力求在 70 ～ 80 学时内使学生掌握所需的力学知识。每项任务后均附有思考与练习，以进一步加强学生对教学内容的理解。

近年来，由于学科的不断融合和机器人等新兴专业的发展，对工程力学教学提出了新的要求，比如，机器人专业要求掌握动作控制相关的理论，所以编者对本书进行了改版，增加了动力学普遍定理的一些内容，使其对机械类和近机械类专业更为适用。此外，本书采用双色印刷，并且增加了一些视频教学的内容，以二维码形式放在相关知识点附近，学生手机扫码即可观看，为阅读和学习提供了方便。

本书由张春梅、段翠芳担任主编并负责统稿。参加本书编写的有河南工学院张春梅（绪论、模块二中的任务六）、段翠芳（模块二中的任务四、模块三中的任务四）、王文堂（模块一中的任务一、模块二中的任务一及模块三中的任务五）、李娜（模块一中的任务四及模块三中的任务一）、刘华博（模块一中的任务二及模块三中的任务三、任务七、任务八）、花少震（模块一中的任务三及任务五、模块二中的任务五及附录）、李伟（模块二中的任务二、任务三及模块三中的任务二、任务六）、河南奥林斯特科技有限公司郭学周（模块二中的任务七）。

鉴于编者水平，书中难免有疏漏或不妥之处，竭诚欢迎读者批评指正。

编者

目　　录

前言

绪论 ……………………………………… 1

模块一　刚体静力学 ……………………… 3

学习目标 ………………………………… 3

任务一　静力学基础 ……………………… 3

任务描述 ……………………………… 3

任务分析 ……………………………… 3

知识准备 ……………………………… 3

一、静力学的基本概念 …………… 3

二、静力学公理 …………………… 4

三、约束和约束反力 ……………… 6

四、物体的受力分析和受力图 …… 9

任务实施 ……………………………… 12

思考与练习 …………………………… 13

习题答案 ……………………………… 15

任务二　平面汇交力系平衡问题 ……… 15

任务描述 ……………………………… 15

任务分析 ……………………………… 15

知识准备 ……………………………… 15

一、平面汇交力系的合成 ………… 16

二、平面汇交力系的平衡 ………… 17

任务实施 ……………………………… 18

思考与练习 …………………………… 19

习题答案 ……………………………… 20

任务三　平面力偶系平衡问题 ………… 20

任务描述 ……………………………… 20

任务分析 ……………………………… 21

知识准备 ……………………………… 21

一、平面力对点之矩的概念与

计算 …………………………… 21

二、平面力偶 ……………………… 22

任务实施 ……………………………… 24

思考与练习 …………………………… 24

习题答案 ……………………………… 26

任务四　平面任意力系平衡问题 ……… 26

任务描述 ……………………………… 26

任务分析 ……………………………… 26

知识准备 ……………………………… 26

一、平面任意力系的简化 ………… 27

二、平面任意力系的平衡条件和

平衡方程 ……………………… 28

三、平面平行力系的平衡方程 …… 31

四、摩擦的概念与考虑摩擦时物体

的平衡问题 …………………… 33

任务实施 ……………………………… 36

思考与练习 …………………………… 37

习题答案 ……………………………… 40

任务五　空间力系平衡问题 …………… 40

任务描述 ……………………………… 40

任务分析 ……………………………… 40

知识准备 ……………………………… 41

一、力在空间直角坐标轴上的

投影 …………………………… 41

二、力对轴的矩 …………………… 42

三、合力矩定理 …………………… 43

四、空间任意力系的平衡 ………… 43

五、重心 …………………………… 46

任务实施 ……………………………… 49

思考与练习 …………………………… 51

习题答案 ……………………………… 52

模块二　运动力学 ………………………… 53

学习目标 ………………………………… 53

任务一　刚体上一点的运动学 ………… 53

任务描述 ……………………………… 53

任务分析 ……………………………… 53

知识准备 ……………………………… 53

一、矢量法描述点的运动 ………… 53

二、直角坐标法描述点的运动 …… 55

三、自然法描述点的运动 ………… 56

任务实施 …………………………… 59

思考与练习 ………………………… 60

习题答案 …………………………… 61

任务二　刚体的基本运动 ……… 61

任务描述 …………………………… 61

任务分析 …………………………… 61

知识准备 …………………………… 62

一、刚体的平行移动 …………… 62

二、刚体的定轴转动 …………… 63

三、转动刚体内各点的速度和加

速度 …………………………… 64

任务实施 …………………………… 66

思考与练习 ………………………… 66

习题答案 …………………………… 68

任务三　点和刚体的复杂运动 … 68

任务描述 …………………………… 68

任务分析 …………………………… 68

知识准备 …………………………… 68

一、点的合成运动的概念 ……… 68

二、点的速度及其合成定理 …… 69

三、刚体的平面运动 …………… 71

任务实施 …………………………… 73

思考与练习 ………………………… 74

习题答案 …………………………… 76

任务四　质点动力学基础 ……… 77

任务描述 …………………………… 77

任务分析 …………………………… 77

知识准备 …………………………… 77

一、质点动力学基本方程 ……… 77

二、质点的运动微分方程 ……… 78

三、质点动力学的两类基本问题 … 79

任务实施 …………………………… 79

思考与练习 ………………………… 80

习题答案 …………………………… 81

任务五　刚体动力学基础 ……… 81

任务描述 …………………………… 81

任务分析 …………………………… 81

知识准备 …………………………… 81

一、刚体平移动力学基本方程 … 81

二、刚体转动动力学基本方程 … 82

三、刚体对轴的转动惯量 ……… 83

任务实施 …………………………… 85

思考与练习 ………………………… 86

习题答案 …………………………… 86

任务六　动力学普遍定理简介 … 87

任务描述 …………………………… 87

任务分析 …………………………… 87

知识准备 …………………………… 87

一、动量定理 …………………… 87

二、质心运动定理 ……………… 90

三、质点和质点系的动量矩 …… 93

四、刚体动量矩的计算 ………… 93

五、质点和质点系的动量矩定理 … 94

六、动量矩守恒定律 …………… 95

七、常见力所做的功 …………… 96

八、功率 ………………………… 99

九、质点和质点系的动能 ……… 100

十、动能定理 …………………… 102

十一、动力学普遍定理概述 …… 105

任务实施 …………………………… 106

思考与练习 ………………………… 107

习题答案 …………………………… 111

任务七　达朗贝尔原理 ………… 112

任务描述 …………………………… 112

任务分析 …………………………… 112

知识准备 …………………………… 112

一、惯性力和质点的达朗贝尔

原理 …………………………… 112

二、刚体的达朗贝尔原理 ……… 114

任务实施 …………………………… 116

思考与练习 ………………………… 117

习题答案 …………………………… 119

模块三　材料力学 ………………… 120

学习目标 …………………………… 120

任务一　轴向拉伸与压缩 ……… 120

任务描述 …………………………… 120

任务分析 …………………………… 120

知识准备 …………………………… 120

一、材料力学简介 ……………… 120

二、轴向拉伸与压缩的概念与

实例 ……………………… 122

三、截面法、轴力与轴力图 ……… 122

四、轴向拉（压）杆横截面上的
应力、斜截面上的应力 …… 124

五、轴向拉（压）杆的变形及胡克
定律 ………………… 127

六、材料在轴向拉伸、压缩时的
力学性能 ……………… 129

七、轴向拉（压）杆的强度计算 … 133

八、拉（压）杆超静定问题简介 … 135

九、应力集中的概念 …………… 137

任务实施 ……………………… 137

思考与练习 …………………… 138

习题答案 ……………………… 140

任务二　剪切与挤压 …………… 140

任务描述 ……………………… 140

任务分析 ……………………… 140

知识准备 ……………………… 140

一、剪切的概念和实用计算 …… 140

二、挤压的概念和实用计算 …… 142

任务实施 ……………………… 144

思考与练习 …………………… 145

习题答案 ……………………… 146

任务三　圆轴扭转 ……………… 146

任务描述 ……………………… 146

任务分析 ……………………… 146

知识准备 ……………………… 146

一、圆轴扭转的概念与实例 …… 146

二、扭矩和扭矩图 ……………… 147

三、圆轴扭转时的应力与变形 … 149

四、极惯性矩和抗扭截面系数 … 152

五、圆轴扭转时的强度和刚度计算 …… 153

六、提高圆轴扭转强度和刚度的
措施 ………………… 157

任务实施 ……………………… 158

思考与练习 …………………… 159

习题答案 ……………………… 160

任务四　弯曲 …………………… 161

任务描述 ……………………… 161

任务分析 ……………………… 161

知识准备 ……………………… 161

一、平面弯曲的概念与实例 …… 161

二、梁的计算简图与分类 ……… 162

三、剪力和弯矩、剪力图和弯
矩图 ………………… 164

四、剪力、弯矩与分布载荷集度之
间的微分关系 ………… 171

五、纯弯曲梁横截面上的正应力 … 174

六、截面惯性矩与平行移轴公式 … 177

七、梁的切应力简介 …………… 179

八、梁弯曲时的强度计算 ……… 180

九、梁的弯曲变形与刚度条件 … 184

十、用变形比较法解简单超静
定梁 ………………… 187

十一、提高梁强度和刚度的措施 … 189

任务实施 ……………………… 192

思考与练习 …………………… 192

习题答案 ……………………… 196

任务五　应力状态与强度理论简介 … 197

任务描述 ……………………… 197

任务分析 ……………………… 197

知识准备 ……………………… 197

一、应力状态的概念 …………… 197

二、二向应力状态下的应力分析 … 198

三、三向应力状态简介与广义胡克
定律 ………………… 202

四、强度理论概述 ……………… 204

任务实施 ……………………… 207

思考与练习 …………………… 209

习题答案 ……………………… 210

任务六　组合变形 ……………… 210

任务描述 ……………………… 210

任务分析 ……………………… 211

知识准备 ……………………… 211

一、拉伸（压缩）与弯曲组合变形
的强度计算 …………… 212

二、弯曲与扭转组合变形的强度
计算 ………………… 215

任务实施 ……………………… 218

思考与练习 …………………… 219

习题答案 …………………… 220

任务七　压杆稳定 …………… 221

任务描述 …………………… 221

任务分析 …………………… 221

知识准备 …………………… 221

一、压杆稳定概述 …………… 221

二、压杆的临界应力 ………… 222

三、压杆稳定性校核 ………… 224

四、提高压杆稳定性的措施 … 225

任务实施 …………………… 227

思考与练习 ………………… 227

习题答案 …………………… 229

任务八　动载荷与交变应力 ………… 229

任务描述 …………………… 229

任务分析 …………………… 229

知识准备 …………………… 229

一、动载荷及动应力的概念 ………… 229

二、交变应力及材料的持久极限 …… 230

三、构件的持久极限和疲劳强度

计算 ………………… 233

任务实施 …………………… 234

思考与练习 ………………… 235

习题答案 …………………… 235

附录　热轧型钢常用参数表 …………… 236

参考文献 ………………… 246

绪　　论

1. 工程力学的主要内容及其任务

工程力学是研究物体机械运动一般规律及构件承载能力的一门学科。作为高等工科院校的一门课程，工程力学只是研究最基础的部分，它既可以直接解决工程问题，又是学习一系列后续课程的基础。工程力学主要内容包括静力学、运动力学、材料力学三个部分。

静力学研究物体在力系作用下的平衡规律；运动力学从几何的角度研究物体运动的一般规律，以及作用于物体上的力和运动之间的关系；材料力学研究构件的承载能力，即物体在外力作用下的强度（构件在外力作用下抵抗破坏的能力）、刚度（构件在外力作用下抵抗弹性变形的能力）、稳定性（细长杆在压力作用下保持原有直线平衡状态的能力）问题。

工程力学是与工程和力学密切相关的课程，在工程设计中具有极其重要的地位和作用。下面用两个例子来说明。

例 0-1　图 0-1 所示为搅面机，它是由机架 1、曲柄 2、搅面棒（连杆）3、摇杆 4 和容器 5 组成。当曲柄 2 转动时，搅面棒上 E 点便能模仿人手搅面，同时容器 5 绕 z 轴转动。设计这个结构，从力学计算来说，包括下述三个方面的内容。

首先，必须确定在各个构件上作用有哪些力以及它们的大小和方向。概括来说就是对处于静止状态的物体进行受力分析，这是静力学所要研究的问题。

其次，为把面搅拌均匀，要分析搅面棒上 E 点的轨迹、速度、加速度以及容器 5 的转动情况，这是运动力学所要研究的问题。

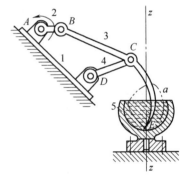

图 0-1　搅面机

1—机架　2—曲柄　3—搅面棒（连杆）

4—摇杆　5—容器

最后，在确定了作用在构件上的外力及运动情况后，还必须为各构件选用合适的材料，确定合理的截面形状和尺寸，以保证构件既能安全可靠地工作，又符合经济要求。所谓"安全可靠地工作"是指在荷载作用下构件有足够的强度、刚度和稳定性，这是材料力学所要研究的问题。

例 0-2　图 0-2 所示为塔式起重机，由配重、起重小车、桁架结构的梁和立柱等构件组成，承受各构件的自重、荷载重力、地基的支持力等。从工程力学计算来说，有如下三个方面内容。

首先，为使起重机能够正常工作，即空载和满载时均不能翻倒，要计算出配重 P_2 的大小和图中距离 x，这是静力学所要研究的问题。

其次，为使起重机能够把重物 P_1 运送到确定的位置，还要研究起重机吊臂的运动规律，这是运动力学研究的内容。

最后，在确定了构件的受力及运动情况后，还必须为各构件选用合适的材料，确定合理的截面形状和尺寸，以保证它有足够的强度和刚度。强度和刚度问题是材料力学所要研究的中心问题。

由上面两个例子可以看出，任何工程结构或机械的设计计算都离不开力学的知识。工程力学的任务就在于为各类工程结构的力学计算提供基本的理论和方法。

2. 工程力学的研究对象与模型

工程力学研究自然界以及各种工程中机械运动（物体在空间的位置随时间的变化）最普遍、最基本的规律，以指导人们认识自然界，科学地从事工程技术工作。自然界与各种工程中涉及机械运动的物体有时是很复杂的，工程力学研究其机械运动时，必须忽略一些次要因素的影响，对其进行合理简化，抽象出研究模型。由观察和试验可知，在外力作用下，任何物体均会变形。为了保证机械或结构物的

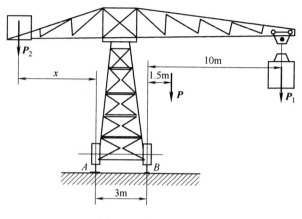

图 0-2　塔式起重机

正常工作，在工程中通常把各构件的变形限制在很小的范围内，它与构件的原始尺寸相比是微不足道的。所以静力学及运动力学中，研究物体的平衡与运动时，可以把物体视为不变形的物体，即刚体。当物体的形状和尺寸不影响所研究问题的本质时，还可以把物体简化为质点来研究。而当简化为质点不能完全反映物体的运动规律时，则可简化为由若干质点组成的系统，也称为质点系来研究。刚体就是一个特殊的质点系，即受力及运动时任意两质点之间的距离保持不变。但在材料力学中，当研究构件的强度、刚度和稳定性问题时，变形则成为不可忽略的因素，此时则把物体视为变形体，要研究物体的变形问题。

3. 工程力学在专业学习中的地位和作用

工程力学是机械类及近机械类专业的一门专业基础课程。这门课程讲述力学的基础理论和基本知识，以及处理工程力学问题的基本方法，在专业课与基础课之间起桥梁作用，是基础科学与工程技术的综合。掌握工程力学知识，不仅是为了学习后继课程，具备设计或验算构件承载能力的初步能力，而且有助于从事设备安装、运行和检修等方面的实际工作，因此，工程力学在专业技术教育中具有极其重要的地位。

力学理论的建立来源于实践，它以对自然现象的观察和生产实践经验为主要依据，揭示了唯物辩证法的基本规律。因此，工程力学对于今后研究问题、分析问题、解决问题有很大帮助，促使我们学会用辩证的观点考察问题，用唯物主义的认识观去理解世界。

4. 工程力学的学习要求和方法

工程力学有较强的系统性，各部分内容之间联系紧密，学习中要深刻理解力学的基本概念和基本定律，牢固地掌握由此而导出的解决工程力学问题的定理和公式。注意培养自己处理工程力学问题的能力，包括逻辑思维能力、抽象化能力、文字和图像表达能力、数字计算能力等。为此，应常参阅各种力学书籍，遇到问题及时与老师、同学一起讨论，演算一定数量的习题，并注意联系专业中的力学问题来拓展思维。

模块一　刚体静力学

掌握静力学的基本概念、静力学公理和推论的内容及适用范围。

掌握物体受力分析的方法，即对于单个物体或物体系统进行受力分析，分析这些物体受哪些力作用，这些力的大小、方向和作用点（线）的位置。

了解力系简化的基本方法，学会各种力系的平衡条件及平衡方程的表达形式，并能够利用平衡方程对各类工程问题进行静力计算。

任务一　静力学基础

任务描述

如图 1-1 所示，多跨梁 ACD 由 ABC 和 CD 两个简单的梁组合而成，受集中力 F 及均布荷载 q 的作用，试画出整体及梁 ABC 和 CD 段的受力图。

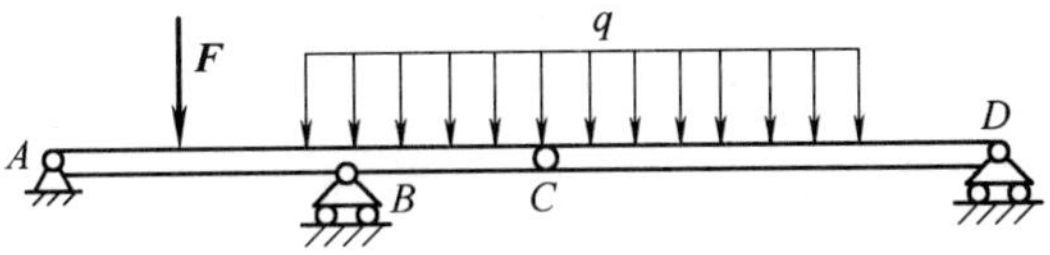

任务分析

完成多跨梁的受力分析，要了解静力学的基本概念，学习常见的约束及约束反力的画法，掌握分析物体系统及单个物体的受力情况的方法和步骤。

图 1-1　多跨梁结构简图

知识准备

一、静力学的基本概念

1. 刚体

刚体是指在力的作用下，内部任意两点之间的距离始终保持不变的物体。这是一个理想化的力学模型。实际物体在力的作用下，都会产生不同程度的变形。而这些微小的变形，对研究物体的平衡问题不起主要作用，可以略去不计，这样可使问题的研究大为简化。静力学研究的物体只限于刚体，故又称为刚体静力学。

2. 平衡

平衡是指物体相对于地面处于静止状态或匀速直线运动状态。如房屋、桥梁、工厂中的各种固定设备以及机械零件运动速度很低或加速度很小时，都可视为平衡状态。

3. 力

力是物体间相互的机械作用，这种作用产生的效应一般表现在两个方面：一是物体运动状态的改变，另一个是物体形状的改变。通常把前者称为力的运动效应（外效应），后者称为力的变形效应（内效应）。

实践表明，力对物体的作用效果应决定于三个要素：力的大小、方向、作用点。

可用一个矢量 **F** 来表示力的三个要素，如图 1-2 所示。该矢量的长度按一定的比例尺表示力的大小，矢量的方向表示力的方向，矢量的始端或末端表示力的作用点，矢量 **F** 所沿着的直线表示力的作用线。用黑体字母 **F** 表示力是矢量，而用普通字母 F 表示力的大小。

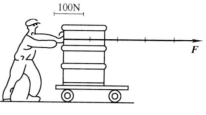

图 1-2　力矢图

在国际单位制（SI）中，以"N"作为力的单位符号，称为牛顿。在工程中有时也以"kN"作为力的单位符号，称为千牛。

4. 力系

所谓力系，是指作用于物体上的一群力。如果一个力系作用于物体上而不改变物体的原有运动状态，则称该力系为平衡力系。如果两个力系对同一物体的作用效应完全相同，则称这两个力系为等效力系。如果一个力对物体的作用效应和一个力系对同一个物体的作用效应完全相同，则该力称为该力系的合力，力系中的每一个力称为该合力的分力。求力系的合力的过程，称为力系的简化，是静力学的一个重点。

二、静力学公理

公理是人们在生活和生产实践中长期积累的经验总结，其又经过实践反复检验，被确认是符合客观实际的最普遍、最一般的规律，是进行逻辑推理计算的基础与准则。

1. 二力平衡公理

作用在刚体上的两个力，使刚体保持平衡的必要和充分条件是这两个力的大小相等，方向相反，且在同一直线上（简称等值、反向、共线），如图 1-3 所示，即

$$F_1 = -F_2 \tag{1-1}$$

这个公理表明了作用于刚体上的最简单的力系平衡时所必须满足的条件。

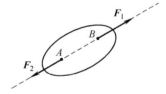

图 1-3　二力平衡

需要强调的是，二力平衡公理只适用于刚体，对于变形体来说，公理给出的条件仅是必要条件但不是充分条件。如图 1-4 所示，欲使绳索处于平衡状态，除满足 $F_1 = -F_2$ 外，还必须满足绳索是受拉伸；否则，绳索虽然受到等值、反向、共线的压力，但绳索并不平衡。

图 1-4　二力平衡公理适用范围

仅受两个力而处于平衡状态的构件称为二力构件或二力杆。

2. 加减平衡力系公理

在已知力系上加上或减去任意的平衡力系，并不改变原力系对刚体的作用。

　　根据上述两公理可以得到推论1——力的可传性定理，即作用于刚体上某点的力，可以沿着它的作用线在刚体上任意移动，并不改变该力对刚体的作用效果。

　　证明：设有力 F 作用在刚体上的 A 点，如图1-5a所示。根据加减平衡力系原理，可在力的作用线上任取一点 B，并加上两个相互平衡的力 F_1 和 F_2，使 $F = F_2 = -F_1$，如图1-5b所示。由于力 F 和 F_1 也是一个平衡力系，故可除去，这样只剩下一个力 F_2，如图1-5c所示。即原来的力 F 沿其作用线移到了 B 点。

　　由此可见，对于刚体来说，力的三要素是：力的大小、方向和作用线。作用于刚体上的力可以沿着作用线移动，这种矢量称为滑动矢量。

3. 力的平行四边形公理

　　作用在物体上同一点的两个力，可以合成为一个合力。合力的作用点也在该点，合力的大小和方向，由这两个力为边构成的平行四边形的对角线确定，如图1-6a所示；或者说，合力矢等于这两个力矢的几何和，即

$$F_R = F_1 + F_2 \tag{1-2}$$

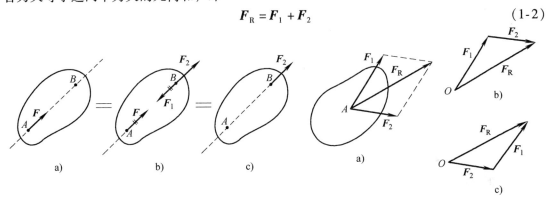

图1-5　力的可传性
a）作用于 A 点的力 F　b）加在 B 点的
平衡力 F_1 和 F_2　c）力 F 传递到 B 点

图1-6　力的平行四边形公理
a）平行四边形法则合成作用于 A 点的二力 F_1、F_2
b）三角形法则合成作用于 A 点的二力 F_1、F_2
c）三角形法则应用时力的不同合成次序

　　这个公理表明了最简单力系的简化规律，它是复杂力系简化的基础。

　　应用此公理求两汇交力合力的大小和方向（即合力矢）时，可由任一点 O 起，另作一力三角形，如图1-6b、c所示。三角形的两个边分别为力矢 F_1 和 F_2，第三边 F_R 即代表合力矢，而合力的作用点仍在汇交点 A，简称力的三角形法则。

　　根据上述公理可以导出推论2——三力平衡汇交定理，即刚体在三个力作用下平衡，若其中两个力的作用线汇交于一点，则此三力必在同一平面内，且三个力的作用线汇交于一点。

　　证明：如图1-7所示，在刚体的 A、B、C 三点上，分别作用三个相互平衡的力 F_1、F_2、F_3。根据力的可传性，将力 F_1 和 F_2 移到汇交点 O，然后根据力的平行四边形规则，得合力 F_{12}。则力 F_3 应与 F_{12} 平衡。由于两个力平衡必须共线，所以力 F_3 必定与力 F_1 和 F_2 共面，且通过力 F_1 与 F_2 的交点 O。于是定理得证。

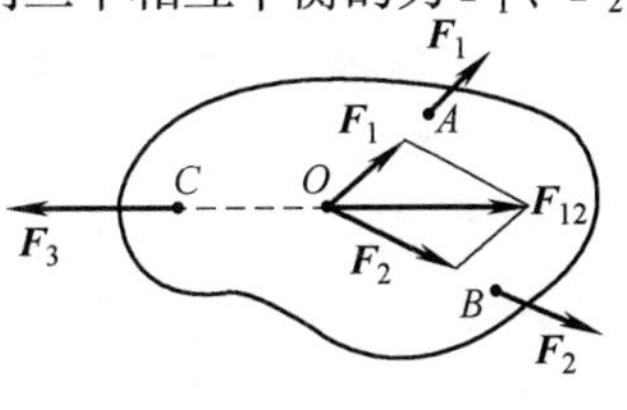

4. 作用和反作用公理

　　两物体之间的作用力和反作用力总是同时存在，两力的

图1-7　三力汇交定理

大小相等、方向相反，沿着同一直线，分别作用在两个相互作用的物体上。

这个公理概括了物体间相互作用的关系，表明作用力和反作用力总是成对出现的。但是必须强调指出，由于作用力与反作用力分别作用在两个物体上，因此不能认为作用力与反作用力相互平衡。作用力与反作用力用（F，F'）表示，如图 1-8 所示。

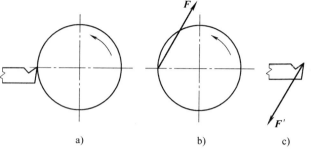

图 1-8　作用力与反作用力

5. 刚化公理

变形体在某一力系作用下处于平衡，如将此变形体刚化为刚体，其平衡状态保持不变。

这个公理提供了将变形体看作刚体模型的条件——平衡。例如，绳索在等值、反向、共线的两个拉力作用下处于平衡，若将绳索刚化成刚体，其平衡状态保持不变。而绳索在两个等值、反向、共线的压力作用下并不能平衡，这时绳索就不能刚化为刚体。但刚体在上述两种力系的作用下都是平衡的。

由此可见，刚体的平衡条件是变形体平衡的必要条件，而非充分条件。在刚体静力学的基础上，考虑变形体的特性，可进一步研究变形体的平衡问题。

静力学的全部结论都可以由上述五个公理推证而得到。

三、约束和约束反力

1. 约束的概念

有些物体，例如飞行的飞机、炮弹和火箭等，它们在空间的位移不受任何限制。位移不受限制的物体称为自由体。相反，有些物体在空间的位移却要受到一定的限制，如机车受铁轨的限制，只能沿轨道运动；电动机转子受轴承的限制，只能绕轴线转动；重物由钢索吊住，不能下落等。位移受到限制的物体称为非自由体。

对非自由体的某些位移起限制作用的周围物体称为约束。

约束阻碍物体的位移，约束对物体的作用就是力，这种力称为约束反力。因此，约束反力的方向必与该约束所能阻碍的位移方向相反。应用这个准则，可以确定约束反力的方向或作用线的位置，但约束反力的大小则是未知的。

物体独立运动的方程个数称为物体的自由度，空间物体的自由度为 6，平面物体的自由度为 3，约束使得物体的自由度减少，减少的数目等于约束数。

在静力学问题中，约束反力和物体受的其他已知力（称主动力）组成平衡力系，利用平衡条件求出未知的约束反力是静力学的主要任务。

2. 工程中几种经常遇到的简单的约束类型

（1）柔性约束　细绳吊住重物，如图 1-9a 所示。由于柔软的绳索本身只能承受拉力，所以它给物体的约束反力也只可能是拉力，如图 1-9b 所示。因此，绳索对物体的约束反力，作用在接触点，方向沿着绳索背离物体。通常用 F 或 F_T 表示这类约束反力。

链条或胶带也都只能承受拉力。当它们绕在轮子上时，对轮子的约束反力沿轮缘的切线方向（图 1-10）。

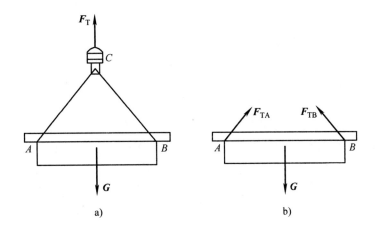

图 1-9　柔绳的约束

a）重物悬挂示意图　b）重物受力图

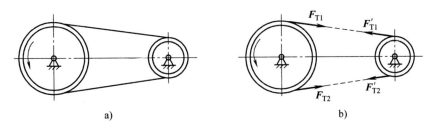

图 1-10　链条约束

（2）光滑接触面约束　支持物体的固定面（图 1-11 和图 1-12）、啮合齿轮的齿面（图 1-13）、机床中的导轨等，当摩擦忽略不计时，都属于这类约束。

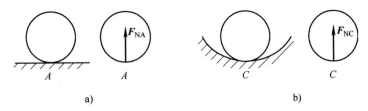

图 1-11　光滑接触面约束（一）

a）平直支持面约束　b）曲线支持面约束

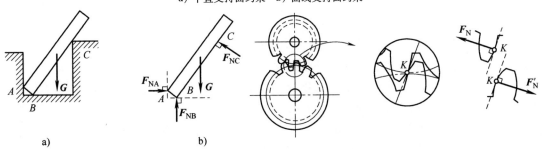

a）　　　　　b）

图 1-12　光滑接触面约束（二）

图 1-13　齿面约束

这类约束不能限制物体沿约束表面切线方向的位移，只能阻碍物体沿接触表面法线方向并向约束内部的位移。因此，光滑支承面对物体的约束反力，作用在接触点处，方向沿接触表面的公法线，并指向受力物体。这种约束反力称为法向反力，通常用 F_N 表示。

（3）光滑圆柱铰链约束　分别在两个构件上加工出孔径相同的圆孔，用圆柱销钉插入两个被连接构件的圆孔中（接触处光滑，不计摩擦力），从而形成光滑圆柱铰链约束，如图 1-14a、b 所示。图 1-14c、d 所示为工程简图。这种铰链约束只能阻碍物体间相对的径向位移，不限制绕圆柱销轴线的转动和平行于圆柱销轴线的移动。由于圆柱销和圆柱孔是光滑面接触，则约束反力应沿接触点公法线且垂直于轴线。当主动力尚未确定时，接触点的位置也不能确定。然而，无论约束反力朝向何方，它的作用线必垂直于轴线并通过轴心，如图 1-14e 所示。这样一个方向不能预先确定的约束反力，通常可用通过轴心的两个大小未知的正交分力 F_{Cx}、F_{Cy} 来表示，F_{Cx}、F_{Cy} 的指向暂可任意假定，常假设为正方向，如图 1-14f 所示。

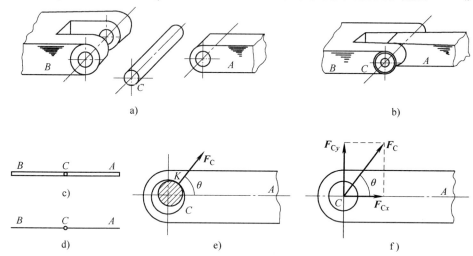

图 1-14　光滑圆柱铰链约束

a）光滑圆柱铰链组成结构　b）光滑圆柱铰链　c）、d）光滑圆柱
铰链简图　e）约束反力示意图　f）约束反力表示方法

根据被连接构件的具体情况不同，光滑圆柱铰链可以表现为以下两种形式：向心轴承（图 1-15）和固定铰链支座（图 1-16）。固定铰链支座是指光滑圆柱铰链约束中某一运动构件与地基或固结于地面的构件固结而不能再运动的约束形式。

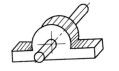

图 1-15　向心轴承约束

（4）滚动铰链支座　这种支座是在固定铰链支座与光滑支承面之间，安装几个辊轴而构成的，又称辊轴支座，如图 1-17a 所示，其简化画法如图 1-17b 所示。它可以沿支承面移动，常用在桥梁、屋架等结构中，以缓解由于温度变化而引起结构跨度的自由伸长或缩短。显然，滚动支座的约束性质与光滑面约束相同，仅限制构件沿支承面垂直方向的位移，其约束反力必垂直于支承面，且通过铰链中心。通常用 F_N 表示其法向约束反力，如图 1-17c 所示。

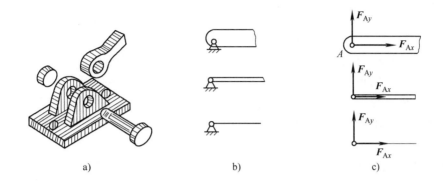

图 1-16　固定铰链支座约束

a）固定铰链支座结构图　b）固定铰链支座表示方法

c）固定铰链支座约束反力画法

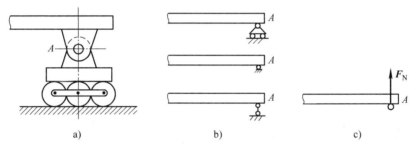

图 1-17　滚动铰链支座约束反力表示方法

a）滚动铰链支座简图　b）滚动铰链支座简化画法

c）滚动铰链支座约束反力画法

（5）推力轴承　推力轴承与向心轴承不同，它除了能限制轴的径向位移以外，还限制轴沿轴向的位移。因此，它比向心轴承多一个沿轴向的约束力，即其约束反力有三个正交分量 F_x、F_y、F_z。推力轴承的简图及其约束反力如图 1-18 所示。

在工程中，约束的类型远不止这些，有的约束比较复杂，分析时需要加以简化或抽象化，在以后的章节中，我们将继续介绍。

图 1-18　推力轴承约束反力表示方法

四、物体的受力分析和受力图

在工程实际中，为了求出未知的约束反力，需要根据已知力，应用平衡条件求解。为此，要确定物体受了几个力，每个力的作用位置和力的作用方向，这种分析过程称为物体的受力分析。

作用在物体上的力可分为两类：一类是主动力，例如物体的重力、风力、气体压力等，一般是已知的；另一类是约束对于物体的约束反力，为未知的被动力。

为了清晰地表示物体的受力情况，我们把需要研究的物体（称为受力体）的约束全部解除，并把它从周围的物体（称为施力体）中分离出来，单独画出它的简图（由真实的工程结构或构件简化成的能进行分析计算的平面图形），这个步骤称为取研究对象或取分离体。然后把施力物体对研究对象的作用力（包括主动力和约束反力）全部画出来。这种表示物体受力的简明图形，称为受力图。画物体受力图是解决静力学问题的一个重要步骤，下面举例说明。

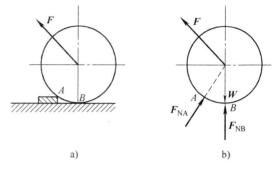

例1-1 用力 F 拉动碾子以压平路面，重力为 W 的碾子受到一石块的阻碍，如图1-19a 所示。试画出碾子的受力图。

解 （1）选取研究对象 取碾子为研究对象（即取分离体），并单独画出其简图。

图1-19　碾子工作图
a) 碾子工作简图　b) 碾子受力图

（2）画主动力 有地球的引力 W 和杆对碾子中心的拉力 F。

（3）画约束反力 因碾子在 A 和 B 两处受到石块和地面的约束，如不计摩擦，均为光滑表面接触，故在 A 处受石块的法向反力 F_{NA} 的作用，在 B 处受地面的法向反力 F_{NB} 的作用，它们都沿着碾子上接触点的公法线而指向圆心。

碾子的受力图如图1-19b 所示。

例1-2 如图1-20a 所示，水平梁 AB 用斜杆 CD 支承，A、B、D 三处均为光滑铰链连接。均质梁重 W，其上放置一重为 P 的电动机。如不计杆 CD 的自重，试分别画出杆 CD 和梁 AB（包括电动机）的受力图。

解 （1）先分析斜杆 CD 的受力

由于斜杆的自重不计，因此杆只在铰链 C、D 处受有两个约束反力 F_C 和 F_D。根据光滑铰链的特性，这两个约束反力必定通过铰链 C、D 的中心，方向暂不确定。考虑到杆 CD 只在 F_C 和 F_D 二力作用下平衡，根据二力平衡公理，这两个力必定沿同一直线，且等值、反向。由此可确定 F_C 和 F_D 的作用线应沿铰链中心 C、D 的连线，由经验判断，此处杆 CD 受

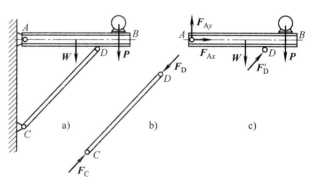

图1-20　支架工作图
a) 支架工作简图　b) 斜梁受力图　c) 水平梁受力图

压力，其受力图如图1-20b 所示。一般情况下，F_C 和 F_D 的指向不能预先判定，可先任意假设杆受拉力或压力。若根据平衡方程求得的力为正值，说明原假设力的指向正确；若为负值，则说明实际杆受力与原假设指向相反。

（2）取梁 AB（包括电动机）为研究对象 它受到 W、P 两个主动力的作用。梁在铰链 D 处有二力杆 CD 给它的约束反力 F'_D 的作用。根据作用和反作用定律，$F'_D = -F_D$。梁在 A 处受固定铰链支座给它的约束反力的作用，由于方向未知，可用两个大小未定的正交分力

F_{Ax} 和 F_{Ay} 表示。

梁 AB 的受力图如图 1-20c 所示。

例1-3　如图 1-21a 所示的三铰拱桥，由左、右两拱铰接而成。设各拱自重不计，在拱 AC 上作用有荷载 F。试分别画出拱 AC 和 CB 的受力图。

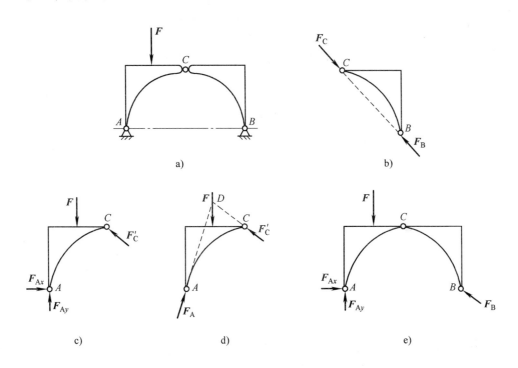

图 1-21　三铰拱及其受力图

a) 三铰拱工作简图　b) 右拱 BC 受力图　c)、d) 左拱 AC 受力图　e) 整体受力图

解　（1）先分析拱 BC 受力　由于拱 BC 自重不计，且只在 B、C 两处受到铰链约束，所以 BC 拱在二力作用下平衡，故其为二力杆。设其受力如图 1-21b 所示。

（2）取拱 AC 为研究对象　由于自重不计，因此主动力只有荷载 F。拱在铰链 C 处受有拱 BC 给它的约束反力 F_C' 的作用，根据作用和反作用公理，$F_C' = -F_C$。拱在 A 处受有固定铰支给它的约束反力 F_A 的作用，由于方向未定，用两个大小未知的正交分力 F_{Ax} 和 F_{Ay} 代替。

拱 AC 的受力图如图 1-21c 所示。

再进一步分析可知，由于拱 AC 在 F、F_C' 和 F_A 三个力作用下平衡，故可根据三力平衡汇交定理，确定铰链 A 处约束反力 F_A 的方向。点 D 为力 F 和 F_C' 作用线的交点，当拱 AC 平衡时，反力 F_A 的作用线必通过点 D（图 1-21d），至于 F_A 的指向，暂且假定如图 1-21c 所示，以后由平衡条件确定。

整体的受力图如图 1-21e 所示。

请读者考虑：若左右两拱都计入自重，各受力图有何不同？

需要强调的是，在对由几个物体所组成的系统进行受力分析时，必须注意区分内力和外力。系统内部各物体之间的相互作用力是该系统的内力；系统外部物体对系统内物体的作用力是该系统的外力。但是，内力与外力的区分不是绝对的，在一定的条件下，内力与外力是可以相互转化的。例如在图1-21b、c中，若分别以杆 AC、BC 为研究对象，则力 F_C 和力 F_C' 分别是这两部分的外力。如果将各部分合为一个系统来研究，即以整体为研究对象，则力 F_C 和力 F_C' 则属于系统内两部分之间的相互作用力，成为该系统的内力。由牛顿第三定律可知，内力总是成对出现的，且彼此等值、反向、共线。对整个系统来说，内力对整体的外效应没有影响。因此，在画系统整体的受力图时，只需画出全部外力，不必画出内力。该结构整体的受力图如图1-21e所示。

对物体进行受力分析，恰当地选取分离体并正确地画出受力图是解决力学问题的基础，不能有任何错误，否则以后的分析计算将会得出错误的结论。为使读者能正确地画出受力图，现提出以下几点供参考：

1）要明确哪个物体是研究对象，并将研究对象从它周围的约束中分离出来，单独画出其简图。

2）受力图上要画出研究对象所受的全部主动力和约束反力，并用习惯使用的字母加以标记。为了避免漏画某些约束反力，要记住分离体在哪几处被解除约束，则在这几处必作用着相应的约束反力。

3）每画一力都要有依据，要能指出它是哪个物体（施力物体）施加的，不要臆想一些实际上并不存在的力加在分离体上，尤其不要把其他物体所受的力画到分离体上。

4）约束反力的方向要根据约束的性质来判断，切忌单凭直观任意猜测。

5）在画整个物体系统的受力图时，系统内任何两物体间相互作用的力（内力）不应画出。当分别画两个相互作用的物体的受力图时，要特别注意作用力与反作用力的关系，作用力的方向一经设定，反作用力的方向就应与之相反。

6）画图时先局部、后整体，先简单、后复杂，先主动力、后约束反力。

▶▶▶ **任务实施**

试画出图1-1所示多跨复合梁整体及梁 ABC 和 CD 段的受力图。

解　（1）杆 ABC 段受力图　取 ABC 为研究对象，解除约束，画出分离体图。主动力 F 及作用在 BC 部分的均布荷载 q，A 端为固定铰链支座的约束，解除约束后可用两个正交分力 F_{Ax}、F_{Ay} 来表示；在 B 处为滚动铰链支座约束，解除约束后可用垂直分力 F_{By} 表示，C 处为中间圆柱铰链的约束，解除约束后可用两个正交分力 F_{Cx}、F_{Cy} 来表示；受力图如图1-22a所示。

（2）杆 CD 的受力图　取杆 CD 为研究对象，解除约束，画出分离体图，主动力有作用在 CD 部分的均布荷载 q。C 处为中间圆柱铰链的约束，解除约束后可用两个正交分力来表示，这两个正交分力与 ABC 杆 C 处的正交分力 F_{Cx}、F_{Cy} 分别为作用、反作用力，用 F_{Cx}'、F_{Cy}' 表示，方向如图1-22b所示。在 D 处滚动铰链支座约束，解除约束后可用铅直分力 F_{Dy} 表示，CD 受力图如图1-22b所示。

（3）整体受力图　取整体为研究对象，解除约束，画出分离体图，主动力 F 及均布荷载 q。C 处为系统内部的力，在整体受力图中不出现，解除 A、B、D 处约束，画法同步骤（1）、（2）中 A、B、D 处约束反力的画法。整体的受力图如图1-22c所示。

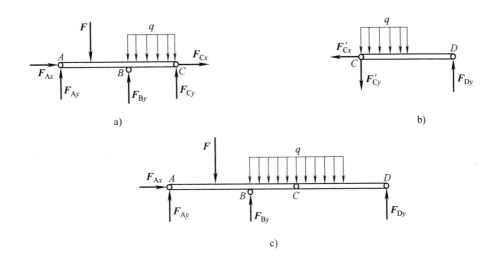

图 1-22　多跨梁的受力图

a) *ABC* 杆受力图　b) *CD* 杆受力图　c) 系统整体受力图

思考与练习

1. 静力学的研究对象是什么？

2. 两个大小相等的力，对同一物体的作用效果是否相同？

3. 物体在三个力的作用下一定平衡吗？

4. 圆柱铰链约束是一个力还是两个力，为什么常用相互垂直的两个力表示。

5. 柔绳约束和光滑面约束的主要区别是什么？

6. 二力杆的形状可以是任意的吗？凡两端用铰链连接的直杆均为二力杆，对吗？图 1-23 中哪些杆件是二力杆？（不考虑重力和摩擦）

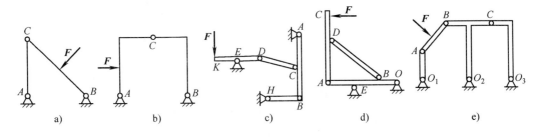

图 1-23　题 6 图

7. 图 1-24 所示受力图是否正确，请说明原因。

8. 画出图 1-25 中物体 *A*，构件 *AB* 或 *ABC* 的受力图，未画重力的物体的重力均不计，所有接触处均为光滑接触。

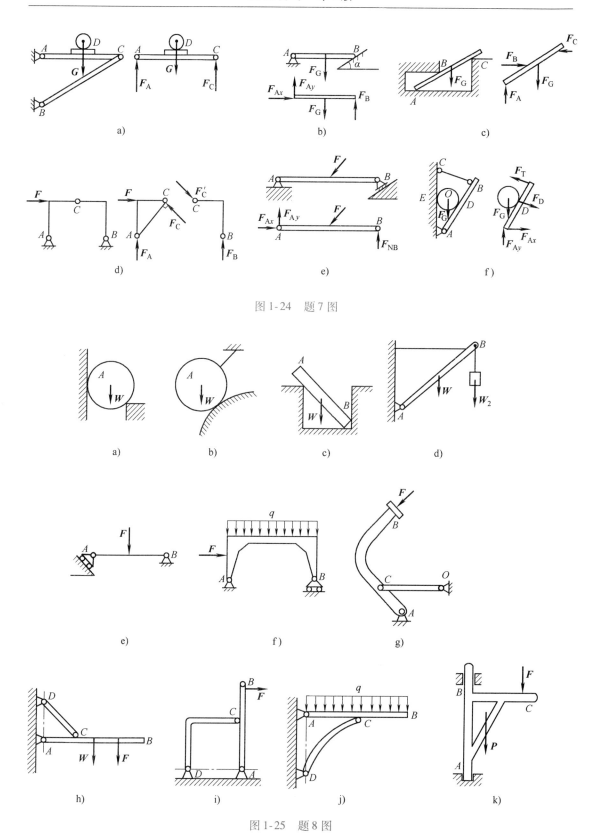

图 1-24　题 7 图

图 1-25　题 8 图

9. 画出图 1-26 所示每个标注字符的物体（不包含销钉、支座、基础）的受力图及系统整体的受力图。未画重力的物体的重力均不计，所有接触处均为光滑接触。

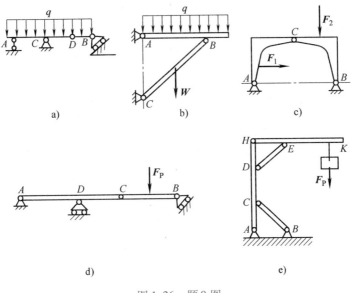

图 1-26 题 9 图

习 题 答 案

略

任务二 平面汇交力系平衡问题

任务描述

如图 1-27 所示，重物 $W = 20$kN，用钢丝绳挂在支架的滑轮 B 上，钢丝绳的另一端缠绕在绞车 D 上。杆 AB 与 BC 铰接，并以铰链 A、C 与墙连接。如两杆和滑轮的自重不计，并忽略摩擦和滑轮的大小，试求平衡时杆 AB 和 BC 所受的力。

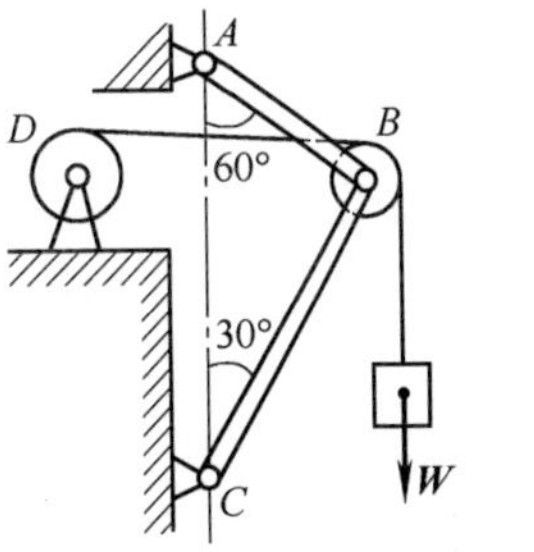

任务分析

本任务学习平面汇交力系平衡问题的工程应用，学习力在平面直角坐标系中的投影及汇交力系合成与平衡的计算方法。

图 1-27 绞车提升重物图

知识准备

平面汇交力系是最简单力系之一，是研究复杂力系的基础。本任务将分别用几何法与解析法研究平面汇交力系的合成与平衡问题，同时介绍其工程应用。

一、平面汇交力系的合成

平面汇交力系是指各力的作用线都在同一平面内且汇交于一点的力系。

1. 平面汇交力系合成的几何法

平面汇交力系合成的几何法采用力多边形法则。设一刚体受到平面汇交力系 F_1、F_2、F_3、F_4 的作用，各力作用线汇交于点 A，根据刚体内部力的可传性，可将各力沿其作用线移至汇交点 A，如图 1-28a 所示。

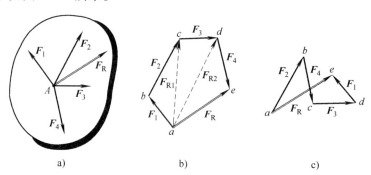

图 1-28　力多边形法则

a）汇交于点 A 的力系　b）用力多边形法则求合力　c）求合力的另一种方法

为合成此力系，可根据力的平行四边形法则，逐步两两合成各力，最后求得一个通过汇交点 A 的合力 F_R，还可以用更简便的方法求此合力 F_R 的大小与方向。任取一点 a，先作力三角形求出 F_1 与 F_2 的合力大小与方向 F_{R1}，再作力三角形合成 F_{R1} 与 F_3 得 F_{R2}，最后合成 F_{R2} 与 F_4 得 F_R，如图 1-28b 所示。多边形 $abcde$ 称为此平面汇交力系的力多边形，矢量 ae 称为此力多边形的封闭边。封闭边矢量 ae 即表示此平面汇交力系合力 F_R 的大小与方向（即合力矢），而合力的作用线仍应通过原汇交点 A，如图 1-28a 所示的 F_R。

必须注意，此力多边形的矢序规则为：各分力的矢量沿着环绕力多边形边界的同一方向首尾相接。由此组成的力多边形 $abcde$ 有一缺口，故称为不封闭的力多边形，而合力矢则应沿相反方向连接此缺口，构成力多边形的封闭边。多边形法则是一般矢量相加（几何和）的几何解释。根据矢量相加的交换律，任意变换各分力矢的作图次序，可得形状不同的力多边形，但其合力矢仍然不变，如图 1-28c 所示。

总之，平面汇交力系可简化为一合力，其合力的大小与方向等于各分力的矢量和（几何和），合力的作用线通过汇交点。设平面汇交力系包含 n 个力，以 F_R 表示它们的合力矢，则有

$$F_R = F_1 + F_2 + \cdots + F_n = \sum_{i=1}^{n} F_i = \sum F_i = \sum F \tag{1-3}$$

合力 F_R 对刚体的作用与原力系对该刚体的作用等效。

2. 平面汇交力系合成的解析法

解析法是通过力矢在坐标轴上的投影来分析力系的合成及其平衡条件的一种方法。

（1）力在正交坐标轴系上的投影与力的解析表达式　如图 1-29 所示，已知力 F 与平面

内正交轴 x、y 的夹角分别为 α、β，则力 $\boldsymbol{F}$ 在 x、y 轴上的投影分别为

$$\left.\begin{array}{l} F_x = F\cos\alpha \\ F_y = F\cos\beta = F\sin\alpha \end{array}\right\} \tag{1-4}$$

即力在某轴的投影，等于力的模乘以力与投影轴正向间夹角的余弦。力在轴上的投影为代数量，投影的正负号规定为：由起点到终点的指向与坐标轴正向一致时为正，反之为负。当力矢与投影轴垂直时，投影为零。

（2）合力投影定理　根据合矢量投影定理，合力在某一轴上的投影等于各分力在同一轴上投影的代数和。

设由 n 个力组成的平面汇交力系作用于一个刚体上，以汇交点 O 作为坐标原点，建立直角坐标系 Oxy，如图 1-30a 所示。

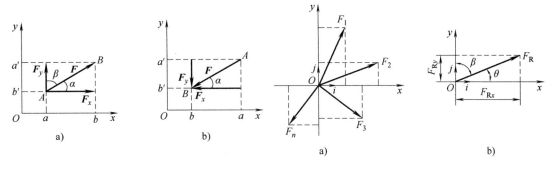

图 1-29　力在正交坐标轴上的投影

图 1-30　合力投影定理示意图

a) 各力在直角坐标系 Oxy 的投影

b) 合力在直角坐标系 Oxy 的投影

$$\left.\begin{array}{l} F_{Rx} = F_{x1} + F_{x2} + \cdots + F_{xn} = \sum_{i=1}^{n} F_{xi} \\ F_{Ry} = F_{y1} + F_{y2} + \cdots + F_{yn} = \sum_{i=1}^{n} F_{yi} \end{array}\right\} \tag{1-5}$$

式中，F_{x1} 和 F_{y1}，F_{x2} 和 F_{y2}，$\cdots$，F_{xn} 和 F_{yn} 分别为各分力在 x 和 y 轴上的投影，F_{Rx}、F_{Ry} 为合力 $\boldsymbol{F}_R$ 在 x、y 轴上的投影。

合力矢的大小和方向余弦为

$$\left.\begin{array}{l} F_R = \sqrt{F_{Rx}^2 + F_{Ry}^2} = \sqrt{\left(\sum F_x\right)^2 + \left(\sum F_y\right)^2} \\ \cos\theta = \dfrac{F_{Rx}}{F_R}, \quad \cos\beta = \dfrac{F_{Ry}}{F_R} \end{array}\right\} \tag{1-6}$$

二、平面汇交力系的平衡

1. 平面汇交力系平衡的几何条件

由于平面汇交力系可用其合力来代替，显然，平面汇交力系平衡的必要和充分条件是：该力系的合力等于零。如用矢量等式表示，即

$$\sum \boldsymbol{F} = 0 \tag{1-7}$$

几何法中在平衡情形下，力多边形中最后一力的终点与第一力的起点重合，此时的力多边形称为封闭的力多边形。于是，可得如下结论：平面汇交力系平衡的必要和充分条件是：该力系的力多边形自行封闭。

求解平面汇交力系的平衡问题时可用图解法，即按比例先画出封闭的力多边形，然后，用尺和量角器在图上量得所要求的未知量；也可根据图形的几何关系，用三角公式计算出所要求的未知量，这种解题方法称为几何法。几何法一般用于受力简单的场合。

2. 平面汇交力系平衡的解析条件

由上述可知，平面汇交力系平衡的必要和充分条件是：该力系的合力 F_R 等于零。由式 (1-6) 应有

$$F_R = \sqrt{F_{Rx}^2 + F_{Ry}^2} = \sqrt{\left(\sum F_x\right)^2 + \left(\sum F_y\right)^2} = 0$$

欲使上式成立，必须同时满足

$$\left.\begin{matrix} F_{Rx} = 0 \\ F_{Ry} = 0 \end{matrix}\right\} \quad 简记 \quad \left.\begin{matrix} \sum F_x = 0 \\ \sum F_y = 0 \end{matrix}\right\} \tag{1-8}$$

于是，平面汇交力系平衡的必要和充分条件是：各力在两个坐标轴上投影的代数和分别等于零。

式 (1-8) 就是平面汇交力系的平衡方程，用这个方程可以求解两个未知量。

汇交力系的平衡问题解析法的解题主要步骤如下：

1) 选取研究对象、分析受力，画受力图并建立合适的坐标系。坐标轴尽量与各力作用线平行或垂直。

2) 列方程求解。方程次序不分先后，尽量先列一个方程就可以求出一个未知数。尽量避免解联立方程。

3) 结论，即答案分析，为工程问题给出明确的结论。

>>> 任务实施

试求图 1-27 任务描述中系统平衡时杆 AB 和 BC 所受的力，其受力图如图 1-31 所示。

解 （1）取研究对象　由于 AB 和 BC 两杆都是二力杆，假设杆 AB 受拉力、杆 BC 受压力，如图 1-31b 所示。为了求出这两个未知力，可通过求两杆对滑轮的约束反力来解决。因此选取滑轮 B 为研究对象。

（2）画受力图　滑轮受到钢丝绳的拉力 F_1 和 F_2（已知 $F_1 = F_2 = W$）。此外，杆 AB 和 BC 对滑轮的约束反力为 F_{BA} 和 F_{BC}。由于滑轮的大小可忽略不计，故这些力可看作是汇交力系，如图 1-31c 所示。

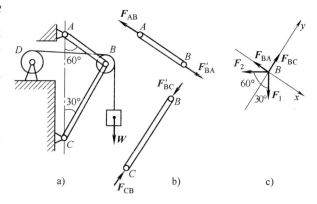

图 1-31　绞车提升重物及其受力图

a) 绞车工作示意图　b) AB 和 BC 受力图　c) 滑轮 B 受力图

（3）列平衡方程　选取坐标轴如图 1-31c 所示。为使每个未知力只在一个轴上有投影，

在另一轴上的投影为零，坐标轴应尽量取在与未知力作用线相垂直的方向。这样在一个平衡方程中只有一个未知数，不必解联立方程，即

$$\sum F_x = 0, \quad F_1 \sin 30° - F_2 \sin 60° - F_{BA} = 0 \tag{a}$$

$$\sum F_y = 0, \quad F_{BC} - F_1 \cos 30° - F_2 \cos 60° = 0 \tag{b}$$

（4）求解方程 由式（a）得

$$F_{BA} = -0.366W = -7.321\text{kN}$$

由式（b）得

$$F_{BC} = 1.366W = 27.32\text{kN}$$

所求结果，F_{BC} 为正值，表示此力的假设方向与实际方向相同，即杆 BC 受压。F_{BA} 为负值，表示此力的假设方向与实际方向相反，即杆 AB 也受压。

思考与练习

1. 汇交力系的合力是否一定比分力大？

2. 汇交力系的力多边形是否一定封闭？

3. 汇交力系中力的个数较少时，宜用什么方法求其合力？力的个数较多时，宜用什么方法求其合力？

4. 汇交力系的合力等于零，则各力在两坐标轴上投影的代数和一定等于零，两坐标轴必须垂直吗？

5. 某刚体受平面汇交力系作用，其力多边形如图 1-32 所示。问这些图中哪一个图是平衡力系？哪一个图是有合力的？其合力又是哪一个力？

6. 如图 1-33 所示，固定在墙壁上的圆环受三条绳索的拉力作用，力 F_1 沿水平方向，力 F_3 沿铅直方向，力 F_2 与水平线成 40° 角。三力的大小分别为 $F_1 = 2000\text{N}$，$F_2 = 2500\text{N}$，$F_3 = 1500\text{N}$，求三力的合力。

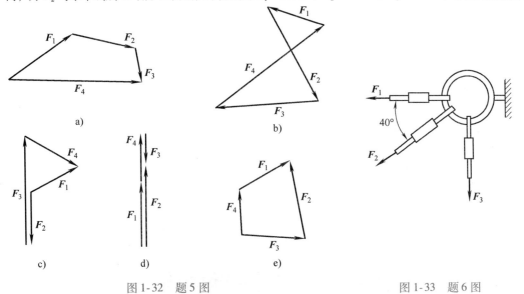

图 1-32 题 5 图   图 1-33 题 6 图

7. 物体重 $W = 20\text{kN}$，用绳子挂在支架的滑轮 B 上，绳子的另一端系在绞车 D 上，如图 1-34 所示。转动绞车，物体便能升起。A、B、C 处均为光滑铰链连接。钢丝绳、杆和滑轮的自重均不计，并忽略摩擦和滑轮的大小。试求平衡时杆 AB 和 BC 所受的力。

8. 在图 1-35 所示钢架的点 B 作用一水平力 $\boldsymbol{F}$，钢架重力不计。求支座 A 和 D 的约束反力 $\boldsymbol{F}_A$ 和 $\boldsymbol{F}_D$。

9. 如图 1-36 所示，输电线 ACB 架在两电线杆之间，形成一下垂曲线，下垂距离 $\overline{CD}=f=1\mathrm{m}$，两电线杆间距离 $\overline{AB}=40\mathrm{m}$。假设输电线 ACB 重 $P=400\mathrm{N}$，可近似认为沿 AB 直线均匀分布。求电线的中点和两端的拉力。

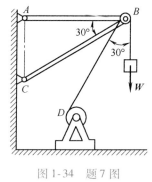

图 1-34　题 7 图

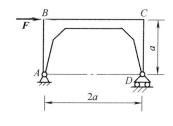

图 1-35　题 8 图

10. 如图 1-37 所示支架，在 B 处悬挂 $G=10\mathrm{kN}$ 的重物。试求杆 AB、BC 所受的力。

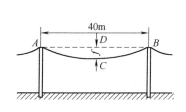

图 1-36　题 9 图

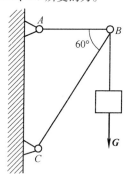

图 1-37　题 10 图

习 题 答 案

6. $F_R=5000\mathrm{N}$，与水平轴夹锐角 $38°28'$

7. $F_{AB}=54.64\mathrm{kN}$（拉力），$F_{BC}=74.64\mathrm{kN}$（压力）

8. $F_A=\dfrac{\sqrt{5}}{2}F$，方向沿 AC 连线向下；$F_D=\dfrac{1}{2}F$，方向向上

9. $F_C=2\mathrm{kN}$，$F_A=F_B=2.01\mathrm{kN}$

10. $F_{BC}=11.54\mathrm{kN}$（压力），$F_{AB}=5.77\mathrm{kN}$（拉力）

任务三　平面力偶系平衡问题

　任务描述

如图 1-38 所示的工件上有三个力偶。已知 $M_1=M_2=10\mathrm{N·m}$，$M_3=20\mathrm{N·m}$；两固定光

滑螺柱 A 和 B 的距离 $AB = 200\mathrm{mm}$。试求两光滑螺柱所受的水平力。

本任务学习力偶的工程应用，理解力偶、力偶矩的概念和性质，学习力偶的合成方法与力偶平衡方程的应用。

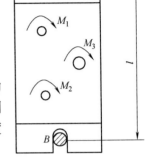

图 1-38　工件及其受力图

一、平面力对点之矩的概念与计算

力对刚体的作用效应使刚体的运动状态发生改变（包括移动与转动），其中力对刚体的移动效应可用力矢来度量；而力对刚体的转动效应可用力对点之矩（简称力矩）来度量，即力矩是度量力对刚体转动效应的物理量。

1. 力对点之矩（力矩）

如图 1-39 所示，平面上作用一力 $\boldsymbol{F}$，在同平面内任取一点 O，点 O 称为矩心，点 O 到力的作用线的垂直距离 h 称为力臂，则在平面问题中力对点之矩的定义如下：

力对点之矩是一个代数量，它的绝对值等于力的大小与力臂的乘积，它的正负可按以下方法确定：力使物体绕矩心做逆时针方向转动时为正，反之为负。

力 $\boldsymbol{F}$ 对于点 O 的矩以记号 $M_O(\boldsymbol{F})$ 表示，其定义式为

$$M_O(\boldsymbol{F}) = \pm Fh \qquad (1\text{-}9)$$

力矩的常用单位为 $\mathrm{N \cdot m}$ 或 $\mathrm{kN \cdot m}$。

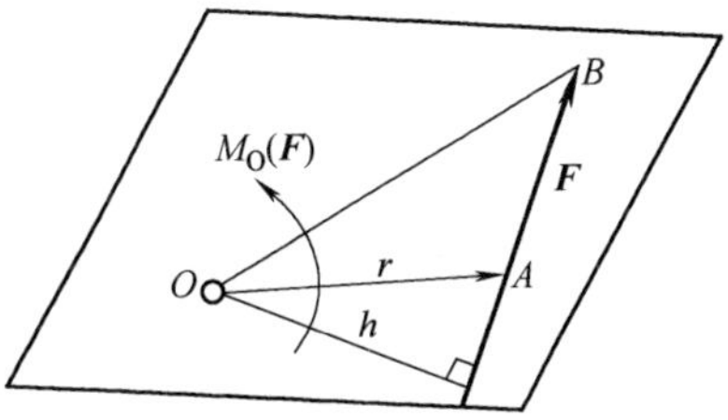

图 1-39　力对点之矩示意图

2. 力矩的性质

从力矩的定义式（1-9）可知，力矩的性质如下：

1）力 $\boldsymbol{F}$ 对 O 点之矩不仅取决于力的大小，同时还与矩心的位置即力臂 h 有关。

2）力 $\boldsymbol{F}$ 对于任一点之矩，不因该力的作用点沿其作用线移动而改变。

3）力的大小等于零或力的作用线通过矩心，它对矩心的力矩等于零。

3. 合力矩定理

定理：平面汇交力系的合力对于平面内任一点之矩等于所有各分力对于该点之矩的代数和，即

$$M_O(\boldsymbol{F}_R) = M_O(\boldsymbol{F}_1) + M_O(\boldsymbol{F}_2) + \cdots + M_O(\boldsymbol{F}_n) = \sum M_O(\boldsymbol{F}_i) \qquad (1\text{-}10)$$

当力矩的力臂不易求出时，常将力分解为两个易确定力臂的分力（通常是正交分解），然后应用合力矩定理计算力矩。

例 1-4　如图 1-40a 所示圆柱直齿轮，受到啮合力 F 的作用。设 $F = 1400\mathrm{N}$。压力角 $\theta = 20°$，齿轮的节圆（啮合圆）的半径 $r = 60\mathrm{mm}$，试计算力 F 对于轴心 O 的力矩。

解　求力 $\boldsymbol{F}$ 对点 O 的矩，可直接按力矩的定义求得（图 1-40a），即

$$M_O(\boldsymbol{F}) = Fh = (F\cos\theta)h = 1400\text{N} \times 60\text{m} \times \cos20° = 78.93\text{N} \cdot \text{m}$$

我们也可以根据合力矩定理,将力 $\boldsymbol{F}$ 分解为径向力 $\boldsymbol{F}_r$ 和圆周方向的力 $\boldsymbol{F}_t$(图1-40b),由于径向力 $\boldsymbol{F}_r$ 通过矩心 O,则

$$M_O(\boldsymbol{F}) = M_O(\boldsymbol{F}_t) + M_O(\boldsymbol{F}_r)$$

$$= (F\cos\theta)r$$

$$= 78.93\text{N} \cdot \text{m}$$

可见,两种方法的计算结果是相同的。

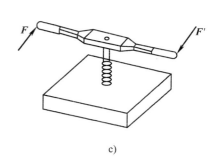

图1-40　直齿圆柱齿轮工作图
a)直接按力矩的定义求力 $\boldsymbol{F}$ 对点 O 的矩
b)按合力矩定理求力 $\boldsymbol{F}$ 对点 O 的矩

二、平面力偶

1. 力偶的概念

实践中,我们常常见到人用手拧水龙头开关(图1-41a)、汽车司机用双手转动方向盘(图1-41b)、钳工双手转动丝锥进行攻螺纹(图1-41c)等。在水龙头开关、方向盘、丝锥等物体上,都作用了成对的等值、反向且不共线的平行力。等值、反向平行力的矢量和显然等于零,但是由于它们不共线而不能相互平衡,它们能使物体改变转动状态。这种由两个大小相等、方向相反且不共线的平行力组成的力系,称为力偶,如图1-42所示,记作 $(\boldsymbol{F}, \boldsymbol{F}')$。力偶的两力之间的垂直距离 d 称为力偶臂,力偶使物体转动的方向称为力偶的转向,力偶两个力所决定的平面称为力偶的作用面(图1-42)。

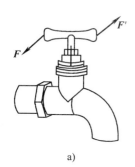

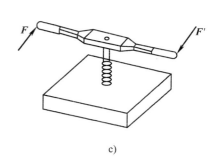

　　a)　　　　　　　　　　　b)　　　　　　　　　　　c)

图1-41　力偶的工程实例
a)水龙头受力图　b)方向盘的受力图　c)丝锥受力图

力偶不能合成为一个力或用一个力来等效替换,力偶也不能用一个力来平衡,因此力和力偶是静力学的两个基本要素。

2. 力偶的作用效应——力偶矩

力偶是由两个力组成的特殊力系,它的作用只改变物体的转动状态。力偶对物体的转动效应,用力偶的两个力对其作用面内某点的矩的代数和来度量。

设有力偶 $(\boldsymbol{F}, \boldsymbol{F}')$，其力偶臂为 d，如图 1-43 所示。该力偶对任意一点 O 的力矩为 $M_0(\boldsymbol{F}, \boldsymbol{F}')$，则

$$M_0(\boldsymbol{F}, \boldsymbol{F}') = M_0(\boldsymbol{F}) + M_0(\boldsymbol{F}') = F \cdot \overline{aO} - F \cdot \overline{bO}$$
$$= F(\overline{aO} - \overline{bO}) = Fd$$

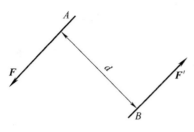

图 1-42　力偶定义图

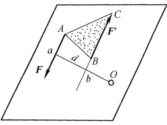

图 1-43　力偶作用效应图

矩心 O 是任意选取的，由此可知，力偶的作用效应取决于力的大小和力偶臂的长短，与矩心的位置无关。力与力偶臂的乘积称为力偶矩，记作 $M(\boldsymbol{F}, \boldsymbol{F}')$，简记为 M。

3. 力偶的性质

力偶对于刚体的效应如下：

1）力偶在任意轴上投影的代数和是零，故力偶无合力，因此力偶只能与力偶等效。

2）力偶中的两力对作用面内任一点的矩的代数和等于力偶矩，而与矩心位置无关。

3）力偶在平面内的转向不同，其作用效应也不相同。

平面力偶矩可用代数量表示，即

$$M = \pm Fd \tag{1-11}$$

由此可见，力偶矩是一个代数量，其绝对值等于力的大小与力偶臂的乘积，正负号表示力偶的转向。一般以逆时针转向为正，顺时针转向为负。力偶矩的单位与力矩相同（N·m）。

4. 平面力偶的等效定理

力偶对物体的作用效果，取决于力偶的矩。因此，平面力偶的等效定理可表述为：在同一平面内的两个力偶，如果力偶矩相等，则两力偶彼此等效。如图 1-44 所示，作用在刚体上的三个力偶是彼此等效的，力偶矩均为 50N·m。

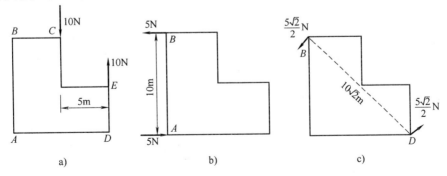

图 1-44　力偶矩等效示意图

该定理给出了同一平面内力偶等效的条件。由此可得：力偶的力的大小和力偶臂的长短

都不是力偶的特征量，只有力偶矩是力偶作用的唯一度量，且与力偶在作用面内的作用位置无关。常用图 1-45 所示的符号表示力偶。M 表示力偶的矩。

5. 平面力偶系的合成

平面力偶的等效定理是力偶系合成的基础。力偶系的合成就是求力偶系的合力偶矩。即同一平面内的任意个力偶可合成为一个合力偶，合力偶矩等于各个力偶矩的代数和，可写为

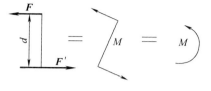

图 1-45　平面力偶简图

$$M = \sum M_i \qquad (1\text{-}12)$$

注意：M 为代数量，有正负的区别。

6. 平面力偶系的平衡条件

由合成结果可知，力偶系可用一个合力偶代替，则力偶系平衡时，合力偶的矩必须等于零。因此，平面力偶系平衡的必要和充分条件是：所有各力偶矩的代数和等于零，即

$$\sum M_i = 0 \qquad (1\text{-}13)$$

式（1-13）就是力偶系的平衡方程，用这个方程可以求解一个未知量。

▶▶▶ 任务实施

求图 1-38 任务描述中两个光滑螺柱所受的水平力。

解：选工件为研究对象。工件在水平面内受三个力偶和两个螺柱的水平反力的作用。根据力偶系的合成定理，三个力偶合成后仍为一力偶，如果工件平衡，必有一反力偶与它相平衡。因此，螺柱 A 和 B 的水平约束反力 $\mathbf{F}_A$ 和 $\mathbf{F}_B$ 必组成一力偶，它们的方向假设如图 1-46 所示，则 $F_A = F_B$。由力偶系的平衡条件知

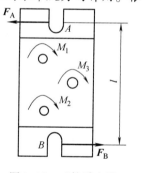

$$\sum M = 0$$

$$F_A \cdot \overline{AB} - M_1 - M_2 - M_3 = 0$$

得

图 1-46　工件受力图

$$F_A = \frac{M_1 + M_2 + M_3}{\overline{AB}}$$

代入数值，得

$$F_A = 200 \text{N}$$

因为 F_A 是正值，故所假设的方向是正确的，而光滑螺柱 A 和 B 所受的力则应与 $\mathbf{F}_A$、$\mathbf{F}_B$ 大小相等，方向相反。

思考与练习

1. 力偶是由两个力组成的，其是否可用一个力来代替。
2. 力偶的作用效果决定于：①力的大小；②力偶臂的长短；③力偶矩的大小和转向。
3. 计算图 1-47 所示各力对固定铰支座 O 点的力矩。

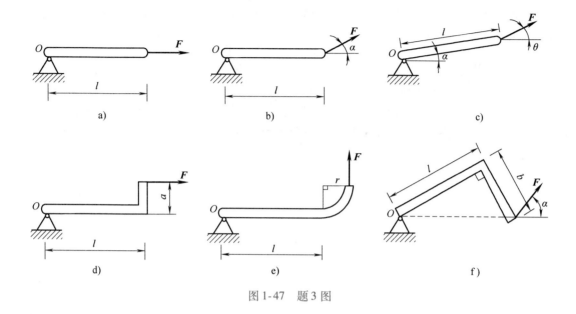

图 1-47　题 3 图

4. 如图 1-48 所示，刚架上有一作用力 F。试分别计算力 F 对点 A 和 B 的力矩。

5. 在图 1-49 所示结构中，各构件的自重略去不计。在构件 AB 上作用一力偶矩为 M 的力偶，求支座 A 和 C 的约束反力。

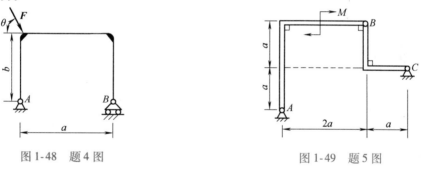

图 1-48　题 4 图　　　　　　　　图 1-49　题 5 图

6. 已知梁 AB 上作用一力偶，其力偶矩为 M，梁长为 l，梁重不计。求在图 1-50 所示情况下，支座 A 和 B 的约束反力。

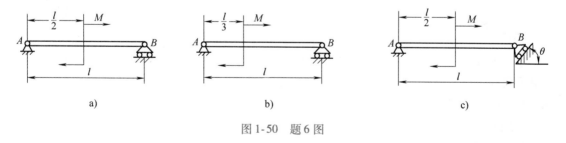

图 1-50　题 6 图

7. 如图 1-51 所示，两齿轮的半径分别为 r_1、r_2，作用于轮 I 上的主动力偶的力偶矩为 M_1，齿轮的压力角为 θ，不计两齿轮的重力。求使二轮维持匀速转动时齿轮 II 的阻力偶矩 M_2 及轴承 O_1、O_2 的约束反力的大小和方向。

8. 曲柄滑块机构在图 1-52 所示位置处于平衡状态。已知 $F = 100$kN，曲柄 $AB = r = 1$m。试求作用于曲柄 AB 上的力偶矩 M 的大小。

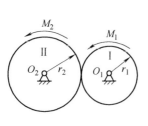

图 1-51　题 7 图

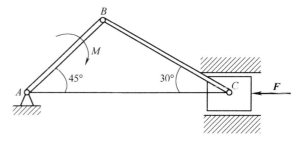

图 1-52　题 8 图

习 题 答 案

4. $M_A(\boldsymbol{F}) = -Fb\cos\theta, M_B(\boldsymbol{F}) = F(a\sin\theta - b\cos\theta)$

5. $F_A = F_C = \dfrac{M}{2\sqrt{2}a}$

6. a)、b) $F_A = F_B = \dfrac{M}{l}$，c) $F_A = F_B = \dfrac{M}{l\cos\theta}$

7. $M_2 = \dfrac{r_2}{r_1}M_1$，$F_{O1} = F_{O2} = \dfrac{M_1}{r_1\cos\theta}$

8. $M = 111.5$kN·m

任务四　平面任意力系平衡问题

>>> **任务描述**

多跨静定梁由 AB 梁和 BC 梁用中间铰 B 连接而成，支承和荷载情况如图 1-53 所示，已知 $P = 20$kN，$q = 5$kN/m，$\alpha = 45°$。求支座 A、C 的反力和中间铰 B 处的内力。

>>> **任务分析**

本任务要求学生熟悉平面任意力系的简化过程和简化结果；能熟练地应用平面任意力系的平衡方程求解简单物体系统的平衡问题；了解简单考虑摩擦的物系平衡。

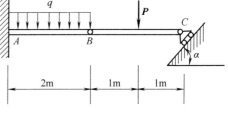

图 1-53　多跨静定梁结构简图

>>> **知识准备**

作用在物体上的力的作用线都位于同一平面内，既不全部汇交于一点，又不全部平行的力系称为平面任意力系。在工程实际中，大部分力学问题都可归属于这类力系。有些问题虽不是平面任意力系，但对某些结构对称、受力对称、约束对称的力系，经适当简化，仍可归结为平面任意力系来处理。因此，研究平面任意力系问题具有非常重要的工程实际意义。

本任务将在前面知识的基础上，详述平面任意力系的简化和平衡问题，并介绍物体系的平衡、静定和超静定问题、摩擦和自锁问题。

一、平面任意力系的简化

力系向一点简化是一种较为简便并具有普遍性的力系简化方法。此方法的理论基础是力的平移定理。

1. 力的平移定理

定理：可以把作用在刚体上点 A 的力 F 平行移到任一点 B，但必须同时附加一个力偶，这个附加力偶的矩等于原来的力 F 对新作用点 B 的矩。

证明：如图 1-54a 所示的力 F 作用于刚体的点 A。在刚体上任取一点 B，并在点 B 加上两个等值反向的力 F' 和 F''，使它们与 F 力平行，且 $F = F' = -F''$，如图 1-54b 所示。显然三个力 F、F'、F'' 组成的新力系与原来的一个力 F 等效。但是这三个力可看作是一个作用在点 B 的力 F' 和一个力偶（F，F''），这样就把作用于点 A 的力 F 平移到另

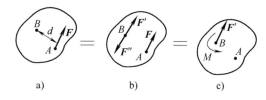

图 1-54　力的平移定理

a）作用于刚体的点 A 的力 F　b）在点 B 加上平衡力 F' 和 F''　c）力 F 平移到 B 点

一点 B，但同时附加上一个相应的力偶，这个力偶称为附加力偶，如图 1-54c 所示。显然附加力偶的矩为

$$M = Fd = M_B(F)$$

于是定理得证。

2. 平面任意力系向作用面内一点简化——主矢和主矩

作用于刚体上有 n 个力 F_1、F_2、$\cdots$、F_n 组成的平面任意力系，如图 1-55a 所示。在平面内任取一点 O，称为简化中心；根据力的平移定理，把各力都平移到 O 点。这样得到一汇交于点 O 的平面汇交力系 F_1'、F_2'、$\cdots$、F_n' 和一附加平面力偶系 $M_1 = M_O(F_1)$，$M_2 = M_O(F_2)\cdots$，$M_n = M_O(F_n)$，如图 1-55b 所示。将平面汇交力系与平面力偶系分别合成，可得到一个力 F_R' 与一个力偶 M_O，如图 1-55c 所示。

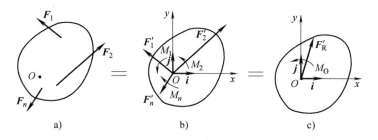

图 1-55　平面任意力系向 O 点简化

a）作用于刚体上的平面任意力系　b）各力向点 O 平移

c）各力向点 O 简化结果

平面汇交力系各力的矢量和为

$$F_R' = \sum F' = \sum F \tag{1-14}$$

F_R' 称为原力系的主矢，此主矢不与原力系等效。在平面直角坐标系 Oxy 中有

$$\left.\begin{array}{l} F_{Rx}' = F_{1x}' + F_{2x}' + \cdots + F_n' = \sum F_x \\ F_{Ry}' = F_{1y}' + F_{2y}' + \cdots + F_n' = \sum F_y \end{array}\right\} \tag{1-15}$$

$$\left.\begin{array}{l} F_R' = \sqrt{(F_{Rx}')^2 + (F_{Ry}')^2} = \sqrt{(\sum F_x)^2 + (\sum F_y)^2} \\ \tan\alpha = \left| \dfrac{\sum F_y}{\sum F_x} \right| \end{array}\right\} \tag{1-16}$$

式中，F_{Rx}'、F_{Ry}'、F_x、F_y 分别为主矢与各力在 x、y 轴上的投影；F_R' 为主矢的大小；夹角 $\alpha(F_R', i)$ 为锐角，F_R' 的指向由 $\sum F_y$ 和 $\sum F_x$ 的正负号决定。

附加平面力偶系的合成结果为合力偶，其合力偶矩为

$$M_0 = M_1 + M_2 + \cdots + M_n = \sum M_0(F) = \sum M \tag{1-17}$$

M_0 称为原力系对简化中心 O 的主矩，此主矩不与原力系等效。

主矢 F_R' 等于原力系的矢量和，其作用线通过简化中心。它的大小和方向与简化中心的位置无关；而主矩 M_0 等于原力系中各力对简化中心力矩的代数和，在一般情况下主矩与简化中心的位置有关。原力系与主矢和主矩的联合作用等效。

3. 固定端约束

若一物体的一端完全固定在另一物体上，则这种约束称为固定端约束或插入端支座约束。固定端支座对物体的作用，是在接触面上作用了一群约束反力。在平面问题中，这些力为一平面任意力系，如图 1-56a 所示。将这群力向作用平面内点 A 简化得到一个力和一个力偶，如图 1-56b 所示。一般情况下这个力的大小和方向均为未知量。可用两个未知分力来代替。因此，在平面力系情况下，固定端 A 处的约束反力可简化为两个约束反力 F_{Ax}、F_{Ay} 和一个矩为 M_A 的约束反力偶，如图 1-56c 所示。

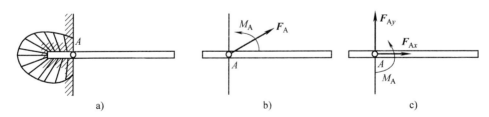

图 1-56　固定端约束

a）杆件固定端约束力　b）杆件固定端约束力简化

c）杆件固定端约束力表示方法

二、平面任意力系的平衡条件和平衡方程

由上一任务讨论可知，若平面任意力系的主矢和主矩不同时为零，则该力系最终可合成为一合力或一合力偶，此时物体是不能保持平衡的，因此，欲使物体在平面任意力系作用下

保持平衡，则该力系的主矢和对任意一点的主矩必须同时为零；反之，力系的主矢和对任意一点的主矩同时为零，则该力系一定处于平衡状态。所以，平面任意力系平衡的必要和充分条件是：力系的主矢和力系对任意点的主矩同时为零，即

$$
\left.
\begin{aligned}
F'_R &= 0 \\
M_O &= 0
\end{aligned}
\right\}
\tag{1-18}
$$

这些平衡条件可用解析式表示。将式（1-15）和式（1-17）代入式（1-18），可得

$$
\left.
\begin{aligned}
\sum F_x &= 0 \\
\sum F_y &= 0 \\
\sum M_O(\boldsymbol{F}) &= 0
\end{aligned}
\right\}
\tag{1-19}
$$

由此可以得出，平面任意力系平衡的解析条件是：所有各力在两个任选的坐标轴上的投影的代数和分别等于零，以及各力对于任意一点的矩的代数和也等于零。式（1-19）称为平面任意力系平衡方程的一般形式，它有两个投影方程和一个力矩方程，所以又称一矩式平衡方程。

平面任意力系的平衡方程还有另外的两种形式，即二矩式和三矩式。

二矩式为

$$
\left.
\begin{aligned}
\sum F_x &= 0 \ 或 \ \sum F_y = 0 \\
\sum M_A(\boldsymbol{F}) &= 0 \\
\sum M_B(\boldsymbol{F}) &= 0
\end{aligned}
\right\}
\tag{1-20}
$$

应用式（1-20）应满足的条件：矩心 A、B 的连线不与投影轴垂直。

三矩式为

$$
\left.
\begin{aligned}
\sum M_A(\boldsymbol{F}) &= 0 \\
\sum M_B(\boldsymbol{F}) &= 0 \\
\sum M_C(\boldsymbol{F}) &= 0
\end{aligned}
\right\}
\tag{1-21}
$$

应用式（1-21）应满足的条件：矩心 A、B、C 三点不共线。

平面任意力系的三个平衡方程互相独立，可以求解三个未知数。

应该指出，投影轴和矩心可以任意选取。在解决实际问题时，适当的选择矩心和投影轴可简化计算过程。一般来说，矩心应选在未知力的汇交点，投影轴应尽可能与力系中多数力的作用线相互垂直或平行。

例 1-5　绞车通过钢丝绳牵引小车沿斜面轨道匀速上升，如图 1-57a 所示，已知小车重 $W = 10\mathrm{kN}$，绳与斜面平行，$\alpha = 30°$，$a = 0.75\mathrm{m}$，$b = 0.3\mathrm{m}$，不计摩擦，求钢丝绳的拉力 $\boldsymbol{F}$ 及轨道对车轮的约束反力。

解　取小车为研究对象。作用于小车上的力有重力 $\boldsymbol{W}$，钢丝绳拉力 $\boldsymbol{F}$，轨道 A、B 处约束反力 $\boldsymbol{F}_A$、$\boldsymbol{F}_B$。小车沿轨道做匀速直线运动，则作用在小车上的力必满足平衡条件。选未知力 $\boldsymbol{F}$ 与 $\boldsymbol{F}_A$ 的交点 A 为矩心，取直角坐标系 Axy 如图 1-57b 所示。可列出一般形式的平衡方程为

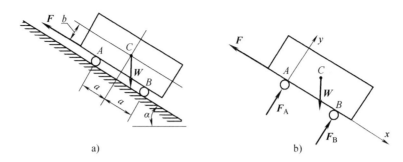

图 1-57　沿斜面轨道匀速上升的小车及其受力图

a) 小车工作示意图　b) 小车受力图

$$\sum F_x = 0, \qquad\qquad -F + W\sin\alpha = 0 \qquad\qquad (a)$$

$$\sum F_y = 0, \qquad\qquad F_A + F_B - W\cos\alpha = 0 \qquad\qquad (b)$$

$$\sum M_A(\boldsymbol{F}) = 0, \qquad\qquad 2F_B a - Wa\cos\alpha - Wb\sin\alpha = 0 \qquad\qquad (c)$$

由式（a）、（c）可得

$$F = W\sin\alpha = 10\sin30°\text{kN} = 5\text{kN}$$

$$F_B = W\frac{a\cos\alpha + b\sin\alpha}{2a} = 10 \times \frac{0.75\cos30° + 0.3\sin30°}{2 \times 0.75}\text{kN} = 5.33\text{kN}$$

再将 F_B 之值代入式（b）得

$$F_A = W\cos\alpha - F_B = (10\cos30° - 5.33)\text{kN} = 3.33\text{kN}$$

本题也可以分别取 A、B 为矩心，取 x 轴为投影轴，列方程为

$$\sum F_x = 0, \qquad\qquad -F + W\sin\alpha = 0 \qquad\qquad (d)$$

$$\sum M_A(\boldsymbol{F}) = 0, \qquad\qquad 2F_B a - Wa\cos\alpha - Wb\sin\alpha = 0 \qquad\qquad (e)$$

$$\sum M_B(\boldsymbol{F}) = 0, \qquad\qquad -2F_A a - Wb\sin\alpha + Wa\cos\alpha = 0 \qquad\qquad (f)$$

由式（d）可得　$F = W\sin\alpha = 10\sin30°\text{kN} = 5\text{kN}$

由式（e）可得　$F_B = W\dfrac{a\cos\alpha + b\sin\alpha}{2a} = 10 \times \dfrac{0.75\cos30° + 0.3\sin30°}{2 \times 0.75}\text{kN} = 5.33\text{kN}$

由式（f）可得　$F_A = W\dfrac{a\cos\alpha - b\sin\alpha}{2a} = 10 \times \dfrac{0.75\cos30° - 0.3\sin30°}{2 \times 0.75}\text{kN} = 3.33\text{kN}$

利用二矩式方程有时可以避免联立方程组求解。

本题还可以分别取 A、B、C 为矩心，列方程为

$$\sum M_A(\boldsymbol{F}) = 0, \qquad\qquad 2F_B a - Wa\cos\alpha - Wb\sin\alpha = 0 \qquad\qquad (g)$$

$$\sum M_B(\boldsymbol{F}) = 0, \qquad\qquad -2F_A a - Wb\sin\alpha + Wa\cos\alpha = 0 \qquad\qquad (h)$$

$$\sum M_C(\boldsymbol{F}) = 0, \qquad\qquad F_B a - F_A a - Fb = 0 \qquad\qquad (i)$$

联立方程（g）、（h）、（i）求解得

$$F_A = 3.33\text{kN}$$

$$F_B = 5.33\text{kN}$$

$$F = 5\text{kN}$$

此题得解。

例1-6　图1-58a所示悬臂梁 AB 作用有集度为 $q=4\text{kN/m}$ 的均布荷载及集中荷载 $F=5\text{kN}$。已知 $\alpha=25°$，$l=3\text{m}$，求固定端 A 的约束反力。

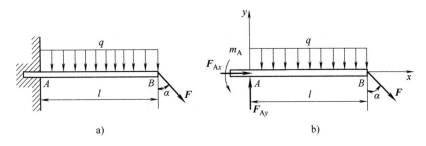

图1-58　悬臂梁的结构及其受力图

a）悬臂梁的结构　b）悬臂梁的受力图

解　（1）取梁 AB 为研究对象　梁上作用有均布荷载 q、集中荷载 F 及固定端约束反力 F_{Ax}、F_{Ay}、m_A。其受力如图1-58b所示。这是一个平衡的平面任意力系。

（2）建立直角坐标系 Axy　列平衡方程

$$\sum F_x=0,\qquad F_{Ax}+F\sin\alpha=0 \tag{a}$$

$$\sum F_y=0,\qquad F_{Ay}-F\cos\alpha-ql=0 \tag{b}$$

$$\sum M_A(\boldsymbol{F})=0,\ m_A-Fl\cos\alpha-ql\left(\frac{1}{2}l\right)=0 \tag{c}$$

由式（a）得　$F_{Ax}=-F\sin\alpha=(-5\times\sin25°)\text{kN}=-2.113\text{kN}$

由式（b）得　$F_{Ay}=F\cos\alpha+ql=(5\times\cos25°+4\times3)\text{kN}=16.53\text{kN}$

由式（c）得　$m_A=Fl\cos\alpha+ql\times\frac{1}{2}l=\left(5\times3\times\cos25°+4\times3\times\frac{3}{2}\right)\text{kN}\cdot\text{m}=31.59\text{kN}\cdot\text{m}$

其中 F_{Ax} 为负值，表示 F_{Ax} 假设的指向与实际指向相反。

此题得解。

三、平面平行力系的平衡方程

若平面力系中各力的作用线相互平行（图1-59），则称其为平面平行力系。对平面平行力系，在选择投影轴时，使其中一个投影轴垂直于各力作用线，则式（1-19）中必有一个投影方程为恒等式。于是只有一个投影方程和一个矩式方程，这就是平面平行力系的平衡方程，即

$$\left.\begin{array}{l}\sum F_y=0\\\sum M_O(\boldsymbol{F})=0\end{array}\right\} \tag{1-22}$$

平面平行力系的平衡方程也可以采用二矩式方程的形式，即

$$\left.\begin{array}{l}\sum M_A(\boldsymbol{F})=0\\\sum M_B(\boldsymbol{F})=0\end{array}\right\} \tag{1-23}$$

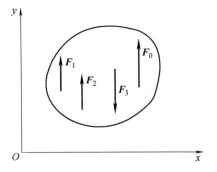

图1-59　平面平行力系

其中 A、B 两点的连线不得与各力平行。

例1-7　图1-60所示为起重机简图，已知机身重 $G = 700\text{kN}$，重心与机架中心线距离为4m，最大起重量 $G_1 = 200\text{kN}$，最大吊臂长为12m，轨距为4m，平衡块重为 G_2，G_2 的作用线至机身中心线距离为6m。试求保证起重机满载和空载时不翻倒的平衡块重。若平衡块重为750kN，试分别求出满载和空载时，轨道对机轮的法向约束反力。

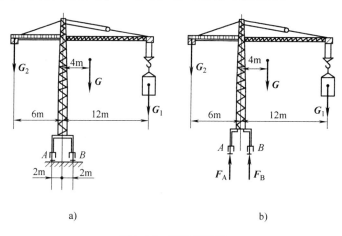

图1-60　起重机简图

a) 起重机的结构简图　b) 起重机的受力图

解　选起重机为研究对象，画受力图如图1-60b所示。

（1）求平衡块重

1) 满载时（$G_1 = 200\text{kN}$）。若平衡块过轻，则会使机身绕点 B 向右翻倒，因此须配一定质量的平衡块。临界状态时，点 A 悬空，$F_A = 0$，平衡块重应为 $G_{2\min}$。

由　　　　　　$\sum M_B(\boldsymbol{F}) = 0,\ G_{2\min} \times (6+2)\text{m} - G \times (4-2)\text{m} - G_1 \times (12-2)\text{m} = 0$

解得　　　　　　　　　　　　　　　$G_{2\min} = 425\text{kN}$

2) 空载时（$G_1 = 0$）。此时与满载情况不同，在平衡块作用下，机身可能绕点 A 向左翻倒。临界状态下，点 B 悬空，$F_B = 0$，平衡块重应为 $G_{2\max}$。

由　　　　　　　$\sum M_A(\boldsymbol{F}) = 0,\ \ G_{2\max} \times (6-2)\text{m} - G \times (4+2)\text{m} = 0$

解得　　　　　　　　　　　　　　　$G_{2\max} = 1050\text{kN}$

由以上计算可知，为保证起重机安全，平衡块重必须满足下列条件

$$425\text{kN} < G_2 < 1050\text{kN}$$

（2）求 $G_2 = 750\text{kN}$ 时，轮轨对机轮的约束反力

1) 满载时（$G_1 = 200\text{kN}$）。起重机受力为平面平行力系作用，采用二矩式，有

$$\sum M_A(\boldsymbol{F}) = 0,\ G_2 \times (6-2)\text{m} - G \times (2+4)\text{m} + F_B \times 4\text{m} - G_1 \times (12+2)\text{m} = 0$$

$$\sum M_B(\boldsymbol{F}) = 0,\ G_2 \times (6+2)\text{m} - F_A \times 4\text{m} - G \times (4-2)\text{m} - G_1 \times (12-2)\text{m} = 0$$

解得　　　　　　　　　　$F_A = 650\text{kN},\ \ F_B = 1000\text{kN}$

2) 空载时（$G_1 = 0$）。

由　　　　　　$\sum M_A(\boldsymbol{F}) = 0,\ G_2 \times (6-2)\text{m} - G \times (2+4)\text{m} + F_B \times 4\text{m} = 0$

　　　　　　　$\sum M_B(\boldsymbol{F}) = 0,\ G_2 \times (6+2)\text{m} - F_A \times 4\text{m} - G \times (4-2)\text{m} = 0$

解得　　　　　　　　　　$F_A = 1150\text{kN},\ \ F_B = 300\text{kN}$

此题得解。

四、摩擦的概念与考虑摩擦时物体的平衡问题

前面把物体之间的接触表面都看作是绝对光滑的，但实际上绝对光滑的接触面是不存在的，或多或少总存在一些摩擦。只是当物体间接触面比较光滑或润滑良好时，才忽略其摩擦作用而看成是光滑接触的。但在有些情况下，摩擦却是不容忽视的，如人的行走、夹具利用摩擦把工件夹紧、螺栓连接靠摩擦锁紧；工程上利用摩擦来传动和制动的实例更多。按照接触物体之间可能会相对滑动或相对滚动，一般把摩擦分为滑动摩擦和滚动摩擦。

1. 滑动摩擦

当接触的两物体表面之间有相对滑动趋势或相对滑动时，相互接触处作用有阻碍相对滑动的阻力，方向与相对滑动的趋势或相对滑动的方向相反，该力称为滑动摩擦力。**滑动摩擦力有三种形式：静滑动摩擦力、最大静滑动摩擦力、动滑动摩擦力。**

（1）静滑动摩擦力　在粗糙的水平面上放置一重为 W 的物体，该物体在重力 W 和法向反力 F_N 的作用下处于静止状态（图 1-61a）。现在该物体上作用一大小可变化的水平拉力 F，当拉力 F 由零值逐渐增加但不很大时，物体仍保持静止。可见支承面对物体除法向约束反力 F_N 外，还有一个阻碍物体沿水平面向右滑动的切向力，此力即静滑动摩擦力，简称静摩擦力，常以 F_s 表示，方向向左（图 1-61b）。

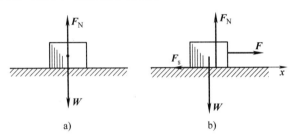

图 1-61　滑动摩擦力的产生
a）重为 W 的物体在粗糙的水平面上静止
b）水平力作用下物体的受力图

可见，静摩擦力就是接触面对物体作用的切向约束反力，它的方向与物体相对滑动趋势相反，它的大小需用平衡条件确定，此时有

$$\sum F_x = 0 \quad F_s = F$$

由上式可知，静摩擦力的大小随水平力 F 的增大而增大，这是静摩擦力和一般约束反力共同的性质。

（2）最大静滑动摩擦力　静摩擦力又与一般约束反力不同，它并不随力 F 的增大而无限制地增大。当力 F 增大到一定数值时，物块处于将要滑动、但尚未开始滑动的临界状态。这时，只要力 F 再增大一点，物块即开始滑动。当物块处于平衡的临界状态时，静摩擦力达到最大值，即为最大静滑动摩擦力，简称最大静摩擦力，以 F_{max} 表示。

此后，如果 F 再继续增大，但静摩擦力不能再随之增大，物体将失去平衡而滑动。这就是静摩擦力的特点。

综上所述，静摩擦力的大小随主动力的情况而改变，但介于零与最大值之间，即

$$0 \leqslant F_s \leqslant F_{max} \tag{1-24}$$

大量实验证明：最大静摩擦力的大小与两物体间的正压力（即法向反力）成正比，即

$$F_{max} = f_s F_N \tag{1-25}$$

式中，f_s 是比例常数，称为静摩擦因数，它是量纲为 1 的数。

式（1-25）称为静摩擦定律（又称库仑定律）。

静摩擦因数的大小需由实验测定。它与接触物体的材料和表面情况（如表面粗糙度、温度和湿度等）有关，而与接触面积的大小无关。一般材料之间的静摩擦因数的数值可在工程手册中查到。

（3）动滑动摩擦力　当滑动摩擦力已达到最大值时，若主动力 F 再继续加大，接触面之间将出现相对滑动。此时接触物体之间仍作用有阻碍相对滑动的阻力，这种阻力称为动滑动摩擦力，简称动摩擦力，以 F_d 表示。实验表明：动摩擦力的大小与接触物体间的正压力成正比，即

$$F_d = fF_N \tag{1-26}$$

式中，f 是动摩擦因数，它与接触物体的材料和表面情况有关。

与静摩擦力不同，动摩擦力没有变化范围。一般情况下，动摩擦因数略小于静摩擦因数，即

$$f < f_s$$

实际应用时，往往用降低接触表面的表面粗糙度或加入润滑剂等方法，使动摩擦因数 f 降低，以减小摩擦和磨损。设计计算时，一般可用动摩擦因数代替静摩擦因数。

2. 滚动摩擦

滚动摩擦是一物体沿另一物体表面做相对滚动或有相对滚动趋势时的摩擦，它是由相互接触的物体发生变形而引起的。

设在水平面上有一滚子，重量为 W，半径为 r，在其中心 O 上作用一水平力 F，如图 1-62 所示。

当力 F 不大时，滚子仍保持静止。分析滚子的受力情况可知，在滚子与平面接触的 A 点有法向反力 F_N，它与 W 等值反向；另外，还有静滑动摩擦力 F_s，阻止滚子滑动，它与 F 等值反向。如果平面的反力仅有 F_N 和 F_s，则滚子不可能保持平衡，因为静滑动摩擦力 F_s 与力 F 组成一力偶，将使滚子发生滚动。

实际上当力 F 不大时，滚子是可以平衡的。这是因为滚子和平面实际上并不是刚体，它们在力的作用下都会发生变形，有一个接触面，如图 1-63a 所示。在接触面上，物体受分布力的作用，这些力向点 A 简化，得到一个力 F_R 和一个力偶，力偶的矩为 M_f，如图 1-63b 所示。这个力 F_R 可分解为摩擦力 F_s 和正压力 F_N，这个矩为 M_f 的力偶称为滚动摩擦力偶，它与力偶（F，F_s）平衡，它的转向与滚动的趋向相反，如图 1-63c 所示。

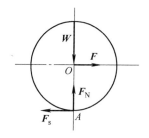

图 1-62　滚子的受力图

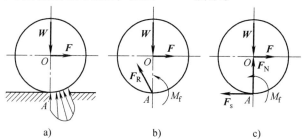

图 1-63　滚动摩擦力偶

a) 滚子的受力示意图　b) 滚子受力的简化

c) 滚动摩擦力偶的产生

与静滑动摩擦力相似，**滚动摩擦力偶矩** M_f 随着主动力偶矩的增加而增大，当力 F 增加到某个值时，滚子处于将滚未滚的临界平衡状态，这时，滚动摩擦力偶矩达到最大值，称为最大滚动摩擦力偶矩，用 M_{max} 表示。若力 F 再增大一点，滚子就会滚动。在滚动过程中，滚动摩擦力偶矩近似等于 M_{max}。

由此可知，滚动摩擦力偶矩 M_f 的大小介于零与最大值之间，即

$$0 \leqslant M_f \leqslant M_{max}$$

由实验证明，最大滚动摩擦力偶矩 M_{max} 与滚子半径无关，而与支承面的正压力（法向反力） F_N 的大小成正比，即

$$M_{max} = \delta F_N \tag{1-27}$$

这就是滚动摩擦定律，其中 δ 是比例常数，称为滚动摩擦因数。由式（1-27）知，滚动摩擦因数具有长度的量纲，单位一般为 mm，它与滚子和支承面材料的硬度和湿度等有关，与滚子的半径无关。

分析图 1-63 可知，滚子的滑动条件为 $F \geqslant f_s F_N$，即 $F \geqslant f_s W$。滚子的滚动条件为 $Fr \geqslant M_{max}$，即 $F \geqslant \dfrac{\delta}{r} W$。由于 $\dfrac{\delta}{r} < f_s$，所以使滚子产生滚动比使其滑动容易。

3. 考虑摩擦时物体的平衡问题

考虑摩擦时，求解物体平衡问题的步骤与前几节所述大致相同，但有如下几个特点：

1）分析物体受力时，必须考虑接触面间切向的摩擦力 F_s，通常增加了未知量的数目。

2）由于物体平衡时摩擦力有一定的范围（即 $0 \leqslant F_s \leqslant F_{max}$），所以考虑摩擦时，平衡问题的解也有一定的范围，而不是一个确定的值。

3）为确定这些新增加的未知量，还需列出补充方程，即 $F_s \leqslant F_{max}$，补充方程的数目与摩擦力的数目相同。

工程中有不少问题只需要分析平衡的临界状态，这时静摩擦力等于其最大值，补充方程只取等号。有时为了计算方便，也先在临界状态下计算，求得结果之后再分析、讨论其解的平衡范围。

例 1-8　物体重为 W，放在倾角为 α 的斜面上，它与斜面间的摩擦因数为 f_s，如图 1-64a 所示。当物体处于平衡时，试求水平力 F_1 的大小。

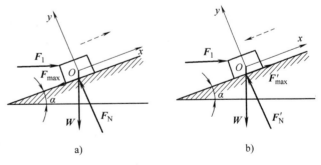

图 1-64　斜面上物块运动状态示意图

解　由经验易知，力 F_1 太大，物块将上滑；力 F_1 太小，物块将下滑，因此力 F_1 的数值必在一范围内，即 F_1 应在最大与最小值之间。

（1）先求力 F_1 的最大值　当力 F_1 达到此值时，物体处于将要向上滑动的临界状态。在此情形下，摩擦力 F_s 沿斜面向下，并达到最大值 F_{max}。物体共受四个力作用：已知力 W，未知力 F_1、F_N、F_{max}，如图 1-64a 所示。列平衡方程

$$\sum F_x = 0, \quad F_1 \cos\alpha - W\sin\alpha - F_{max} = 0$$

$$\sum F_y = 0, \quad F_N - F_1 \sin\alpha - W\cos\alpha = 0$$

此外，还有一个补充方程，即

$$F_{max} = f_s F_N$$

要注意，这里摩擦力的最大值 F_{max} 不等于 $f_s W\cos\alpha$。

三式联立，可解得水平推力 F_1 的最大值为

$$F_{1max} = W \frac{\sin\alpha + f_s\cos\alpha}{\cos\alpha - f_s\sin\alpha}$$

（2）再求 F_1 的最小值　当力 F_1 达到此值时，物体处于将要向下滑动的临界状态。在此情形下，摩擦力沿斜面向上，并达到另一最大值，用 F'_{max} 表示此力，物体的受力情况如图 1-64b 所示。列平衡方程

$$\sum F_x = 0, \qquad F_1\cos\alpha - W\sin\alpha + F'_{max} = 0$$

$$\sum F_y = 0, \qquad F'_N - F_1\sin\alpha - W\cos\alpha = 0$$

此外，再列出补充方程

$$F'_{max} = f_s F'_N$$

三式联立，可解得水平推力 F_1 的最小值为

$$F_{1min} = W \frac{\sin\alpha - f_s\cos\alpha}{\cos\alpha + f_s\sin\alpha}$$

综合上述两个结果可知：为使物块静止，力 F_1 的值必须满足如下条件

$$W \frac{\sin\alpha - f_s\cos\alpha}{\cos\alpha + f_s\sin\alpha} \leqslant F_1 \leqslant W \frac{\sin\alpha + f_s\cos\alpha}{\cos\alpha - f_s\sin\alpha}$$

应该强调指出，在临界状态下求解有摩擦的平衡问题时，必须根据相对滑动的趋势，正确判定摩擦力的方向。

▶▶▶ 任务实施

平面任意力系平衡问题的求解，求图 1-53 所示的多跨静定梁支座 A、C 的反力和中间铰 B 处的内力，其结构简图及受力分析如图 1-65 所示。

解　（1）先取 BC 梁为研究对象　其受力图如图 1-65b 所示。列平衡方程

$$\sum M_B(F) = 0, \quad -P \times 1m + F_{NC}\cos\alpha \times 2m = 0$$

即　　　　　　　　　　　$-20kN \times 1m + F_{NC}\cos45° \times 2m = 0$

解得　　　　　　　　　　$F_{NC} = 14.1kN$

$$\sum F_x = 0, \quad F_{Bx} - F_{NC}\sin\alpha = 0$$

解得　　　　　$F_{Bx} = F_{NC}\sin\alpha = 14.1kN \times \sin45° = 10kN$

$$\sum F_y = 0, \quad F_{By} - P + F_{NC}\cos\alpha = 0$$

解得　　　　　$F_{By} = 20kN - 14.1kN \times \cos45° = 10kN$

（2）另取 AB 梁为研究对象　其受力图如图 1-65c 所示，列平衡方程

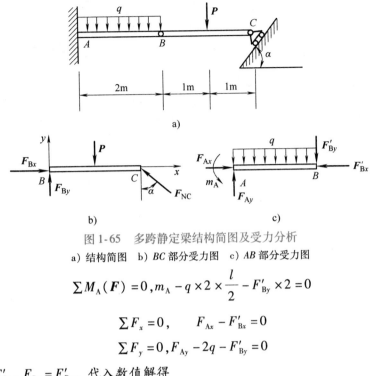

图 1-65　多跨静定梁结构简图及受力分析

a) 结构简图　b) BC 部分受力图　c) AB 部分受力图

$$\sum M_A(\boldsymbol{F}) = 0,\ m_A - q \times 2 \times \frac{l}{2} - F'_{By} \times 2 = 0$$

$$\sum F_x = 0,\qquad F_{Ax} - F'_{Bx} = 0$$

$$\sum F_y = 0,\ F_{Ay} - 2q - F'_{By} = 0$$

式中，$F_{Bx} = F'_{Bx}$，$F_{By} = F'_{By}$，代入数值解得

$$m_A = (2 \times 5 + 2 \times 10)\,\text{kN} \cdot \text{m} = 30\,\text{kN} \cdot \text{m}$$

$$F_{Ax} = F'_{Bx} = 10\,\text{kN}$$

$$F_{Ay} = (2 \times 5 + 10)\,\text{kN} = 20\,\text{kN}$$

此题得解。

物系平衡时，系统内的每一部分都是平衡的。这一点在物系分析中具有特别重要的意义，也是容易被初学者忽视的一个重要特点。

思考与练习

1. 如图 1-66 所示，已知 $F_2' = F_2 = \dfrac{1}{2}F_1$，试问力 $\boldsymbol{F}_1$ 和力偶（$\boldsymbol{F}_2$，$\boldsymbol{F}_2'$）对轮的作用有何不同？

2. 平面任意力系的平衡方程能不能全部采用投影方程？为什么？

3. 在刚体上 A、B、C 三点处分别作用三个大小相等的力 F_1、F_2、F_3，各力的方向如图 1-67 所示，问图示三种情况是否平衡，为什么？

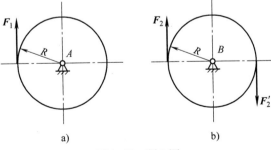

图 1-66　题 1 图

4. 如图 1-68 所示的三铰拱，在构件 AC 上作用一力 $\boldsymbol{F}$，当求铰链 A、B、C 的约束反力时，能否按力的平移定理将它移到构件 BC 上，为什么？

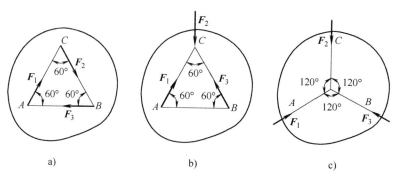

图 1-67　题 3 图

5. 如图 1-69 所示汽车地秤，已知砝码重 G_1，$OA = l$，$OB = a$，O、B、C、D 四处均为光滑铰链，CD 为二力杆，各部分的自重不计。求汽车的重量 G_2。

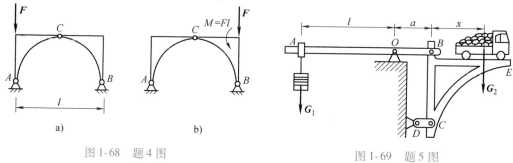

图 1-68　题 4 图　　　　　　　　　　　　　图 1-69　题 5 图

6. 如图 1-70 所示，已知 q、a，且 $F = qa$，$M = qa^2$，求图中各梁的支座约束反力。

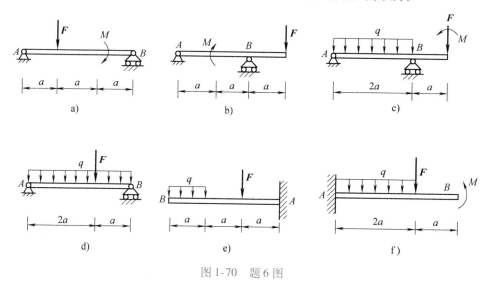

图 1-70　题 6 图

7. 如图 1-71 所示，组合梁的荷载及尺寸为：均布荷载 $q = 30$kN/m，集中力 $F = 10$kN，集中力偶 $M = 20$kN · m，$a = 3$m。求支座反力和中间铰链的约束反力。

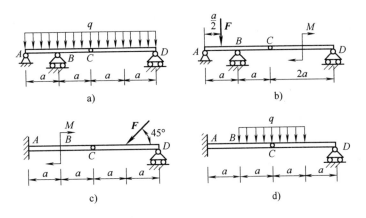

图 1-71　题 7 图

8. 四连杆机构如图 1-72 所示,已知 $OA=0.4\text{m}$, $O_1B=0.6\text{m}$, $M_1=1\text{N}\cdot\text{m}$。各杆自重不计。机构在图示位置平衡时,求力偶 M_2 的大小和杆 AB 所受的力。

9. 图 1-73 所示为汽车起重机示意图。已知车重 $G_Q=26\text{kN}$,臂重 $G=4.5\text{kN}$,起重机旋转及固定部分的重量 $G_W=31\text{kN}$。试求图示位置汽车不致翻倒的最大起重量 G_P。

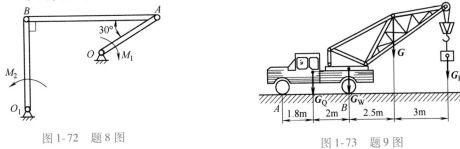

图 1-72　题 8 图

图 1-73　题 9 图

10. 水平梁 AB 由铰链 A 和杆 BC 支持,如图 1-74 所示。在梁上 D 处用销子安装半径为 $r=0.1\text{m}$ 的滑轮。有一跨过滑轮的绳子,其一端水平地系于墙上,另一端挂有重 $P=1800\text{N}$ 的重物。如果 $AD=0.2\text{m}$, $BD=0.4\text{m}$, $\varphi=45°$,且不计梁、杆、滑轮和绳的重量。求铰链 A 和杆 BC 对梁的约束反力。

11. 制动器的构造如图 1-75 所示,已知重物重 $W=500\text{N}$,制动轮与制动块间的静滑动摩擦因数 $f_s=0.6$, $R=250\text{mm}$, $r=150\text{mm}$, $a=1000\text{mm}$, $b=300\text{mm}$, $h=100\text{mm}$。求制动鼓轮转动所需力 F 的最小值。

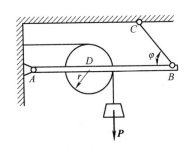

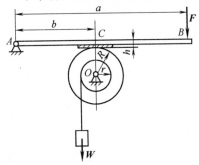

图 1-74　题 10 图

图 1-75　题 11 图

习 题 答 案

5. $G_2 = \dfrac{G_1 l}{a}$

6. a) $F_A = \dfrac{1}{3}qa$ （↑）, $F_B = \dfrac{2}{3}qa$ （↑）

b) $F_A = qa$ （↓）, $F_B = 2qa$ （↑）

c) $F_A = qa$ （↑）, $F_B = 2qa$ （↑）

d) $F_A = \dfrac{11}{6}qa$ （↑）, $F_B = \dfrac{13}{6}qa$ （↑）

e) $F_A = 2qa$ （↑）, $M_A = \dfrac{7}{2}qa^2$ （顺）

f) $F_A = 3qa$ （↑）, $M_A = 3qa^2$ （逆）

7. a) $F_D = 90kN$, $F_C = 90kN$, $F_B = 360kN$, $F_A = 90kN$

b) $F_D = \dfrac{10}{3}kN$, $F_C = \dfrac{10}{3}kN$, $F_B = \dfrac{5}{3}kN$, $F_A = \dfrac{25}{3}kN$

c) $F_D = \dfrac{5}{2}\sqrt{2}kN$, $F_{Cx} = 5\sqrt{2}kN$, $F_{Cy} = \dfrac{5}{2}\sqrt{2}kN$, $F_{Ax} = 5\sqrt{2}kN$

$F_{Ay} = \dfrac{5}{2}\sqrt{2}kN$, $m_A = 41.2kN \cdot m$

d) $F_D = 22.5kN$, $F_C = 67.5kN$, $F_A = 157.5kN$, $m_A = 810kN \cdot m$

8. $F_A = 5N$, $M_2 = 3N \cdot m$

9. $G_{Pmax} = 7.41kN$

10. $F_{BC} = 848.5N$, $F_{Ax} = 2400N$, $F_{Ay} = 1200N$

11. $F = 120kN$

任务五　空间力系平衡问题

>>> 任务描述

　　有一起重绞车的鼓轮轴如图 1-76 所示。已知 $W = 10kN$，$b = c = 30cm$，$a = 20cm$，大齿轮半径 $R = 20cm$，在最高处 E 点受 F_n 的作用，F_n 与齿轮分度圆切线之夹角为 $\alpha = 20°$，鼓轮半径 $r = 10cm$，A、B 两端为深沟球轴承。试求齿轮作用力 F_n 以及 A、B 两轴承受的压力。

>>> 任务分析

　　了解空间力对轴之矩的概念，了解空间力系的平衡条件及平衡方程，掌握空间力系的平面解法，了解重心的概念及应用。

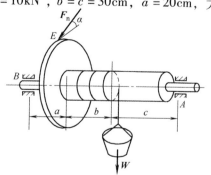

图 1-76　鼓轮轴工作图

工程中常见物体所受各力的作用线并不都在同一平面内，而是空间分布的，则该力系称为空间力系。如图 1-77a 所示的桅杆起重机，图 1-77b 所示的脚踏拉杆以及图 1-77c 所示的手摇钻等，都是空间力系的实例。本章将研究空间力系的简化和平衡条件。

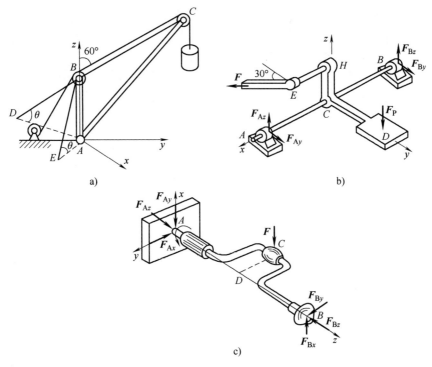

图 1-77　空间力系实例

a）桅杆起重机　b）脚踏拉杆　c）手摇钻

一、力在空间直角坐标轴上的投影

力在空间坐标轴上的投影有两种运算方法，即直接投影法和二次投影法。

1. 直接投影法

若已知力 F 与正交坐标系 $Oxyz$ 三轴间的夹角分别为 α、β、γ，如图 1-78 所示，则力在三个轴上的投影等于力矢 F 的大小乘以与各轴夹角的余弦，即

$$\left.\begin{aligned} F_x &= F\cos\alpha \\ F_y &= F\cos\beta \\ F_z &= F\cos\gamma \end{aligned}\right\} \tag{1-28}$$

与平面的情况相同，规定当力的起点投影与力的终点投影的连线方向与坐标轴正向一致时取正号；反之，取负号。

2. 二次投影法

当已知力 F 与坐标轴 Oz 间的夹角 γ，可把力 F 先分解到坐标平面 Oxy 上，得到分力 F_{xy}，然后再把这个分力投影到 Ox、Oy 轴上。在图 1-79 中，已知角 γ 和 φ，则力矢 F 在三

个坐标轴上的投影分别为

$$\left.\begin{array}{l} F_x = F\sin\gamma\cos\varphi \\ F_y = F\sin\gamma\sin\varphi \\ F_z = F\cos\gamma \end{array}\right\} \tag{1-29}$$

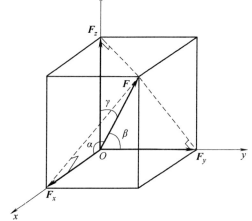
图 1-78　直接投影法图

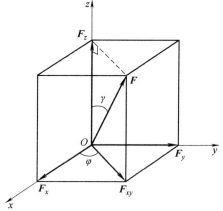
图 1-79　二次投影法图

应当指出：力在轴上的投影是代数量，而力在平面上的投影为矢量。这是因为力在平面上的投影不能像在轴上的投影那样简单地用正负号来表明，而必须用矢量来表示。

若已知力 F 在坐标轴的投影，则该力的大小和方向为

$$\left.\begin{array}{l} F = \sqrt{F_x^2 + F_y^2 + F_z^2} \\ \cos\alpha = \dfrac{F_x}{F} \\ \cos\beta = \dfrac{F_y}{F} \\ \cos\gamma = \dfrac{F_z}{F} \end{array}\right\} \tag{1-30}$$

二、力对轴的矩

工程中，经常遇到刚体绕定轴转动的情形，为了度量力对绕定轴转动刚体的作用效果，必须了解力对轴的矩的概念。如图 1-80 所示，门上作用一力 F，使其绕固定轴 z 转动。现将力 F 分解为平行于 z 轴的分力 F_z 和垂直于 z 轴的分力 F_{xy}。由经验可知，分力 F_z 不能使静止的门绕 z 轴转动，只有分力 F_{xy} 才能使静止的门绕 z 轴转动。我们用符号 $M_z(F)$ 表示力 F 对 z 轴的矩，是

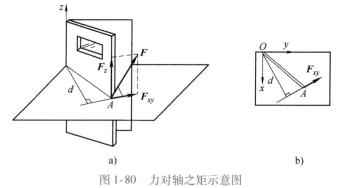
a)　　　　　　　　b)
图 1-80　力对轴之矩示意图

代数量。

由于分力 F_z 不能使静止的门绕 z 轴转动，只有分力 F_{xy} 才能使静止的门绕 z 轴转动，所以，F 对 z 轴的矩就转变为 xy 平面内 F_{xy} 对 O 点的矩。由式（1-9）有

$$M_z(\boldsymbol{F}) = M_0(\boldsymbol{F}_{xy}) = \pm F_{xy}d \tag{1-31}$$

可见，力对轴的矩可定义如下：力对轴的矩是力使刚体绕该轴转动效果的度量，是一个代数量，其绝对值等于该力在垂直于该轴的平面上的投影对于这个平面与该轴交点的矩的大小。从轴正端来看，若力的这个投影使物体绕该轴按逆时针转向，取正号；反之，取负号。也可按右手螺旋规则确定其正负号，伸出右手，手心对着轴线，四指沿力的作用线再弯曲握轴，拇指指向与 z 轴正向一致力矩为正，反之为负。如图 1-81 所示。

由式（1-28）可知，当力与轴相交（此时 $d=0$）和力与轴平行时（此时 $|F_{xy}|=0$），即当力与轴在同一平面时，力对轴的矩一定等于零。

图 1-81 右手螺旋规则

三、合力矩定理

与平面力系相同，空间力系也有合力矩定理，即一空间力系的合力 F_R 对某一轴之矩等于力系中各分力对同一轴之矩的代数和，其表达式为

$$\left.\begin{array}{l}M_x(\boldsymbol{F}_R) = M_x(\boldsymbol{F}_1) + M_x(\boldsymbol{F}_2) + \cdots + M_x(\boldsymbol{F}_n) = \sum M_x(\boldsymbol{F}) \\ M_y(\boldsymbol{F}_R) = M_y(\boldsymbol{F}_1) + M_y(\boldsymbol{F}_2) + \cdots + M_y(\boldsymbol{F}_n) = \sum M_y(\boldsymbol{F}) \\ M_z(\boldsymbol{F}_R) = M_z(\boldsymbol{F}_1) + M_z(\boldsymbol{F}_2) + \cdots + M_z(\boldsymbol{F}_n) = \sum M_z(\boldsymbol{F})\end{array}\right\} \tag{1-32}$$

例 1-9 手柄 $ABCE$ 在平面 Axy 内，在 D 处作用一个力 F，如图 1-82 所示，它在垂直于 y 轴的平面内，偏离铅直线的角度为 θ。如果 $\overline{CD} = a$，杆 BC 平行于 x 轴，杆 CE 平行于 y 轴，AB 和 BC 的长度都等于 l。试求力 F 对 x、y 和 z 三轴的矩。

解 将力 F 沿坐标轴分解为 F_x 和 F_z 两个分力，其中 $F_x = F\sin\theta$，$F_z = -F\cos\theta$。根据合力矩定理，力 F 对轴的矩等于分力 F_x 和 F_z 对同一轴的矩的代数和。注意到力与轴平行或相交时的矩为零，于是有

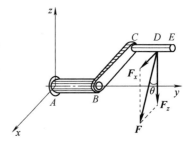

图 1-82 摇柄图

$$M_x(\boldsymbol{F}) = M_x(\boldsymbol{F}_z) = -F_z(\overline{AB} + \overline{CD}) = -F(l+a)\cos\theta$$

$$M_y(\boldsymbol{F}) = M_y(\boldsymbol{F}_z) = -F_z\overline{BC} = -Fl\cos\theta$$

$$M_z(\boldsymbol{F}) = M_z(\boldsymbol{F}_x) = -F_x(\overline{AB} + \overline{CD}) = -F(l+a)\sin\theta$$

此题得解。

四、空间任意力系的平衡

1. 空间任意力系的平衡条件及平衡方程

与平面任意力系的简化方法一样，应用力的平移定理，依次将作用于刚体上的每个力向简化中心 O 平移，同时附加一个相应的力偶，得到一空间汇交力系和空间力偶系，如刚体在空间任意力系的作用下保持平衡，则刚体在力的作用下既不能沿任意坐标轴移动，也不能绕任意的坐标轴转动。

由此得到空间任意力系处于平衡状态的必要和充分条件是：所有各力在三个坐标轴中每一个轴上的投影的代数和等于零，以及这些力对于每一个坐标轴之矩的代数和也等于零。

可将上述条件写成空间任意力系的平衡方程，即

$$\left.\begin{array}{l} \sum F_x = 0 \\ \sum F_y = 0 \\ \sum F_z = 0 \\ \sum M_x(\boldsymbol{F}) = 0 \\ \sum M_y(\boldsymbol{F}) = 0 \\ \sum M_z(\boldsymbol{F}) = 0 \end{array}\right\} \tag{1-33}$$

由于只有六个独立的平衡方程，所以在求解空间任意力系的平衡问题时，对每个研究对象只能解出六个未知量。

2. 空间特殊力系的平衡方程

空间任意力系的平衡条件包含了各种特殊力系的平衡条件，由空间任意力系的平衡方程式（1-33）可得出空间特殊力系的平衡方程。

（1）空间汇交力系的平衡方程　　如果使坐标轴的原点与各力的汇交点重合，则式（1-33）中的 $\sum M_x(\boldsymbol{F}) \equiv \sum M_y(\boldsymbol{F}) \equiv \sum M_z(\boldsymbol{F}) \equiv 0$，空间汇交力系的平衡方程为

$$\left.\begin{array}{l} \sum F_x = 0 \\ \sum F_y = 0 \\ \sum F_z = 0 \end{array}\right\} \tag{1-34}$$

（2）空间平行力系的平衡方程　　如果使 z 轴与各力平行，则式（1-33）中的 $\sum F_x \equiv 0$，$\sum F_y \equiv 0$，$\sum M_z(\boldsymbol{F}) \equiv 0$，空间平行力系的平衡方程为

$$\left.\begin{array}{l} \sum F_z = 0 \\ \sum M_x(\boldsymbol{F}) = 0 \\ \sum M_y(\boldsymbol{F}) = 0 \end{array}\right\} \tag{1-35}$$

（3）空间力偶系的平衡方程　　对空间力偶系来说，式（1-33）中 $\sum F_x \equiv 0$，$\sum F_y \equiv 0$，$\sum F_z \equiv 0$，则空间力偶系的平衡方程为

$$\left.\begin{array}{l} \sum M_x = 0 \\ \sum M_y = 0 \\ \sum M_z = 0 \end{array}\right\} \tag{1-36}$$

3. 空间力系平衡问题举例

求解空间力系平衡问题的基本方法和步骤与平面力系平衡问题相同，也分为三个步骤：

1）选取研究对象和适当的坐标系，并画出受力图，表 1-1 列出了常见的空间约束及其简图、约束力的画法。

2）根据所选坐标系，列出平衡方程。

3）求解平衡方程，得到未知量。

求解过程的关键问题是要正确选取研究对象，正确画出受力图，灵活建立坐标系。

表 1-1　常见的空间约束及其简图

约束类型	简　图	约束反力
径向轴承		
柱销铰链		F_{Az} A　F_{Ay}
导向轴承		F_{Az}　M_z　A　F_{Ay}　M_y
球形铰		F_{Az} A　F_{Ay} F_{Ax}
推力轴承		

（续）

约束类型	简　图	约束反力
固定端		

五、重心

1. 重心的概念

重心问题是日常生活和工程实际中经常遇到的问题，例如，骑自行车时需要不断地调整重心的位置，才不致翻倒；体操运动员和杂技演员在表演时，需要保持重心的平稳，才能做出高难度动作；对塔式起重机来说，重心位置也很重要，需要选择合适的配重，才能在满载和空载时不致翻倒；高速旋转的飞轮或轴类零件，若重心偏离轴线，则会引起剧烈振动，甚至破裂。图 1-83 所示为利用重心解决实际问题的例子，1975 年修筑鹰厦铁路时，厦门岛与陆地之间有一段浅海，需要填海修筑长堤。当时工期紧，装卸石块效率低，为了解决这个问题，采用了快速抛石法。这个方法就是将石块装入竹笼，再放到船上运至卸石地点，然后砍断绳索，并推下左边竹笼，使船体失去平衡向右倾斜，达到快速卸石的目的。由此可见，掌握重心有关知识，在工程实践中是很有用处的。

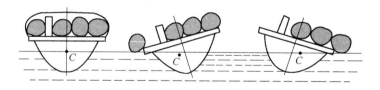

图 1-83　快速抛石示意图

在地球附近的物体都受到地球对它的作用力，即物体的重力。重力作用于物体内每一微小部分，是一个分布力系。对于工程中一般的物体，这种分布的重力可足够精确地视为空间平行力系，一般所谓重力，就是这个空间平行力系的合力。

不变形的物体（刚体）在地球表面无论怎样放置，其平行分布的重力的合力作用线，都通过此物体上一个确定的点，这一点称为物体的重心。

2. 重心坐标公式

将一重为 W 的物体放在空间直角坐标系 $Oxyz$ 中，设物体重心 C 的坐标为 x_C、y_C、z_C，如图 1-84 所示。如将物体分割成许多微小体积，设任一微体的坐标为 x_i、y_i、z_i，体积为 ΔV_i，所受重力为 W_i。这些重力组成平行力系，其合力 W 的大小就是整个物体的重量，即

$$W = \sum W_i$$

根据合力矩定理，对 x 轴取矩有

$$\sum M_x(F) = -Wy_C = -\sum W_i y_i$$

得

$$y_C = \frac{\sum W_i y_i}{\sum W_i} = \frac{\sum W_i y_i}{W}$$

对 y 轴取矩得

$$x_C = \frac{\sum W_i x_i}{W}$$

再求坐标 z_C。由于重心在物体内占有确定的位置，可将物体连同坐标系 $Oxyz$ 一起绕 x 轴顺时针方向转 $90°$。使 y 轴向下，这样各重力 W_i 及其合力 W 都与 y 轴平行。这也相当于将各重力及其合力相对于物体按逆时针方向转 $90°$，使之与 y 轴平行，如图 1-84 中虚线箭头所示。这时再对 x 轴取矩得

$$z_C = \frac{\sum W_i z_i}{W}$$

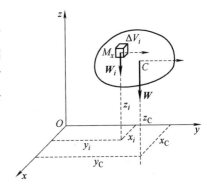

图 1-84　重心确定示意图

从而得重心坐标的公式

$$x_C = \frac{\sum W_i x_i}{W}, y_C = \frac{\sum W_i y_i}{W}, z_C = \frac{\sum W_i z_i}{W} \quad (1\text{-}37)$$

工程中常采用均质材料，根据物体的形状及特性，其重心位置可用体积、面积、长度等参数表示。对于均质板或均质面，由于厚度与表面积相比很小，其重心公式可表示为

$$\left.\begin{aligned}
x_C &= \frac{\sum A_i x_i}{\sum A_i} = \frac{\sum A_i x_i}{A} \\
y_C &= \frac{\sum A_i y_i}{\sum A_i} = \frac{\sum A_i y_i}{A} \\
z_C &= \frac{\sum A_i z_i}{\sum A_i} = \frac{\sum A_i z_i}{A}
\end{aligned}\right\} \quad (1\text{-}38)$$

式中，A、A_i 分别为物体的总面积和各微元的面积；x_i、y_i、z_i 分别为各微面积的形心坐标。

3. 确定物体重心的方法

（1）对称法　对于均质物体，若在几何形体上具有对称面、对称轴或对称点，则其重心必在此对称面、对称轴或对称点上。

若物体有两个对称面，则重心在两个对称面的交线上。若物体有两个对称轴，则重心在两个对称轴的交点上。对于均质物体，其重心与形心重合。例如，球心是圆球的对称点，也就是它的重心或形心，矩形的重心就在它的两个对称轴的交点上。

常用的简单形状物体的重心可从工程手册中查到。简单形体的形心见表1-2。

表1-2　简单形体的形心位置表

图　形	形心位置	图　形	形心位置
三角形	$y_C = \dfrac{h}{3}$ $A = \dfrac{1}{2}bh$	扇形	$x_C = \dfrac{2r\sin\alpha}{\alpha}$ $A = \alpha r^2$ 半圆：$\alpha = \dfrac{\pi}{2}$ $x_C = \dfrac{4r}{3\pi}$
梯形	$y_C = \dfrac{h(a+2b)}{3(a+b)}$ $A = \dfrac{h}{2}(a+b)$	抛物线	$x_C = \dfrac{1}{4}l$ $y_C = \dfrac{3}{10}b$ $A = \dfrac{1}{3}hl$

（2）组合法　对于由简单形体构成的组合体，可将其分割成若干简单形状的物体，当这些简单形状物体的重心已知时，整个物体的重心位置即可用式（1-38）求出，这种方法称为组合法。

例1-10　试求 Z 形截面重心的位置，其尺寸如图 1-85 所示。

解　取坐标轴如图 1-85 所示，将该图形分割为三个矩形（例如用 ab 和 cd 两线分割）。以 C_1、C_2、C_3 表示这些矩形的重心（形心），而以 A_1、A_2、A_3 表示它们的面积。以 (x_1, y_1)、(x_2, y_2)、(x_3, y_3) 分别表示 C_1、C_2、C_3 的坐标，由图 1-85 得

$x_1 = -15\text{mm}$,　　$y_1 = 45\text{mm}$,　　$A_1 = 300\text{mm}^2$

$x_2 = 5\text{mm}$,　　　$y_2 = 30\text{mm}$,　　$A_2 = 400\text{mm}^2$

$x_3 = 15\text{mm}$,　　　$y_3 = 5\text{mm}$,　　　$A_3 = 300\text{mm}^2$

按式（1-38）求得该截面重心的坐标 x_C、y_C 为

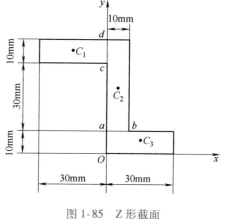

图 1-85　Z 形截面

$$x_C = \frac{x_1 A_1 + x_2 A_2 + x_3 A_3}{A_1 + A_2 + A_3} = 2\,\text{mm}$$

$$y_C = \frac{y_1 A_1 + y_2 A_2 + y_3 A_3}{A_1 + A_2 + A_3} = 27\,\text{mm}$$

若在物体或薄板内切去一部分（例如有空穴或孔的物体），则这类物体的重心，仍可应用与分割法相同的公式来求得，只是切去部分的面积应取负值。

（3）实验法　工程中一些外形复杂或质量分布不均的物体很难用计算方法求其重心，此时可用实验方法测定重心位置。其中常用的为悬挂法（图1-86）和称重法（图1-87）。

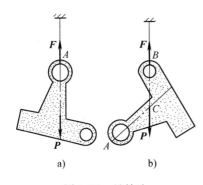

图1-86　悬挂法

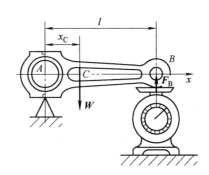

图1-87　称重法

如图1-86所示，两次悬挂铅直线的交点 C 就是不规则物体的重心。如图1-87所示，连杆本身具有两个互相垂直的纵向对称面，其重心必在这两个对称平面的交线上，即连杆的中心线 AB 上。其重心在 x 轴上的位置可用下述方法确定：先称出连杆重 W，然后将其一端支于固定点 A，另一端支承于磅秤上，使中心线 AB 处于水平位置，读出磅秤读数 F_B，量出两支点间的水平距离 l，则由

$$\sum M_A = 0 \qquad F_B l - W x_C = 0$$

得

$$x_C = \frac{F_B l}{W}$$

C 点就是重心，如图1-87所示。

≫≫≫ 任务实施

试求图1-76所示齿轮作用力 F_n 以及 A、B 两轴承受的压力。鼓轮轴工作图如图1-88所示。

解　取鼓轮轴为研究对象，其上作用有齿轮作用力 F_n、起重物重力 W 和轴承 A、B 处的约束反力 F_{Ax}、F_{Az}、F_{Bx}、F_{Bz}，如图1-88所示。该力系为空间任意力系，可列平衡方程式

$$\sum M_y(\boldsymbol{F}) = 0 \qquad F_n R\cos\alpha - W r = 0$$

得

$$F_n = \frac{W r}{R\cos\alpha} = \frac{10 \times 10}{20\cos 20°}\,\text{kN} = 5.32\,\text{kN}$$

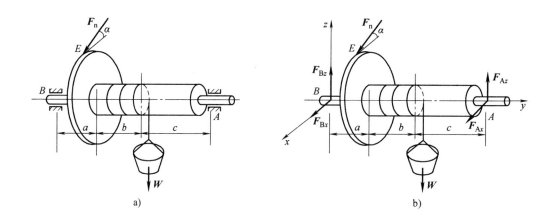

图 1-88　鼓轮轴工作图

$$\sum M_x(\boldsymbol{F}) = 0 \qquad F_{Az}(a+b+c) - W(a+b) - F_n a\sin\alpha = 0$$

得

$$F_{Az} = \frac{W(a+b) + F_n a\sin\alpha}{a+b+c}\,\text{kN} = 6.7\,\text{kN}$$

$$\sum F_z = 0 \qquad F_{Az} + F_{Bz} - F_n\sin\alpha - W = 0$$

得

$$F_{Bz} = F_n\sin\alpha + W - F_{Az} = 5.12\,\text{kN}$$

$$\sum M_z(\boldsymbol{F}) = 0 \qquad -F_{Ax}(a+b+c) - F_n a\cos\alpha = 0$$

得

$$F_{Ax} = \frac{-F_n a\cos\alpha}{a+b+c} = -1.25\,\text{kN}$$

$$\sum F_x = 0 \qquad F_{Ax} + F_{Bx} + F_n\cos\alpha = 0$$

得

$$F_{Bx} = -F_{Ax} - F_n\cos\alpha = -3.75\,\text{kN}$$

　　在机械工程中，对轮轴类的构件，为了便于计算，常常把作用于轮轴类构件上的空间力系投影到三个直角坐标面上，即把一个空间平衡力系转化为三个平面平衡力系来求解，称为平面解法。其步骤大致是：先将空间力系投影到侧面（侧视图）上，对轮心（转轴）列力矩平衡方程；然后，将空间力系分别投影到铅垂面（主视图）和水平面（俯视图）上，往往得到两个平面平行力系，分别求解这两个平面平行力系即可。这种方法称为空间力系的平面解法。

　　例 1-11　对图 1-76 空间力系的平面解法。

　　解　1）取鼓轮轴为研究对象，并

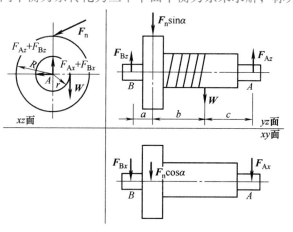

图 1-89　空间力系的平面解法

画出它在三个坐标平面上的受力投影图，如图 1-89 所示。一个空间力系的问题就转化为三个平面力系问题。本题投影到 xz 面的力系为平面任意力系，yz 与 xy 面的力系为平面平行力系。

2）按平面力系的解题方法，逐个分析三个受力投影图，可见本题应从 xz 面先解。

xz 面
$$\sum M_A(\boldsymbol{F}) = 0$$
$$F_n R\cos\alpha - Wr = 0$$

得
$$F_n = \frac{Wr}{R\cos\alpha} = 5.32\text{kN}$$

yz 面
$$\sum M_B(\boldsymbol{F}) = 0$$
$$F_{Az}(a + b + c) - W(a + b) - F_n a\sin\alpha = 0$$

得
$$F_{Az} = \frac{W(a + b) + F_n\sin\alpha}{(a + b + c)} = 6.7\text{kN}$$

$$\sum F_z = 0 \quad F_{Az} + F_{Bz} - F_n\sin\alpha - W = 0$$

得
$$F_{Bz} = F_n\sin\alpha + W - F_{Az} = 5.12\text{kN}$$

xy 面
$$\sum M_B(\boldsymbol{F}) = 0 \quad F_{Ax}(a + b + c) - F_n a\cos\alpha = 0$$

得
$$F_{Ax} = \frac{-F_n a\cos\alpha}{a + b + c} = -1.25\text{kN}$$

$$\sum F_x = 0 \quad F_{Ax} + F_{Bx} + F_n\cos\alpha = 0$$

得
$$F_{Bx} = -F_{Ax} - F_n\cos\alpha = -3.75\text{kN}$$

本方法提供了一个用解平面力系问题的方法去解决空间力系问题的途径。在实际解题时，也可作出三个受力投影图中的一个或两个，与空间受力图结合起来使用，使空间力系问题得到简化。

思考与练习

1. 为什么力（矢量）在轴上的投影是代数量，而在平面上的投影为矢量？

2. 在什么情况下力对轴之矩为零？如何判断力对轴之矩的正负号？

3. 空间一般力系向三个相互垂直的坐标平面投影可以得到三个平面一般力系，每个平面一般力系有三个独立方程，这三个平面一般力系是否可以解九个未知量？

4. 解空间任意力系的平衡问题时，应怎样选取坐标轴，使所列方程简单，便于求解？

5. 两形状和大小均相同、但质量不同的均质物体，其重心位置是否相同？

6. 将物体沿过重心的平面切开，两边是否等重？

7. 物体的重心是否一定在物体的内部？

8. 重心和形心在什么时候重合？

9. 如图 1-90 所示，变速器中间轴装有两直齿圆柱齿轮，其分度圆半径 $r_1 = 100\text{mm}$，$r_2 = 72\text{mm}$，啮合点分别在两齿轮的最高与最低位置，齿轮 1 上的圆周力 $F_{t1} = 1.58\text{kN}$，两齿轮的径向力与圆周力之间的关系为 $F_r = F_t\tan 20°$。试求当轴平衡时作用于齿轮 2 上的圆周力 F_{t2} 与轴承 A、B 处的约束反力。

10. 试求图 1-91 所示各图形的形心位置，设 O 点为坐标原点，单位为 mm。

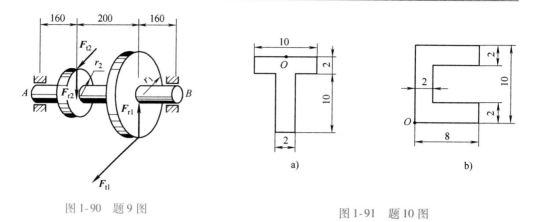

图 1-90　题 9 图

图 1-91　题 10 图

习 题 答 案

9. $F_{t2} = 2.19\text{kN}$, $F_{Ax} = -2.01\text{kN}$, $F_{Az} = 0.376\text{kN}$, $F_{Bx} = -1.17\text{kN}$, $F_{Bz} = -0.152\text{kN}$

10. a) $(0, -4\text{mm})$, b) $(3.2\text{mm}, 5\text{mm})$

模块二 运动力学

▶▶▶ 学习目标

掌握点的运动描述方法及刚体的基本运动形式和特点。

了解点的合成运动及刚体平面运动的概念。

理解质点动力学的基本方程及应用。

理解刚体平移、刚体转动惯量、刚体转动动力学基本方程的理论及其应用。

了解达朗贝尔原理。

任务一 刚体上一点的运动学

▶▶▶ 任务描述

图 2-1 所示为曲柄摇杆机构，曲柄 OA 绕 O 轴转动，并带动套筒 A 在 O_1B 杆上滑动，从而带动 O_1B 杆绕 O_1 轴转动。设 $OA = OO_1 = 10\text{cm}$，$O_1B = 20\text{cm}$，$\varphi = \dfrac{\pi}{5}t$（$\varphi$ 的单位为 rad，t 以 s 计）。试求 B 点的运动方程、速度及加速度。

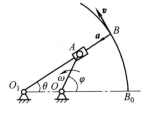

图 2-1 曲柄摇杆机构

▶▶▶ 任务分析

研究点的运动，主要研究如何确定点的位置，建立点的运动方程，确定点的轨迹以及分析、计算点的速度和加速度。研究点运动的方法有矢量法、直角坐标法和自然法三种方法，其实质是选取不同的坐标系，得到运动的不同表达形式。

▶▶▶ 知识准备

一、矢量法描述点的运动

矢量法描述点的运动是以固定点为参考坐标系，描述另一个点的运动。

（1）点的运动方程 如图 2-2 所示，在直角坐标系 $Oxyz$ 中，动点 M 在任一瞬时的位置完全由矢径 r 确定。当动点沿曲线运动时，其矢径的大小和方向随时间 t 变化，可表示为时间 t 的单值连续矢量函数，即

$$r = r(t) \tag{2-1}$$

式（2-1）是动点 M 矢量法表示的运动方程。矢径 r 的端点就是点的运动轨迹。

（2）点的速度 速度是表示点运动的快慢和方向的物理量。如图 2-3 所示，设动点沿曲线运动，在某瞬时 t，点在位置 M 处，其矢径为 r；经过时间间隔 Δt，点运动到位置 M'，其

矢径为 r'。在时间间隔 Δt 内，点的矢径的改变量为

$$\Delta r = r' - r$$

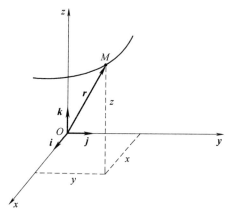

图 2-2　点的运动

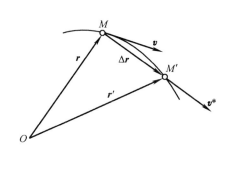

图 2-3　点的速度

Δr 称为点在时间间隔 Δt 内的位移。单位时间的位移，称为动点 M 在时间 Δt 内的平均速度，用 v^* 表示，即

$$v^* = \frac{\Delta r}{\Delta t}$$

当 $\Delta t \to 0$ 时，点 M' 趋近于点 M，而平均速度 v^* 趋近于一极限值，此极限值称为动点 M 在瞬时 t 的瞬时速度，简称速度。用 v 表示，即

$$v = \lim_{\Delta t \to 0} v^* = \lim_{\Delta t \to 0} \frac{\Delta r}{\Delta t} = \frac{\mathrm{d} r}{\mathrm{d} t} \tag{2-2}$$

式（2-2）表明，速度是一矢量，它等于动点的矢径对时间的一阶导数。其速度的大小 $v = \left| \dfrac{\mathrm{d} r}{\mathrm{d} t} \right|$，表示动点在瞬时 t 运动的快慢，方向沿 $\Delta t \to 0$ 时位移 Δr 的极限方向，即沿轨迹曲线在 M 点的切线并指向运动的方向。速度单位为 m/s。

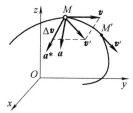

图 2-4　点的加速度

（3）点的加速度　加速度表示点的速度大小和方向随时间变化的物理量。设某瞬时 t 动点在位置 M，速度为 v；经过时间间隔 Δt，点运动到 M' 处，速度变为 v'，如图 2-4 所示。在 Δt 内动点速度的改变量为

$$\Delta v = v' - v$$

Δv 与对应时间间隔 Δt 的比值表示点在 Δt 内速度的平均变化率，称为平均加速度，用 a^* 表示，即

$$a^* = \frac{\Delta v}{\Delta t}$$

当 $\Delta t \to 0$ 时，平均加速度 a^* 趋近于一极限值，此极限值称为动点 M 在瞬时 t 的瞬时加速度，简称加速度，用 a 表示，即

$$a = \lim_{\Delta t \to 0} a^* = \lim_{\Delta t \to 0} \frac{\Delta \boldsymbol{v}}{\Delta t} = \frac{\mathrm{d}\boldsymbol{v}}{\mathrm{d}t} = \frac{\mathrm{d}^2 \boldsymbol{r}}{\mathrm{d}t^2} \tag{2-3}$$

式（2-3）表明，加速度也是一矢量，它等于点的速度对时间的一阶导数或等于点的矢径对时间的二阶导数。加速度的大小 $a = \left| \dfrac{\mathrm{d}\boldsymbol{v}}{\mathrm{d}t} \right|$，其方向与 $\Delta t \to 0$ 时 $\Delta \boldsymbol{v}$ 的极限方向一致。加速度的单位为 $\mathrm{m/s^2}$。

矢量法主要用于理论推导，在具体建立动点的运动方程并计算其速度和加速度时，常用直角坐标法和自然法等。

二、直角坐标法描述点的运动

（1）点的运动方程　由图 2-2 可知，某瞬时动点在空间的位置，也可以用点在直角坐标系 $Oxyz$ 中的坐标值 x、y、z 唯一确定。动点运动时，坐标 x、y、z 随时间 t 而变化，都可以表示为时间 t 的单值连续函数，即

$$\left. \begin{aligned} x &= f_1(t) \\ y &= f_2(t) \\ z &= f_3(t) \end{aligned} \right\} \tag{2-4}$$

式（2-4）描述了动点在直角坐标系中的运动规律，称为用直角坐标法表示的点的运动方程。也可以把它们看成是动点以时间 t 为参数的参数方程，从上述方程消去参数 t，就得到了动点的轨迹方程。

（2）点的速度　在直角坐标系 $Oxyz$ 中，矢径 $\boldsymbol{r}$ 可表示为解析式

$$\boldsymbol{r} = x\boldsymbol{i} + y\boldsymbol{j} + z\boldsymbol{k} \tag{2-5}$$

式中，x、y、z 分别为矢径在空间三个直角坐标轴上的投影，$\boldsymbol{i}$、$\boldsymbol{j}$、$\boldsymbol{k}$ 分别是沿 x、y、z 轴的单位矢量，它们是常矢量。

将式（2-5）对时间求一阶导数，得到动点 M 的速度

$$\boldsymbol{v} = \frac{\mathrm{d}\boldsymbol{r}}{\mathrm{d}t} = \frac{\mathrm{d}x}{\mathrm{d}t}\boldsymbol{i} + \frac{\mathrm{d}y}{\mathrm{d}t}\boldsymbol{j} + \frac{\mathrm{d}z}{\mathrm{d}t}\boldsymbol{k} \tag{2-6}$$

另一方面，以 v_x、v_y、v_z 表示动点速度 $\boldsymbol{v}$ 在直角坐标轴上的投影，则 $\boldsymbol{v}$ 可表示为

$$\boldsymbol{v} = v_x\boldsymbol{i} + v_y\boldsymbol{j} + v_z\boldsymbol{k} \tag{2-7}$$

比较式（2-6）和式（2-7），显然有

$$\left. \begin{aligned} v_x &= \frac{\mathrm{d}x}{\mathrm{d}t} \\ v_y &= \frac{\mathrm{d}y}{\mathrm{d}t} \\ v_z &= \frac{\mathrm{d}z}{\mathrm{d}t} \end{aligned} \right\} \tag{2-8}$$

即动点在直角坐标轴上的投影分别等于该点对应的坐标对时间的一阶导数。

若已知速度的三个投影，可以求得速度的大小和方向。速度的大小为

$$v = \sqrt{v_x^2 + v_y^2 + v_z^2} = \sqrt{\left(\frac{\mathrm{d}x}{\mathrm{d}t}\right)^2 + \left(\frac{\mathrm{d}y}{\mathrm{d}t}\right)^2 + \left(\frac{\mathrm{d}z}{\mathrm{d}t}\right)^2} \tag{2-9}$$

速度 $\boldsymbol{v}$ 的方向余弦为

$$
\left.\begin{aligned}
\cos(\boldsymbol{v},\boldsymbol{i}) &= \frac{v_x}{v} \\
\cos(\boldsymbol{v},\boldsymbol{j}) &= \frac{v_y}{v} \\
\cos(\boldsymbol{v},\boldsymbol{k}) &= \frac{v_z}{v}
\end{aligned}\right\}
\tag{2-10}
$$

（3）点的加速度　将式（2-6）和式（2-7）分别再对时间求一阶导数，可得

$$
\boldsymbol{a} = \frac{\mathrm{d}\boldsymbol{v}}{\mathrm{d}t} = \frac{\mathrm{d}^2 x}{\mathrm{d}t^2}\boldsymbol{i} + \frac{\mathrm{d}^2 y}{\mathrm{d}t^2}\boldsymbol{j} + \frac{\mathrm{d}^2 z}{\mathrm{d}t^2}\boldsymbol{k}
\tag{2-11}
$$

$$
\boldsymbol{a} = \frac{\mathrm{d}v_x}{\mathrm{d}t}\boldsymbol{i} + \frac{\mathrm{d}v_y}{\mathrm{d}t}\boldsymbol{j} + \frac{\mathrm{d}v_z}{\mathrm{d}t}\boldsymbol{k}
\tag{2-12}
$$

同理，加速度在直角坐标轴上的投影为

$$
\left.\begin{aligned}
a_x &= \frac{\mathrm{d}v_x}{\mathrm{d}t} = \frac{\mathrm{d}^2 x}{\mathrm{d}t^2} \\
a_y &= \frac{\mathrm{d}v_y}{\mathrm{d}t} = \frac{\mathrm{d}^2 y}{\mathrm{d}t^2} \\
a_z &= \frac{\mathrm{d}v_z}{\mathrm{d}t} = \frac{\mathrm{d}^2 z}{\mathrm{d}t^2}
\end{aligned}\right\}
\tag{2-13}
$$

即动点的加速度在直角坐标轴上的投影等于该点速度对应的投影对时间的一阶导数，或等于该点对应的坐标对时间的二阶导数。

若已知加速度的三个投影，可以求得加速度的大小和方向。加速度的大小为

$$
a = \sqrt{a_x{}^2 + a_y{}^2 + a_z{}^2} = \sqrt{\left(\frac{\mathrm{d}^2 x}{\mathrm{d}t^2}\right)^2 + \left(\frac{\mathrm{d}^2 y}{\mathrm{d}t^2}\right)^2 + \left(\frac{\mathrm{d}^2 z}{\mathrm{d}t^2}\right)^2}
\tag{2-14}
$$

加速度的方向余弦为

$$
\left.\begin{aligned}
\cos(\boldsymbol{a},\boldsymbol{i}) &= \frac{a_x}{a} \\
\cos(\boldsymbol{a},\boldsymbol{j}) &= \frac{a_y}{a} \\
\cos(\boldsymbol{a},\boldsymbol{k}) &= \frac{a_z}{a}
\end{aligned}\right\}
\tag{2-15}
$$

当点的运动轨迹为平面曲线或直线时，运动方程及各速度、加速度项减少。

三、自然法描述点的运动

（1）点的运动方程　当动点运动的轨迹为已知时，可选轨迹上任一点 O 为原点，并规定 O 点一侧指向为正，另一侧为负，如图 2-5 所示。由原点 O 沿轨迹到动点 M 的弧长冠以适当的正负号称为 M 点的弧坐标，

用 s 表示，即

$$s = \pm OM$$

弧坐标 s 完全确定了点在已知轨迹上的位置，是代数量。当点 M 沿已知轨迹运动时，弧坐标 s 随时间 t 变化，可表示为时间 t 的单值连续函数，即

$$s = f(t) \tag{2-16}$$

式（2-16）描述了动点在已知轨迹曲线上的位置随时间的变化规律，称为用自然法表示的点的运动方程。

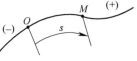

图 2-5　弧坐标

（2）平面曲线的自然轴系　对于平面曲线，自然轴系显得比较简单，如图 2-6 所示。动点沿已知平面曲线运动，在曲线上任一点 M 处建立一个坐标系：取切向轴 $\boldsymbol{\tau}$ 沿曲线在该点的切线，正向指向弧坐标的正向，$\boldsymbol{\tau}$ 为切线方向的单位矢量；取法向轴 $\boldsymbol{n}$ 沿曲线在该点的法线，正向指向曲线内凹的一侧，$\boldsymbol{n}$ 为法线方向的单位矢量。这样建立的正交坐标轴系称为自然坐标轴系，简称自然轴系。显然，自然轴系不是固定的坐标系，它随动点在轨迹上的位置而改变。

（3）点的速度　设动点沿已知轨迹运动，在时间间隔 Δt 内由 M 点运动到 M' 点，如图 2-7 所示，其弧坐标的改变量为 Δs，动点相应位移为 $\Delta \boldsymbol{r}$，由式（2-2）可得 $\boldsymbol{v} = \dfrac{\Delta \boldsymbol{r}}{\Delta t}$。

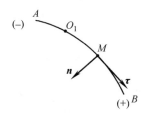

图 2-6　自然轴系

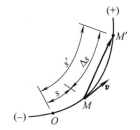

图 2-7　点的速度

当 $\Delta t \to 0$ 时，$|MM'| \approx \Delta s$，所以速度大小为

$$\boldsymbol{v} = \lim_{\Delta t \to 0} \left| \frac{MM'}{\Delta t} \right| = \lim_{\Delta t \to 0} \frac{\Delta s}{\Delta t} \boldsymbol{\tau} = \frac{\mathrm{d}s}{\mathrm{d}t} \boldsymbol{\tau} \tag{2-17}$$

其方向为沿轨迹的切线，并指向弧坐标的正向 $\boldsymbol{\tau}$。

（4）点的加速度　将式（2-17）代入式（2-3）得

$$\boldsymbol{a} = \frac{\mathrm{d}\boldsymbol{v}}{\mathrm{d}t} = \frac{\mathrm{d}}{\mathrm{d}t}(v\boldsymbol{\tau}) = \frac{\mathrm{d}v}{\mathrm{d}t}\boldsymbol{\tau} + v\frac{\mathrm{d}\boldsymbol{\tau}}{\mathrm{d}t} \tag{2-18}$$

式（2-18）中第一项表示点的速度大小随时间的变化率，它总沿轨迹的切向，称为切向加速度，用 $\boldsymbol{a}_\tau$ 表示，即

$$\boldsymbol{a}_\tau = \frac{\mathrm{d}v}{\mathrm{d}t}\boldsymbol{\tau} = \frac{\mathrm{d}^2 s}{\mathrm{d}t^2}\boldsymbol{\tau} \tag{2-19}$$

式（2-18）中第二项反映切线单位矢量 $\boldsymbol{\tau}$ 对时间的变化率，也就是动点速度的方向对时间的变化率。通过推导可得

$$v\frac{\mathrm{d}\boldsymbol{\tau}}{\mathrm{d}t} = \frac{v^2}{\rho}\boldsymbol{n}$$

式中，ρ 为轨迹曲线在 M 点的曲率半径。

因为 $\boldsymbol{n}$ 前面的系数恒为正值，可知加速度的这个分量沿法线方向，并指向曲率中心，故称为法向加速度，用 $\boldsymbol{a}_n$ 表示，即

$$\boldsymbol{a}_n = \frac{v^2}{\rho}\boldsymbol{n} \tag{2-20}$$

于是，动点的加速度表达式（2-18）可写为

$$\boldsymbol{a} = \frac{\mathrm{d}^2 s}{\mathrm{d}t^2}\boldsymbol{\tau} + \frac{v^2}{\rho}\boldsymbol{n} = \boldsymbol{a}_\tau + \boldsymbol{a}_n \tag{2-21}$$

显然，点作平面曲线运动时，其加速度在自然坐标轴上的投影分别为

$$\left. \begin{aligned} a_\tau &= \frac{\mathrm{d}v}{\mathrm{d}t} = \frac{\mathrm{d}^2 s}{\mathrm{d}t^2} \\ a_n &= \frac{v^2}{\rho} \end{aligned} \right\} \tag{2-22}$$

综上所述，点沿平面曲线轨迹运动时，其加速度等于切向加速度与法向加速度的矢量和。切向加速度反映点的速度大小随时间的变化率，它的代数值等于速度的代数值对时间的一阶导数，或弧坐标对时间的二阶导数，它的方向沿轨迹的切线；法向加速度反映点的速度方向改变的快慢程度，它的大小等于点的速度平方除以曲率半径，它的方向沿法线恒指向曲率中心。

正如前面所分析的那样，切向加速度反映速度大小的变化率，而法向加速度只反映速度方向的变化，所以，当速度 $\boldsymbol{v}$ 与切向加速度 $\boldsymbol{a}_\tau$ 的指向相同时，即 $\boldsymbol{v}$ 与 a_τ 的符号相同时，速度的绝对值不断增加，点做加速运动，如图 2-8a 所示；当速度 $\boldsymbol{v}$ 与切向加速度 $\boldsymbol{a}_\tau$ 的指向相反时，即 $\boldsymbol{v}$ 与 a_τ 的符号相反时，速度的绝对值不断减小，点做减速运动，如图 2-8b 所示。

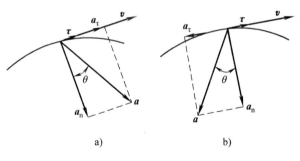

a)　　　　　　b)

图 2-8　全加速度
a) 加速运动　b) 减速运动

由于 a_τ 和 a_n 相互垂直，所以 $\boldsymbol{a}$ 的大小和方向可由下式决定

$$\left. \begin{aligned} a &= \sqrt{{a_\tau}^2 + {a_n}^2} = \sqrt{\left(\frac{\mathrm{d}\boldsymbol{v}}{\mathrm{d}t}\right)^2 + \left(\frac{\boldsymbol{v}}{\rho}\right)^2} \\ \tan\theta &= \left|\frac{a_\tau}{a_n}\right| \end{aligned} \right\} \tag{2-23}$$

式中，θ 为加速度 $\boldsymbol{a}$ 与法向加速度 $\boldsymbol{a}_n$ 的夹角。

如图 2-8 所示，θ 总是小于或等于 $\dfrac{\pi}{2}$，因此加速度 $\boldsymbol{a}$ 的方向总是指向 M 点附近曲线的凹面。

任务实施

试求图 2-1 所示机构中 B 点的运动方程、速度及加速度。曲柄摇杆机构的运动、速度及加速度分析如图 2-9 所示。

解 B 点的运动轨迹已知，是以 O_1 为圆心，O_1B 为半径的圆弧，故可采用自然法求解该问题，也可采用直角坐标法。

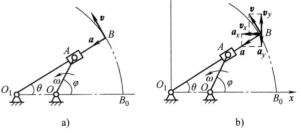

图 2-9 曲柄摇杆机构
a) 运动分析 b) 速度及加速度分析

（1）自然法 首先建立曲线坐标轴，取 $t=0$ 时，B 点所在处 B_0 为弧坐标原点，并以递时针为方向正向，如图 2-9a 所示。则 B 点的弧坐标为 $s=B_0B=O_1B\cdot\theta$，s 的单位为 cm。由于 $\triangle OAO_1$ 是等腰三角形，则 $\varphi=2\theta$，故 B 点的运动方程为

$$s = O_1B \cdot \frac{\varphi}{2} = 20 \times \frac{\pi}{5}t \times \frac{1}{2} = 2\pi t$$

B 点的速度为

$$v = \frac{\mathrm{d}s}{\mathrm{d}t} = 2\pi \text{cm/s} = 6.28 \text{cm/s}$$

其方向沿切线，如图 2-9a 所示。B 点的加速度为

$$a_\tau = \frac{\mathrm{d}v}{\mathrm{d}t} = 0$$

$$a_n = \frac{v^2}{O_1B} = \frac{(2\pi)^2}{20} \text{cm/s}^2 = 1.97 \text{cm/s}^2$$

所以加速度 $a = a_n = 1.97 \text{cm/s}^2$，其方向沿法线，如图 2-9a 所示。

（2）直角坐标法 建立如图 2-9b 所示坐标系 Oxy，则 B 点的运动方程为

$$x = O_1B \cdot \cos\theta = O_1B \cdot \cos\frac{\varphi}{2} = 20\cos\frac{\pi}{10}t$$

$$y = O_1B \cdot \sin\theta = O_1B \cdot \cos\frac{\varphi}{2} = 20\sin\frac{\pi}{10}t \tag{a}$$

B 点的速度在 x、y 轴上的投影由式（a）求导可得

$$v_x = \frac{\mathrm{d}x}{\mathrm{d}t} = -2\pi\sin\frac{\pi}{10}t$$

$$v_y = \frac{\mathrm{d}y}{\mathrm{d}t} = 2\pi\cos\frac{\pi}{10}t \tag{b}$$

则 B 点的速度大小和方向为

$$v = \sqrt{v_x^2 + v_y^2} = 2\pi \text{cm/s} = 6.28 \text{cm/s}$$

$$\tan\alpha = \left|\frac{v_y}{v_x}\right| = \cot\frac{\pi}{10}t = \cot\frac{\varphi}{2} = \cot\theta, \alpha = 90° - \theta \tag{c}$$

速度$\boldsymbol{v}$与x轴所夹锐角$\alpha = 90° - \theta$，且因v_x为负值，v_y为正值，故$\boldsymbol{v}$应在第Ⅱ象限，方向如图2-9b所示，显然速度的方向与O_1B垂直。

B点的加速度在x、y轴上的投影由式（b）求导可得

$$a_x = \frac{\mathrm{d}v_x}{\mathrm{d}t} = -\frac{\pi^2}{5}\cos\frac{\pi}{10}t$$

$$a_y = \frac{\mathrm{d}v_y}{\mathrm{d}t} = -\frac{\pi^2}{5}\sin\frac{\pi}{10}t$$

则B点的加速度大小和方向为

$$a = \sqrt{a_x{}^2 + a_y{}^2} = \frac{\pi^2}{5}\,\mathrm{cm/s}^2 = 1.97\,\mathrm{cm/s}^2$$

$$\tan\beta = \left|\frac{a_y}{a_x}\right| = \tan\frac{\pi}{10}t = \tan\frac{\varphi}{2} = \tan\theta,\ \beta = \theta$$

加速度$\boldsymbol{a}$与x轴所夹锐角$\beta = \theta$，且因a_x、a_y均为负值，故$\boldsymbol{a}$应在第Ⅲ象限，方向沿O_1B指向O_1点，如图2-9b所示。

显然，自然法和直角坐标法求得的结果完全相同，但由解题过程可见，当动点的运动轨迹已知时，选用自然法求解比较简便。

思考与练习

1. $\dfrac{\mathrm{d}\boldsymbol{v}}{\mathrm{d}t}$和$\dfrac{\mathrm{d}v}{\mathrm{d}t}$有何不同？各自的物理意义是什么？

2. 点在运动时，若某瞬时速度$v = 0$，该瞬时加速度是否必为零？

3. 自然法的切向加速度、法向加速度的大小和方向如何表示？它们的物理意义是什么？

4. $a_\tau = 0$，$a_n = 0$；$a_\tau = 0$，$a_n \neq 0$；$a_\tau \neq 0$，$a_n = 0$；$a_\tau \neq 0$，$a_n \neq 0$，动点做何性质的运动？

5. 如图2-10所示，点沿螺旋线自外向内运动，其运动方程为$s = kt$（k为常数），问此点的加速度是越来越大，还是越来越小？此点是越跑越快，还是越跑越慢？

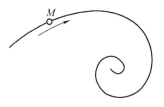

图2-10　题5图

6. 如图2-11所示，点做曲线运动，试就下列三种情况画出加速度的方向：①点M_1做匀速运动；②点M_2做加速运动，M_2点为拐点；③点M_3做减速运动。

7. 试指出图2-12中所表明的点做曲线运动时，哪些是加速运动？哪些是减速运动？哪些是不可能出现的运动（E点为拐点）？

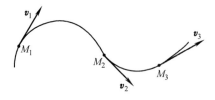

图2-11　题6图

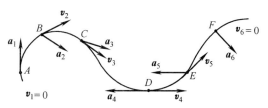

图2-12　题7图

8. 如图 2-13 所示，摇杆机构的滑杆 AB 以匀速 v 向上运动，试建立摇杆 OC 上点 C 的运动方程，并求此点在 $\varphi = \dfrac{\pi}{4}$ 时的速度大小。假定初始瞬时 $\varphi = 0$，摇杆长 $OC = a$，l 为已知。

9. 如图 2-14 所示，摇杆滑道机构中的滑块 M 同时在固定的圆弧槽 BC 和摇杆 OA 的滑道中滑动。弧 BC 的半径为 R，摇杆 OA 的轴 O 在弧 BC 的圆周上。摇杆绕 O 轴以等角速度 ω 转动，当运动开始时，摇杆在水平位置。分别用直角坐标法和自然法给出点 M 的运动方程，并求其速度和加速度。

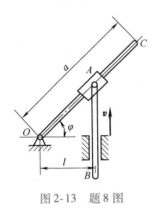

图 2-13 题 8 图

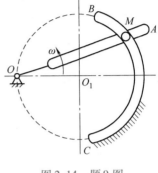

图 2-14 题 9 图

习 题 答 案

8. $v_C = \dfrac{av}{2l}$

9. （1）自然法 $s = 2R\omega t$，$v = 2R\omega$，$a_\tau = 0$，$a_n = 4R\omega^2$

（2）直角坐标法 $x = R + R\cos 2\omega t$，$y = R\sin 2\omega t$

$v_x = -2R\omega\sin 2\omega t$，$v_y = 2R\omega\cos 2\omega t$

$a_x = -4R\omega^2\cos 2\omega t$，$a_y = -4R\omega^2\sin 2\omega t$

任务二 刚体的基本运动

>>> **任务描述**

如图 2-15 所示，卷扬机鼓轮半径 $r = 160\text{mm}$，绕轴 O 转动的规律为 $\varphi = 0.1t^3$（φ 以 rad 计，t 以 s 计）。求 $t = 3\text{s}$ 时轮缘上一点 M 及重物的速度和加速度。设缆绳不可伸长。

>>> **任务分析**

本任务中不仅有点的运动，还有刚体的运动，完成本任务需要了解刚体本身的运动描述，还需要了解各种运动形式刚体上各点的运动描述。

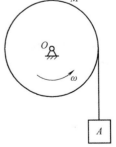

图 2-15 卷扬机简图

知识准备

一、刚体的平行移动

刚体在运动过程中，其上任一直线始终与它的初始位置平行，这种运动称为刚体的平行移动，简称平移。如图2-16a所示车刀的运动，运动时其上各点的轨迹都是平行的直线，称为直线平移；图2-16b所示摆式输送机的送料槽的运动，运动时其上各点轨迹都是半径相同且彼此平行的圆弧，称为曲线平移。

无论是直线平移还是曲线平移，平行移动刚体上各点的轨迹形状相同，每一瞬时，各点的速度、加速度也相等。如图2-17所示，$v_A = v_B$，$a_A = a_B$，因此只要知道平行移动刚体内任意一点的运动，例如刚体重心的运动，就可以确定刚体的运动。所以刚体平行移动问题可以归结为点的运动学问题。

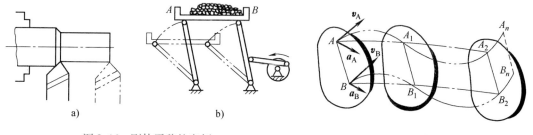

图 2-16　刚体平移的实例　　　　　　　图 2-17　刚体平移特点
a) 直线平移　b) 曲线平移

例2-1　如图2-18a所示，平行四连杆机构在图示平面内运动。$O_1A = O_2B = 0.2\mathrm{m}$，$O_1O_2 = AB = 0.6\mathrm{m}$，$AM = 0.2\mathrm{m}$，如$O_1A$按$\varphi = 15\pi t$的规律运动，其中$\varphi$以rad计，$t$以s计。试求$t = 0.8\mathrm{s}$时，$M$点的速度与加速度。

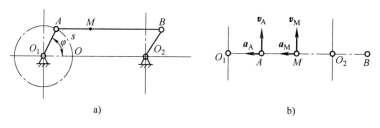

图 2-18　平行四连杆机构
a) 运动分析　b) 速度、加速度分析

解　在运动过程中，AB杆始终与O_1O_2平行，因此，AB杆做平移。根据平移的特点，在同一瞬时，M、A两点具有相同的速度和加速度。A点做圆周运动，它的运动规律为

$$s = O_1A \cdot \varphi = 3\pi t \, (\mathrm{m})$$

$$v_A = \frac{\mathrm{d}s}{\mathrm{d}t} = 3\pi \, (\mathrm{m/s})$$

$$a_A^\tau = \frac{\mathrm{d}v}{\mathrm{d}t} = 0$$

$$a_A^n = \frac{v_A^2}{O_1 A} = \frac{9\pi^2}{0.2} = 45\pi^2 \, (\mathrm{m/s}^2)$$

为了表示 v_M、a_M 的方向，需确定 $t = 0.8\mathrm{s}$ 时，AB 杆的瞬时位置。$t = 0.8\mathrm{s}$ 时，$\varphi = 15\pi \times 0.8 = 12\pi$，$AB$ 杆正好第六次回到起始的水平位置 O 点处，v_M、a_M 的方向如图 2-18b 所示。

二、刚体的定轴转动

刚体运动时，刚体内（或其延伸部分）有一条直线始终保持不动，这种运动称为刚体的定轴转动，简称转动。固定不动的直线称为转轴或轴线。

刚体的定轴转动在工程实际中应用十分广泛。例如，飞轮、机床的传动轴（图 2-19）、发电机的转子、变速器中的齿轮等的运动均为定轴转动。刚体做定轴转动时，除转轴上的点固定不动外，其余各点的运动轨迹都是圆或圆弧。

（1）刚体的定轴转动方程　图 2-20 所示为一绕 z 轴转动的刚体。为了确定刚体的位置，过 z 轴作固定半平面 I，同时过 z 轴再作固连于刚体的动半平面 II，则两半平面间的夹角 φ 唯一地确定了动半平面 II 的位置，从而也就确定了刚体的位置。φ 称为转角，刚体转动时，转角 φ 随时间 t 而变化，可表示为时间 t 的单值连续函数，即

$$\varphi = f(t) \tag{2-24}$$

式（2-24）就是刚体的转动方程，它反映了刚体转动的规律，转角 φ 是代数量，可用右手规则确定其正负，即从转轴的正端向负端看去，从固定半平面起，按逆时针转向所得的 φ 角为正，反之为负。转角 φ 的单位为 rad。

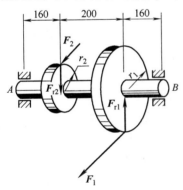

图 2-19　传动轴

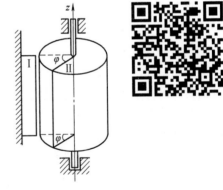

图 2-20　转动刚体的位置

（2）角速度　为了表示刚体转动的快慢，引进角速度的概念。转角 φ 对时间 t 的一阶导数称为刚体的瞬时角速度，简称角速度，用 ω 表示，即

$$\omega = \frac{\mathrm{d}\varphi}{\mathrm{d}t} = f'(t) \tag{2-25}$$

角速度也是代数量，单位是 rad/s，其正负表示转动方向，判断方法与转角的判断方法相同。工程中常用转速 n 表示刚体转动的快慢，转速的单位为 r/min。

n 与 ω 的关系为

$$\omega = \frac{2\pi n}{60} = \frac{\pi n}{30}$$

（3）角加速度　为了度量角速度的变化情况，引进角加速度的概念。角速度 ω 对时间 t 的一阶导数称为角加速度，用 α 表示，即

$$\alpha = \frac{d\omega}{dt} = \frac{d^2\varphi}{dt^2} \tag{2-26}$$

角加速度也是代数量。当 ω 与 α 同号时，刚体做加速转动；当 ω 与 α 异号时，刚体做减速转动。角加速度的单位为 rad/s^2。

如果已知刚体的转动方程 $\varphi = f(t)$，由式（2-25）和式（2-26）可以很容易求得刚体的角速度 ω 和角加速度 α；反之，若已知角加速度 α 和运动的初始条件，也可利用式（2-25）和式（2-26）积分得到角速度 ω 和转动方程。容易看出，刚体定轴转动的 φ、ω、α 间的关系和点的直线运动的 x、v、a 间的关系完全相同。因此，对于匀速转动（ω = 常量），有与点的匀速直线运动类似的公式

$$\varphi = \varphi_0 + \omega t \tag{2-27}$$

式中，φ_0 为 $t = 0$ 时的转角。

对于匀变速转动（α = 常量），也有如下公式

$$\omega = \omega_0 + \alpha t \tag{2-28}$$

$$\varphi = \varphi_0 + \omega_0 t + \frac{1}{2}\alpha t^2 \tag{2-29}$$

式中，φ_0、ω_0 分别为 $t = 0$ 时的转角和角速度。

三、转动刚体内各点的速度和加速度

在工程实际中，不仅需要确定定轴转动刚体整体的运动规律。而且还常需确定转动刚体上某些点的速度和加速度。例如，车床切削工件时，为提高加工精度和表面质量，必须选择合适的切削速度。而切削速度就是转动工件表面上点的速度。下面将讨论转动刚体上各点的速度、加速度与整个刚体的运动之间的关系。

在刚体上任取一点 M，如图 2-21 所示，该点在垂直于转轴的平面内做圆周运动，圆心 O 是圆周平面与转轴的交点，圆的半径 R 称为转动半径。对此，宜采用自然法研究刚体上任一点 M 的运动，取 M 点的初始位置 M_0 为弧坐标的原点，弧坐标的正向与 φ 角的正向一致。则 M 点的运动情况为

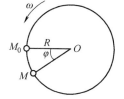

图 2-21　转动刚体上点的轨迹

$$\left. \begin{array}{l} s = R\varphi \\[2mm] v = \dfrac{ds}{dt} = R\dfrac{d\varphi}{dt} = R\omega \\[2mm] a_\tau = \dfrac{dv}{dt} = R\dfrac{d\omega}{dt} = R\alpha \\[2mm] a_n = \dfrac{v^2}{R} = R\omega^2 \end{array} \right\} \tag{2-30}$$

M 点的全加速度的大小和方向为

$$a = \sqrt{a_\tau^2 + a_n^2} = R\sqrt{\alpha^2 + \omega^4}$$
$$\theta = \arctan\frac{|a_\tau|}{a_n} = \arctan\frac{|\alpha|}{\omega^2} \Bigg\} \tag{2-31}$$

式（2-30）和式（2-31）表明：

1）任一瞬时，转动刚体内各点速度、切向加速度、法向加速度、全加速度的大小分别与其转动半径成正比。在同一瞬时，转动刚体内各点速度、加速度呈线性分布。转轴上各点的速度、切向加速度、法向加速度、全加速度为零。

2）任一瞬时，转动刚体内各点的速度方向垂直于半径，其指向与角速度转向一致；各点的切向加速度方向垂直于半径，其指向与角加速度转向一致。各点的法向加速度沿半径指向转轴。如图 2-22 和图 2-23 所示。

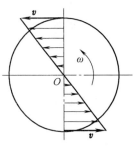

图 2-22 转动刚体上各点的速度分布

3）任一瞬时，转动刚体内各点的全加速度的方向与转动半径的夹角 θ 都相同，如图 2-24 所示。

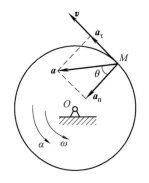

图 2-23 转动刚体上点的加速度

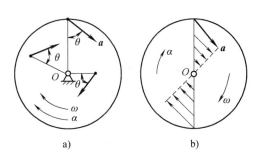

a)　　　　b)

图 2-24 转动刚体上各点的加速度
a) 加速度的方向　b) 加速度分布规律

转动刚体之间的运动传递在工程上应用很广，常见的传动系统有齿轮传动和带传动（图 2-25 和图 2-26）。一般假设各构件之间无相对滑动，因而两构件接触处的速度相同，即 $v_1 = v_2$，据此可导出齿轮传动和带传动的两轴之间的运动关系。

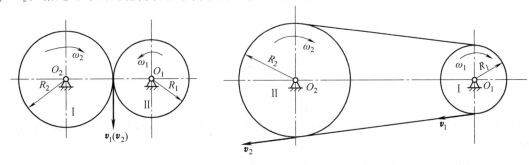

图 2-25 齿轮传动　　　　　　　　　　图 2-26 带传动

▶▶▶ **任务实施**

　　求图 2-15 任务描述中卷扬机 $t=3\mathrm{s}$ 时轮缘上一点 M 及重物的速度和加速度。设缆绳不可伸长。

　　解　鼓轮做定轴转动，求点 M 和重物 A 的运动，需首先分析鼓轮的运动。

　　（1）鼓轮的运动分析　根据题意知鼓轮的角速度为

$$\omega = \frac{\mathrm{d}\varphi}{\mathrm{d}t} = 0.3t^2$$

角加速度为

$$\alpha = \frac{\mathrm{d}^2\varphi}{\mathrm{d}t^2} = 0.6t$$

当 $t=3\mathrm{s}$ 时，鼓轮的角速度和角加速度分别为

$$\omega = 0.3 \times 3^2 \mathrm{rad/s} = 2.7 \mathrm{rad/s}$$

$$\alpha = 0.6 \times 3 \mathrm{rad/s^2} = 1.8 \mathrm{rad/s^2}$$

　　ω 与 α 的代数值均为正，说明鼓轮做逆时针方向加速转动。

　　（2）点 M 的运动分析　M 为鼓轮轮缘上的一点，由式（2-30）和式（2-31）可分别求出其速度和加速度

$$v_M = r\omega = 0.16 \times 2.7 \mathrm{m/s} = 0.432 \mathrm{m/s}$$

$$a_M = r\sqrt{\alpha^2 + \omega^4} = 0.16 \times \sqrt{1.8^2 + 2.7^4}\,\mathrm{m/s^2} = 1.2 \mathrm{m/s^2}$$

$$\theta = \arctan\frac{|\alpha|}{\omega^2} = \arctan\frac{1.8}{2.7^2} = \arctan 0.247$$

$$\theta = 13.87°$$

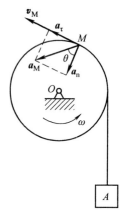

图 2-27　卷扬机

　　v_M 和 $\boldsymbol{a}_M$ 的方向如图 2-27 所示。

　　（3）重物 A 的运动分析　由于缆绳不可伸长，因此 A 点速度和 M 点速度大小相等；A 点的加速度与 M 点的切向加速度大小相等，即

$$v_A = v_M = 0.432 \mathrm{m/s}$$

$$a_A = a_M^\tau = r\alpha = 0.16 \times 1.8 \mathrm{m/s^2} = 0.288 \mathrm{m/s^2}$$

　　v_A 和 $\boldsymbol{a}_A$ 的方向均铅垂向上。

思考与练习

　　1. 刚体平移时，刚体上的点是否一定作直线运动？试举例说明。
　　2. 如图 2-28 所示的四杆机构中，某瞬时 A、B 两点的速度大小相等，方向也相同。试问板 AB 的运动是否为平移？
　　3. 刚体做定轴转动时，转动轴是否一定通过刚体本身？

4. 飞轮匀速转动，若半径增大一倍，轮缘上点的速度、加速度是否都增大一倍? 若转速增大一倍，其边缘上点的速度和加速度是否也增大一倍?

5. 如图 2-29 所示，若已知曲柄 OA 的角速度为 ω，角加速度为 α，尺寸如图所示。试分析刚体上两点 A、B 的速度、加速度的大小和方向。

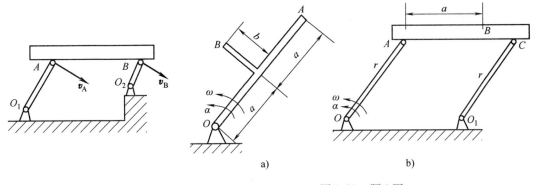

图 2-28 题 2 图   图 2-29 题 5 图

6. 搅拌机如图 2-30 所示，已知 $O_1A = O_2B = R$，杆 O_1A 以不变转速 n 转动。试分析 BAM 构件上 M 点的轨迹、速度和加速度。

7. 圆盘绕其中心 O 转动，某瞬时 $v_A = 0.8\text{m/s}$，方向如图 2-31 所示，在同一瞬时，任一点 B 的全加速度与半径 OB 的夹角的正切为 0.6（$\tan\theta = 0.6$）。若圆盘半径 $R = 10\text{cm}$，求该瞬时圆盘的角加速度。

8. 如图 2-32 所示为一对内啮合的圆柱齿轮，已知齿轮 I 的角速度为 ω_1，角加速度为 α_1，试求：（1）齿轮 II 的角速度 ω_2 和角加速度 α_2；（2）齿轮 II 边缘上一点 M 的加速度 a_2。齿轮 I 和齿轮 II 的节圆半径分别为 R_1 和 R_2。

9. 如图 2-33 所示固结在一起的两滑轮，其半径分别为 $r = 5\text{cm}$，$R = 10\text{cm}$，A、B 两物体与滑轮以绳相连。设物体 A 的运动方程为 $s = 80t^2$（s 以 cm 计，t 以 s 计。）试求：（1）滑轮的转动方程及 2s 末时，大滑轮轮缘上一点的速度和加速度；（2）物体 B 的运动方程。

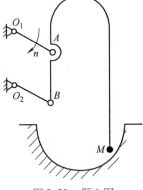

图 2-30 题 6 图

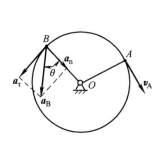

图 2-31 题 7 图

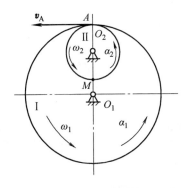

图 2-32 题 8 图

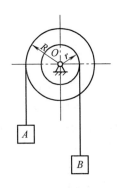

图 2-33 题 9 图

习 题 答 案

6. $v_M = \dfrac{\pi R n}{30}$，$a_M = \dfrac{\pi^2 R n^2}{900}$

7. $\alpha = 38.4 \mathrm{rad/s^2}$

8. $\omega_2 = \dfrac{R_1}{R_2}\omega_1$，$\alpha_2 = \dfrac{R_1}{R_2}\alpha_1$

$a_2^\tau = R_1 \alpha_1$，$a_2^n = \dfrac{R_1^2}{R_2^2}\omega_1^2$

9. （1）$\varphi = 8t^2$，$v = 320\mathrm{cm/s}$，$a_\tau = 160\mathrm{cm/s^2}$，$a_n = 102.4\mathrm{m/s^2}$

（2）$s = 40t^2$

任务三　点和刚体的复杂运动

>>> **任务描述**

曲柄移动导杆机构如图 2-34 所示。曲柄 OA 长为 r，以匀角速度 ω 绕轴 O 转动，滑块 A 可在导杆中滑动，从而带动导杆 BC 在滑槽 K 中上下运动。求图示瞬时导杆 BC 的速度。

>>> **任务分析**

了解点的合成运动的概念，能够判断同一点相对不同参考系运动情况，能求出指定点的速度。

>>> **知识准备**

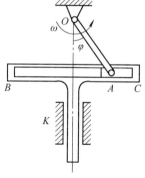

图 2-34　曲柄移动导杆机构

一、点的合成运动的概念

描述一个物体的运动，首先要选定一个参考系，同一物体相对于不同的参考系所表现的运动一般是不相同的。例如，无风的雨天雨滴的运动（图 2-35），雨滴 M 相对于与地面相固连的参考系做垂直于地面的直线运动；相对于与车厢相固连的参考系做倾斜向后的直线运动。

为了便于研究运动的物体相对于两个不同参考系（其中一个参考系对另一个参考系有相对运动）的运动之间的关系，先建立下述概念：

（1）静系　固连于地面（或相对于地面静止的物体）上的参考系，一般用 Oxy 表示。

（2）动系　固连于相对于静系运动的其他物体上的参考系，一般用 $O'x'y'$ 表示。

（3）动点　要研究的运动着的物体。

（4）绝对运动　动点相对于静系的运动。

（5）相对运动　动点相对于动系的运动。

（6）牵连运动　动系相对于静系的运动。

显然，绝对运动和相对运动都是指点的运动，可以是直线运动或曲线运动；而牵连运动实际上是与动系相固连的刚体的运动，它可以是平移，也可以是定轴转动，还可以是其他更复杂的运动。但应注意，动坐标系并不完全等同于与之固连的刚体。在具体的问题中，刚体受到其特定的几何尺寸和形状的限制，而动坐标系却不受此限制，它不仅包含了与之固连的刚体，而且还包含了刚体运动的空间。

在分析点的复杂运动时，上述概念极为重要。为了加深理解，下面分析一个实例。

如图 2-35 所示，无风下雨时雨滴的运动，动系 $O'x'y'$ 固连于行驶的车上，静系 Oxy 固连于地面，则相对运动为雨滴相对于车沿着与铅垂线成 α 角的直线运动；牵连运动为车的直线平移；绝对运动为雨滴相对于地面的铅垂线运动。

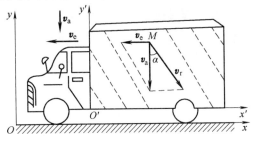

图 2-35　雨滴的运动

从上面的分析可以看出，动点的绝对运动可以看成是相对运动和牵连运动合成的结果。例如，雨点 M 一方面相对于车厢运动，同时又被车厢带着运动，这两种运动合成起来，就得到了动点 M 的绝对运动。反过来，绝对运动也可分解为相对运动和牵连运动。这种将运动合成及分解的方法，无论在理论研究上，还是在工程应用中，都具有重要的意义。

二、点的速度及其合成定理

1. 绝对速度、相对速度、牵连速度

在点的合成运动中，对于动点的三种运动，相应地也有三种速度。动点相对于动系运动的速度称为动点的相对速度，用 $\boldsymbol{v}_r$ 表示。动点相对于静系运动的速度称为动点的绝对速度，用 $\boldsymbol{v}_a$ 表示。需要注意的是动点的牵连速度的概念。牵连运动是与动系相固连的刚体的运动，除了动系做平移的情形之外，动系上各点的运动情况一般并不相同，所以必须明确指出是动系上哪一个点的速度。在某瞬时，只有动系上与动点相重合的那一点，才"牵连"着动点的运动。因此定义：某瞬时动系上与动点相重合的点相对于静系的速度为动点的牵连速度，用 $\boldsymbol{v}_e$ 表示。此重合点称为牵连点。例如，直管 OB 以匀角速度 ω 绕定轴 O 转动，小球 M 以速度 u 在直管 OB 中做相对的匀速直线运动，如图 2-36 所示。将动系 $O'x'y'$ 固结在 OB 管上，以小球 M 为动点。随着动点 M 的运动，牵连点在动系中的位置在相应改变。设小球在 t_1、t_2 瞬时分别到

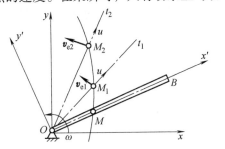

图 2-36　牵连速度分析

达 M_1、M_2 位置，则动点的牵连速度分别为 $v_{e1} = OM_1 \cdot \omega$，方向垂直于 OM_1；$v_{e2} = OM_2 \cdot \omega$，方向垂直于 OM_2。

研究点的合成运动时，明确区分动点和牵连点是很重要的。动点和牵连点是一对相伴点，在运动的同一瞬时，它们是重合在一起的。前者是对动系有相对运动的点，后者是动系上的几何点。在运动的不同瞬时，动点与动系上不同的点重合，而这些点在不同瞬时的运动状态往往不同。

应用点的合成运动的方法时，如何选择动点、动系是解决问题的关键。一般来讲，由于合成运动方法上的要求，动点相对于动系应有相对运动，因而动点与动系不能选在同一刚体上，同时应使动点相对于动系的运动轨迹比较明显。

2. 点的速度合成定理

设动点 M 沿着与动系 $O'x'y'z'$ 相固连的曲线 AB 运动，曲线 AB 又随同动系相对于静系 $Oxyz$ 运动（图2-37）。设在某瞬时 t，动点 M 位于曲线 AB 上的 M_1 处，M_1 为动点在瞬时 t 的牵连点，经过微小时间间隔 Δt，曲线 AB 运动到新位置 A_1B_1，与此同时，动点 M 沿着弧线 $\overset{\frown}{MM'}$ 运动到 M' 点，而 M_1 点则沿着弧线 $\overset{\frown}{M_1M_1'}$ 运动了 M_1' 点。作矢量 $\overrightarrow{MM'}$、$\overrightarrow{M_1M_1'}$、$\overrightarrow{M_1'M'}$。矢量 $\overrightarrow{M_1M_1'}$ 表示动点 M 在 t 瞬时的牵连点在 Δt 内相对于静系的位移，称为牵连位移，$\overrightarrow{MM'}$ 和 $\overrightarrow{M_1'M'}$ 则分别表示动点 M 的绝对位移和相对位移。

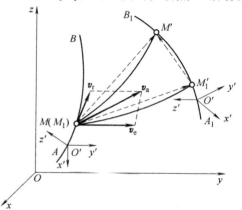

图2-37　速度合成定理

由图2-37可知

$$\overrightarrow{MM'} = \overrightarrow{M_1M_1'} + \overrightarrow{M_1'M'}$$

将上式两边同除以 Δt，并取 $\Delta t \to 0$ 时的极限，得

$$\lim_{\Delta t \to 0} \frac{\overrightarrow{MM'}}{\Delta t} = \lim_{\Delta t \to 0} \frac{\overrightarrow{M_1M_1'}}{\Delta t} + \lim_{\Delta t \to 0} \frac{\overrightarrow{M_1'M'}}{\Delta t}$$

根据速度的定义，上式左端项是动点 M 在瞬时 t 的绝对速度 $\boldsymbol{v}_a$，其方向沿弧 MM' 在 M 处的切线方向；上式右端第一项是牵连点 M_1 的速度，即动点的牵连速度 $\boldsymbol{v}_e$，方向沿弧 M_1M_1' 的切线方向；右端第二项是动点 M 的相对速度 $\boldsymbol{v}_r$，由于当 $\Delta t \to 0$ 时，曲线 A_1B_1 的极限位置为曲线 AB，所以 $\boldsymbol{v}_r$ 的方向沿曲线 AB 在 M 处的切线方向。于是得到

$$\boldsymbol{v}_a = \boldsymbol{v}_e + \boldsymbol{v}_r \tag{2-32}$$

式（2-32）表明，动点的绝对速度等于同一瞬时它的牵连速度与相对速度的矢量和。这就是点的速度合成定理。

在速度合成定理的表达式中，包含有 $\boldsymbol{v}_a$、$\boldsymbol{v}_e$、$\boldsymbol{v}_r$ 三者的大小和方向共六个要素，若已知其中任意四个要素，就能作出速度平行四边形或速度三角形，求出其余两个未知要素。

另外，在证明速度合成定理时，对动系的运动并未加任何限制。因此，速度合成定理对任何形式的牵连运动都是适用的。

选择动点和动系的一般原则如下：

1）动点和动系不能选在同一个物体上，即动点和动系必须存在相对运动，且相对运动的轨迹明显，易于判定（如为直线运动、圆弧曲线运动、圆周运动等）。

2）机构问题，动点一般选取主、从动构件的连接点或接触点，非机构问题的动点选取需要研究的那一点。

3）动点、动系及静系一定分属三个不同的物体，否则绝对运动、相对运动、牵连运动就会缺少一种运动，从而不能构成点的合成运动。

例2-2　如图2-38所示为牛头刨床的摆动导杆机构。曲柄 OA 以匀角速度 $\omega = 2\text{rad/s}$ 绕

O 轴转动，通过滑块 A 带动导杆 O_1B 绕 O_1 轴转动。已知 $OA = 20$cm，$\angle OO_1A = 30°$，求导杆 O_1B 在图示瞬时的角速度 ω_1。

解：（1）选取动点，确定动系和静系 由题意知，曲柄 OA 转动，通过滑块 A 带动导杆 O_1B 摆动。滑块与导杆彼此间有相对运动，故可选取滑块 A 为动点，动系固连于导杆 O_1B，静系固连于机座。

（2）运动分析

1）绝对运动：动点 A 以 O 为圆心、以 OA 为半径的圆周运动。

2）相对运动：动点 A 沿导杆 O_1B 的直线运动。

3）牵连运动：导杆 O_1B 绕 O_1 轴的定轴转动。

（3）速度分析 绝对速度 $\boldsymbol{v}_a$ 的大小 $v_a = r\omega = 20 \times 2$cm/s $= 40$cm/s，方向如图所示；相对速度和牵连速度的方向如图所示，大小未知。如能求出牵连速度就可确定导杆的角速度。根据速度合成定理 $\boldsymbol{v}_a = \boldsymbol{v}_e + \boldsymbol{v}_r$，作出点 A 的速度平行四边形，如图 2-38 所示。由几何关系可求得

$$v_e = v_a\sin\theta = 40 \times 0.5\text{cm/s} = 20\text{cm/s}$$

导杆的角速度为

$$\omega_1 = \frac{v_e}{O_1A} = \frac{20}{40}\text{rad/s} = 0.5\text{rad/s}$$

转向由 $\boldsymbol{v}_e$ 的指向确定，为逆时针转向。

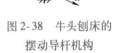

三、刚体的平面运动

1. 平面运动的基本概念

图 2-38 牛头刨床的摆动导杆机构

在前面学习中，我们讨论了刚体的两种基本运动——平移和转动。在工程实际中有很多零件的运动，例如齿轮机构中的轮 A（图2-39a）、曲柄滑块机构中连杆 AB 的运动（图2-39b）、沿直线轨道滚动的轮子的运动（图2-39c）等。这些刚体的运动既不是平移，又不是定轴转动，但它们有一个共同的特点，即在运动中，刚体内某一运动平面与一固定平面始终保持平行，刚体的这种运动称为平面运动。

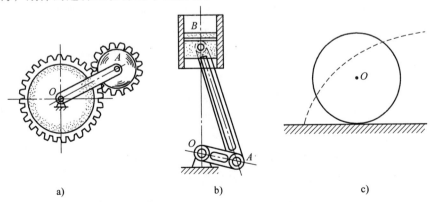

a) b) c)

图 2-39 刚体的平面运动

a）齿轮的运动 b）曲柄滑块机构 c）车轮的运动

（1）刚体平面运动的运动方程 设图 2-40 中所示的刚体相对于固定平面 P_0 做平面运

动，现在进一步分析它的运动特征。为此，作平面 P 平行于平面 P_0，并在刚体上截得平面图形 S，过 S 上任一点 A 作垂直于 S 的线段 A_1A_2。显然，刚体运动过程中，线段 A_1A_2 平移，其上所有点的运动都可以用 A 点的运动来代表。由此可见，平面图形 S 的运动就代表整个刚体的运动。因此，刚体的平面运动可简化为平面图形在其自身平面内的运动。

设平面图形 S 在固定平面 P 内运动，在平面上作静系 Oxy（图 2-41）。图形 S 的位置可用其上的任一线段 AB 的位置来确定，而线段 AB 的位置则由 A 点的坐标 x_A、y_A 和 AB 对于 x 轴的转角 φ 来确定。图形 S 运动时，x_A、y_A 和 φ 都随时间 t 变化，都可以表示为时间 t 的单值连续函数，即

$$\left.\begin{array}{l} x_A = f_1(t) \\ y_A = f_2(t) \\ \varphi = f_3(t) \end{array}\right\} \tag{2-33}$$

式（2-33）就是刚体平面运动的运动方程，方程中 A 点称为基点，通常基点的运动情况为已知的。

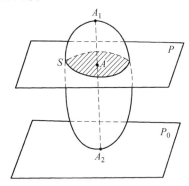

图 2-40　刚体的平面运动

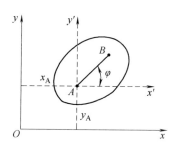

图 2-41　平面图形的位置

（2）刚体的平面运动分解为平移和转动　由式（2-33）可以看出：如果 φ 为常量，线段 AB 将保持方向不变，则图形 S 做平移；如果 x_A、y_A 保持不变，那么图形 S 的运动为绕 A 轴的转动。因此，平面运动可以分解为平移和转动。

由此可见，刚体的平面运动可以分解为随基点的平移和绕基点的转动，换句话说，刚体的平面运动可视为随基点的平移和绕基点的转动的合成运动。

平面运动的运动规律比较复杂，需运用刚体平行移动和定轴转动的合成运动理论来研究。

2. 平面图形内各点的速度

（1）基点法　刚体的平面运动可视为随基点的平移（牵连运动）和绕基点的转动（相对运动），结合点的速度合成定理的知识，平面运动刚体内任一点的速度可以用速度合成定理来分析。

设在某瞬时，平面图形上 A 点的速度为 $\boldsymbol{v}_A$，平面图形的角速度为 ω，如图 2-42 所示，求图形上任一点 B 的速度，即

$$\boldsymbol{v}_B = \boldsymbol{v}_A + \boldsymbol{v}_{BA} \tag{2-34}$$

式中，$\boldsymbol{v}_A$ 为基点速度；$\boldsymbol{v}_{BA}$ 为 B 点相对于基点 A 转动的速度，大小为 $v_{BA} = AB \cdot \omega$，方向垂直于 AB，指向与 ω 转向一致。

（2）速度投影法　如将式（2-34）向 AB 连线上投影，可得

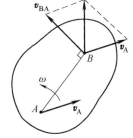

图 2-42　基点法求速度

$$[\boldsymbol{v}_B]_{AB} = [\boldsymbol{v}_A]_{AB} + [\boldsymbol{v}_{BA}]_{AB}$$

由于 $\boldsymbol{v}_{BA}$ 的方向总是垂直于 AB 连线，所以它在 AB 上的投影为零，即 $[\boldsymbol{v}_{BA}]_{AB}=0$。故

$$[\boldsymbol{v}_B]_{AB} = [\boldsymbol{v}_A]_{AB} \tag{2-35}$$

式（2-35）就是速度投影定理，即平面图形上任意两点的速度在这两点连线上的投影相等。

式（2-35）是一个投影方程，如果已知两点速度的方向及其中一点速度的大小，根据此式就可以很方便地求出另一点速度的大小。这一方法称为速度投影法。

3. 瞬心法

1）定理：一般情况下，在每一瞬时，平面图形上（或其延拓部分上）都唯一地存在一个速度为零的点，该点称为瞬时速度中心，简称速度瞬心或瞬心。

2）平面图形内各点运动为绕各瞬时不同瞬心转动的合成，已知瞬心，各点速度分布如图 2-43 所示，大小等同于定轴转动刚体上某点的速度，只是这里是瞬时的概念。

3）确定瞬心位置的方法。

① 已知平面图形上 A、B 两点速度 $\boldsymbol{v}_A$、$\boldsymbol{v}_B$ 的方向，且 $\boldsymbol{v}_A$ 与 $\boldsymbol{v}_B$ 不平行，则瞬心 C 在两点速度垂线的交点上，如图 2-44a 所示。

② 若已知平面图形上 A、B 两点速度 $\boldsymbol{v}_A$、$\boldsymbol{v}_B$ 的大小不等，方向与 AB 连线垂直，则速度瞬心 C 在 AB 连线与两速度矢量端点连线的交点上，如图 2-44b、c 所示。

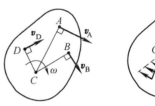

图 2-43 瞬心与各点速度的关系

③ 若已知平面图形上 A、B 两点速度 $\boldsymbol{v}_A$、$\boldsymbol{v}_B$ 的大小相等，方向相同，则瞬心在无穷远处。在该瞬时，图形上各点的速度分布如同图形做平移的情形一样，故称为瞬时平移，如图 2-44d、e 所示。必须注意，此瞬时各点的速度虽然相同，但加速度不同。

④ 若平面图形沿某一固定面做无滑动地滚动，则其接触点处即为速度瞬心，如图 2-44f 所示。

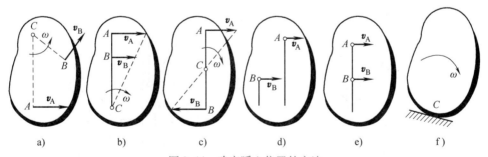

图 2-44 确定瞬心位置的方法

>> **任务实施**

求任务描述中图 2-34 曲柄移动导杆机构在图示瞬时导杆 BC 的速度。曲柄移动导杆机构的速度分析如图 2-45 所示。

解 （1）选取动点，确定动系和静系 由题意知，滑块与导杆彼此间有相对运动，故可选取滑块 A 为动点，动系固连于导杆 BC，静系固连于机座。

（2）运动分析

1）绝对运动：动点以 O 点为圆心的圆周运动。

2）相对运动：动点在导杆中的水平直线运动。

3）牵连运动：导杆 BC 的直线平移。

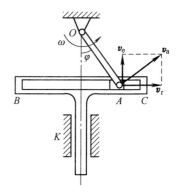

由于导杆做平移，其上各点速度相同，故动点 A 的牵连速度即为所要求的连杆 BC 的速度。

（3）速度分析　　绝对速度 $\boldsymbol{v}_a$ 的大小 $v_a = r\omega$，方向如图 2-45 所示；相对速度和牵连速度的方向均已知，大小待求。根据速度合成定理 $\boldsymbol{v}_a = \boldsymbol{v}_e + \boldsymbol{v}_r$，作出 A 点的速度平行四边形，如图 2-45 所示。由几何关系得

图 2-45　曲柄移动导杆机构的速度分析

$$v_e = v_a \sin\varphi = r\omega\sin\varphi$$

方向铅垂向上，如图 2-45 所示。

思考与练习

1. 什么是牵连速度？动系上任一点的速度是否就是动点的牵连速度？

2. 某瞬时动点的绝对速度 $v_a = 0$，是否动点的相对速度 $v_r = 0$ 及牵连速度 $v_e = 0$？为什么？

3. 图 2-46 所示的速度平行四边形有无错误？错在哪里？

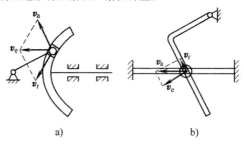

a)　　　　　　　　　　　　　　b)

图 2-46　题 3 图

4. 如图 2-47 所示机构，以下计算对不对？错在哪里？

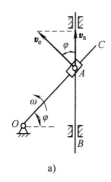 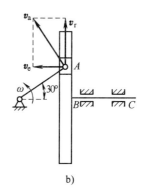

a)　　　　　　　　　　　　　　b)

图 2-47　题 4 图

a）图中取滑块 A 为动点，动系与杆 OC 固结在一起，则有

$$v_e = OA \cdot \omega, \quad v_a = v_e \cos\varphi$$

b）图中 $v_{BC} = v_e = v_a \cos 60°$，$v_a = r\omega$，因为 $\omega = $ 常量，所以 $v_{BC} = $ 常量，$a_{BC} = \dfrac{\mathrm{d}v_{BC}}{\mathrm{d}t} = 0$。

5. 如图 2-48 所示两种滑块摇杆机构中，已知两轴间的距离 $O_1O_2 = a = 20\text{cm}$，$\omega_1 = 3\text{rad/s}$。求图示位置时杆 O_2A 的角速度。

6. 车厢以速度$\boldsymbol{v}_1$ 沿水平直线轨道行驶，雨滴 M 以速度$\boldsymbol{v}_2$ 铅垂落下，试求从车厢中观察到的雨滴速度的大小和方向。

7. 平底顶杆凸轮机构如图 2-49 所示，顶杆 AB 可沿导槽上下移动，偏心圆盘绕轴 O 转动，轴 O 位于顶杆轴线上。工作时顶杆的平底始终接触凸轮表面。该凸轮半径为 R，偏心距 $OC = e$，凸轮绕轴 O 转动的角速度为 ω，OC 与水平线成夹角 φ。求当 $\varphi = 0°$ 时，顶杆的速度。

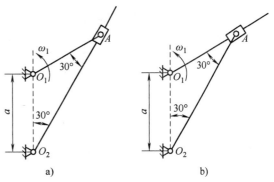

图 2-48 题 5 图

8. 如图 2-50 所示机构中，$O_1A = O_2B = 100\text{mm}$，又 $O_1O_2 = AB$，且杆 O_1A 以匀角速度 $\omega = 2\text{rad/s}$ 绕 O_1 轴转动。AB 杆上有一套筒 C，此筒与 CD 杆相铰接，机构的各构件都在同一铅垂面内，求当 $\varphi = 60°$ 时，CD 杆的速度。

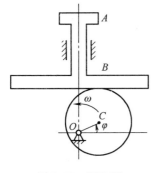

图 2-49 题 7 图

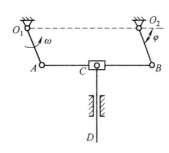

图 2-50 题 8 图

9. 如图 2-51 所示，曲柄 OA 长 0.40m，以匀角速度 $\omega = 0.5\text{rad/s}$ 绕 O 轴逆时针方向转动，通过曲柄的 A 端推动滑杆 BC 沿铅垂方向上升。试求曲柄 OA 与水平线的夹角 $\theta = 30°$ 时，滑杆 BC 的速度。

10. 如图 2-52 所示，曲杆 OBC 绕 O 轴转动，使套在其上的小环 M 沿固定直杆 OA 滑动。已知 $OB = 10\text{cm}$，OB 与 BC 垂直，曲柄以匀角速度 $\omega = 0.5\text{rad/s}$ 转动。求当 $\varphi = 60°$ 时，小环 M 的速度。

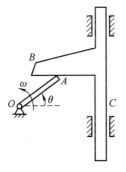

图 2-51 题 9 图

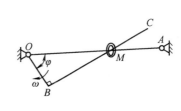

图 2-52 题 10 图

11. 如图 2-53 所示，O_1A 的角速度为 ω_1，板 ABC 和杆 O_1A 铰接。问图中 O_1A 和 AC 上各点的速度分布规律对不对？

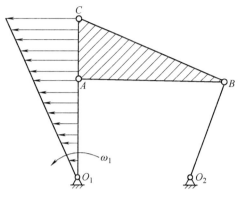

图 2-53　题 11 图

12. 如图 2-54 所示，平面图形上两点 A、B 的速度方向可能是这样的吗？为什么？

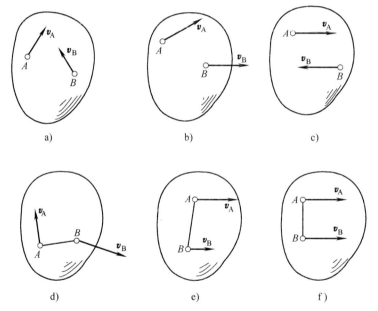

图 2-54　题 12 图

习 题 答 案

5. a) $\omega_2 = 1.5\text{rad/s}$

　　b) $\omega_2 = 2\text{rad/s}$

6. $v_r = \sqrt{v_1^2 + v_2^2}$，$\alpha = \arctan \dfrac{v_1}{v_2}$

7. $v_{AB} = e\omega$

8. $v = 0.1\text{m/s}$

9. $v = 0.173\text{m/s}$

10. $v_M = 0.173\text{m/s}$

任务四 质点动力学基础

任务描述

曲柄连杆机构如图 2-55 所示。曲柄 OA 以匀角速度 ω 转动，$OA = r$，$AB = l$，当 $\lambda = r/l$ 比较小时，以 O 为坐标原点，滑块 B 的运动方程可近似写为

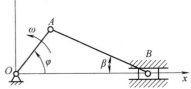

$$x = l\left(1 - \frac{\lambda^2}{4}\right) + r\left(\cos\omega t + \frac{\lambda}{4}\cos2\omega t\right)$$

如滑块的质量为 m，忽略摩擦及连杆 AB 的质量，试求当 $\varphi = \omega t = 0$ 和 $\varphi = \dfrac{\pi}{2}$ 时，连杆 AB 所受的力。

图 2-55 曲柄连杆机构运动简图

任务分析

学习牛顿定律，理解质点的运动与作用力之间的关系，了解质点动力学的两类基本问题。

知识准备

动力学基础给出了质点及刚体的受力与其运动变化之间的联系，其理论基础是牛顿第二定律。动力学中物体的力学模型有质点和刚体，其与运动学中质点和刚体的区别在于要计入质量的影响。

一、质点动力学基本方程

1. 牛顿第二定律

由经验可知，要改变一个物体的运动状态（即产生加速度），必须对物体施加力。用同样大的力推动质量不同的物体，则质量大的物体产生的加速度小，质量小的物体产生的加速度就大。它们的这种关系可用牛顿第二定律阐述：质点受力作用时所获得加速度的大小，与作用力的大小成正比，与质点的质量成反比，加速度的方向与力的方向相同，即

$$ma = F \tag{2-36}$$

式（2-36）是牛顿第二定律的数学表达式，也是质点动力学的基本方程，建立了质点的加速度、质量与作用力之间的定量关系。当质点上受到多个力作用时，式（2-36）中的 F 应为此汇交力系的合力。

需要强调指出，质点动力学基本方程给出了质点所受的力与质点加速度之间的瞬时关系，即任意瞬时，质点只有在力的作用下才有加速度。不受力作用（合力为零）的质点，加速度必为零，此时质点将保持原来的静止或匀速直线运动状态。物体的这种保持运动状态不变的属性称为惯性。对于不同的质点，在获得相同的加速度的情况下，质量大的质点所需施加的力大，即质点的质量越大，其惯性也越大。由此可见，质量是质点惯性的度量。

牛顿第二定律指出了质点加速度方向总是与其所受合力的方向相同，但质点的速度方向不一定与合力的方向相同，因此，合力的方向不一定就是质点运动的方向。

2. 质量与重力关系

在地球表面，任何物体都受到重力 W 的作用。在重力作用下得到的加速度称为重力加速度，用 g 表示。根据牛顿第二定律有

$$W = mg \quad \text{或} \quad m = \frac{W}{g}$$

式中，W 和 g 分别是物体所受的重力和重力加速度。

根据国际计量委员会规定的标准，重力加速度的数值为 9.80665m/s^2，一般取 9.80m/s^2。实际上在不同的地区，g 的数值不同，W 有些微小的差别，但重力和重力加速度的比值——质量 m 是不变的。

在国际单位制（SI）中，长度、质量和时间的单位是基本单位，分别取为 m（米）、kg（千克）和 s（秒）；力的单位是导出单位。质量为 1kg 的质点，获得 1m/s^2 的加速度时，作用于该质点的力为 1N（牛顿），即 $1\text{N} = 1\text{kg} \times 1\text{m/s}^2$。

二、质点的运动微分方程

1. 矢量形式的质点运动微分方程

质点动力学第二定律，建立了质点的加速度与作用力之间的关系。当质点受到 n 个力 F_1，F_2，$\cdots$，F_n 作用时，式（2-36）应写为

$$m\boldsymbol{a} = \sum_{i=1}^{n} \boldsymbol{F}_i \tag{2-37}$$

若用矢量法表示加速度，则

$$m \frac{\mathrm{d}^2 \boldsymbol{r}}{\mathrm{d}t^2} = \sum_{i=1}^{n} \boldsymbol{F}_i \tag{2-38}$$

式（2-38）是矢量形式的质点运动微分方程，在计算实际问题时，一般应用它的投影形式。

2. 直角坐标形式的质点运动微分方程

设矢径 r 在直角坐标轴上的投影分别为 x、y、z，力 F_i 在直角坐标轴上的投影分别为 F_{xi}、F_{yi}、F_{zi}，则式（2-38）在直角坐标轴上的投影形式为

$$m \frac{\mathrm{d}^2 x}{\mathrm{d}t^2} = \sum_{i=1}^{n} F_{xi}, \qquad m \frac{\mathrm{d}^2 y}{\mathrm{d}t^2} = \sum_{i=1}^{n} F_{yi}, \qquad m \frac{\mathrm{d}^2 z}{\mathrm{d}t^2} = \sum_{i=1}^{n} F_{zi} \tag{2-39}$$

式（2-39）是直角坐标形式的质点运动微分方程。

3. 自然坐标形式的质点运动微分方程

由点的运动学知，点的全加速度 $\boldsymbol{a}$ 在切线与法线构成的平面内

$$\boldsymbol{a} = a_\tau \boldsymbol{\tau} + a_n \boldsymbol{n}$$

式中，$\boldsymbol{\tau}$ 和 $\boldsymbol{n}$ 为沿轨迹切线和法线的单位矢量，如图 2-56 所示。

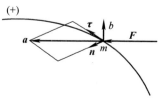

图 2-56　自然坐标中质点加速度与作用力的关系

已知 $a_\tau = \dfrac{\mathrm{d}v}{\mathrm{d}t}$, $a_n = \dfrac{v^2}{\rho}$, ρ 为轨迹的曲率半径。于是质点运动微分方程在自然轴系上的投影式为

$$m \frac{\mathrm{d}v}{\mathrm{d}t} = \sum_{i=1}^{n} F_{\tau i} \qquad m \frac{v^2}{\rho} = \sum_{i=1}^{n} F_{ni} \tag{2-40}$$

式中，$F_{\tau i}$、F_{ni} 分别是作用于质点的各力在切线和法线上的投影。

式（2-40）是自然坐标形式的质点运动微分方程。

另外，矢量等式［式（2-38）］可向任一轴投影，得到相应的投影形式，如向极坐标系的径向投影或周向投影等。

三、质点动力学的两类基本问题

质点动力学的问题可分为两类：第一类是已知质点的运动，求作用于质点的力；第二类是已知作用于质点的力，求质点的运动。这两类问题称为质点动力学的两类基本问题。求解质点动力学的第一类基本问题比较简单，例如，已知质点的运动方程，只需求两次导数得到质点的加速度，代入质点的运动微分方程中，得一代数方程组，即可求解。求解质点动力学的第二类基本问题，例如求质点的速度、运动方程等，从数学的角度看，是解微分方程或求积分的问题，还需要确定相应的积分常数。对此需按作用力的函数规律进行积分，并根据具体问题的运动条件确定积分常数。

>>> 任务实施

试求图 2-55 所示曲柄连杆机构在 $\varphi = \omega t = 0$ 和 $\varphi = \dfrac{\pi}{2}$ 时，连杆 AB 所受的力。

解 以滑块 B 为研究对象，当 $\varphi = \omega t$ 时，受力如图 2-57b 所示。由于不计连杆质量，AB 为二力杆，它对滑块 B 的拉力 F 沿 AB 方向。写出滑块沿 x 轴的运动微分方程

$$ma_x = -F\cos\beta$$

由题设的运动方程可以求得

$$a_x = \frac{\mathrm{d}^2 x}{\mathrm{d}t^2} = -r\omega^2 (\cos\omega t + \lambda\cos 2\omega t)$$

$\varphi = \omega t = 0$ 时，$a_x = -r\omega^2 (1+\lambda)$，且 $\beta = 0$，得

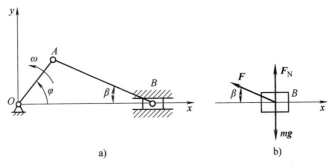

图 2-57 曲柄连杆机构运动简图

a）曲柄连杆机构运动简图 b）滑块受力图

$$F = mr\omega^2 \ (1 + \lambda)$$

AB 杆受拉力。

$\varphi = \dfrac{\pi}{2}$时，$a_x = r\omega^2\lambda$，而 $\cos\beta = \sqrt{l^2 - r^2}/l$，则有

$$mr\omega^2\lambda = -F \sqrt{l^2 - r^2}/l$$

$$F = -mr^2\omega^2 / \sqrt{l^2 - r^2}$$

AB 杆受压力。

本例属于动力学第一类基本问题，求解此类问题的步骤如下：

1）选定某质点为研究对象。

2）分析作用在质点上的力，包括主动力和约束反力。

3）分析质点的运动情况，计算质点的加速度。

4）根据未知力的情况，选择恰当的投影轴，写出在该轴上的运动微分方程的投影式，求出未知的力。

思考与练习

1. 质点受到的合力方向是否决定质点的运动方向？

2. 是否质点的速度越大所受的力就越大？

3. 三个质量相同的质点，在某瞬时的速度分别如图 2-58 所示，若对它们作用了大小、方向相同的力 $\boldsymbol{F}$，问质点的运动情况是否相同？

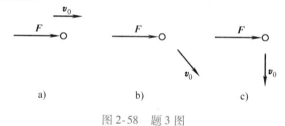

图 2-58　题 3 图

4. 如图 2-59 所示，当质点 M 沿曲线运动时，质点上所受的力能否出现图示的各种情况。

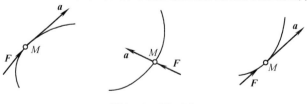

图 2-59　题 4 图

5. 如图 2-60 所示，卷扬机起动时以匀加速 $\boldsymbol{a}$ 将质量为 m 的重物 A 向上提升，试求重物 A 受到吊篮的约束反力。

6. 重物 A、B 的质量分别为 $m_A = 20\text{kg}$，$m_B = 40\text{kg}$，用无重弹簧连接如图 2-61 所示。重物 A 按 $y = H\cos\dfrac{2\pi}{T}t$ 的规律做铅垂简谐振动，其中振幅 $H = 1\text{cm}$，周期 $T = 0.25\text{s}$。求系统对支承面压力的最大值和最小值。

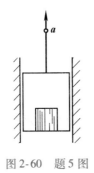

图 2-60　题 5 图

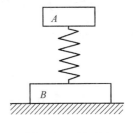

图 2-61　题 6 图

习 题 答 案

5. $F_N = mg\left(1 + \dfrac{a}{g}\right)$

6. $F_{Nmax} = 714.3N$，$F_{Nmin} = 461.7N$

任务五　刚体动力学基础

>>> **任务描述**

卷扬机运动简图如图 2-62 所示，被吊重物质量为 m。鼓轮质量为 M，并假定质量分布在圆周上（将鼓轮看成圆环）。鼓轮的半径为 r，由电动机传来的转动力矩为 M_0，绳子质量不计。求挂在绳上重物的加速度 a 和绳子的张力。

>>> **任务分析**

学习不同运动形式的刚体的运动与作用力之间的关系，掌握平移刚体及定轴转动刚体动力学基本方程，了解刚体动力学的两类基本问题。

>>> **知识准备**

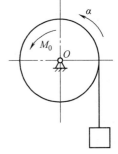

图 2-62　卷扬机运动简图

一、刚体平移动力学基本方程

由运动学知道，刚体平移时，刚体内各点运动情况均相同，因而可用刚体上任一点的运动来代表整个刚体的运动，即平移刚体的动力学问题一般可以归结为质点动力学问题来研究。求解平移刚体的动力学问题，只需设想把整个刚体的质量集中于质心作为一个质点。由牛顿第二定律可得刚体平移时的动力学基本方程，即

$$m\boldsymbol{a}_C = \sum \boldsymbol{F} \tag{2-41}$$

式中，m 为刚体总质量；$\boldsymbol{a}_C$ 为刚体质心的加速度；$\sum \boldsymbol{F}$ 为作用于刚体上的合力。

因此，上一章研究的关于质点动力学的内容完全适合于刚体平行移动的动力学问题。

二、刚体转动动力学基本方程

在运动学中，我们已知刚体绕定轴转动的角速度、角加速度以及角量与线量（速度、加速度等）之间的关系，但未涉及作用力问题，在动力学中需要考虑转动时的受力问题。例如，电动机和许多转动机械，在起动时，转速逐渐增大；制动时，转速逐渐减小。这种运动状态的改变，与所受作用力有关。本节将研究刚体的转动变化与它受到外力或外力矩之间的关系。

设刚体在外力 F_1、F_2、F_3、$\cdots$、F_n 作用下绕 z 轴转动，某瞬时它的角速度为 ω，角加速度为 α。各作用力对 z 轴的力矩为 $M_z(F_1)$、$M_z(F_2)$、$M_z(F_3)$、$\cdots$、$M_z(F_n)$，它们的代数和为 $\sum M_z(F_i)$。我们不难推导出如下关系

$$\sum M_z(F_i) = J_z \alpha \qquad (2\text{-}42)$$

式中，$\sum M_z(F_i)$ 为所有外力对 z 轴之矩的代数和；α 为刚体绕 z 轴转动的角加速度；J_z 为刚体对 z 轴的转动惯量。

式（2-42）表明，作用在刚体上的所有外力对转轴之矩的代数和，等于刚体对于转轴的转动惯量与其角加速度的乘积。式（2-42）称为刚体转动动力学基本方程。由运动学知

$$\alpha = \frac{d\omega}{dt} = \frac{d^2\varphi}{dt^2}$$

式（2-42）可改写成如下形式

$$\sum M_z(F_i) = J_z \frac{d\omega}{dt} = J_z \frac{d^2\varphi}{dt^2} \qquad (2\text{-}43)$$

式（2-43）称为刚体绕定轴转动的微分方程。应用式（2-42）或式（2-43），可解决转动刚体的动力学基本问题。它与质点直线运动的运动微分方程 $m\dfrac{d^2r}{dt^2} = \sum\limits_{i=1}^{n} F_i$ 相似。比较这两个方程可以看出，转动惯量在刚体转动中的作用，正如质量在刚体平移中的作用一样。例如，不同的刚体受相等的力矩作用时，转动惯量大的刚体角加速度小，转动惯量小的刚体角加速度大，即转动惯量大的刚体不容易改变它的运动状态。因此，转动惯量是转动刚体惯性的度量。

在工程上，根据转动物体的作用不同，常用改变质量分布来得到不同的转动惯量，如机器主轴上飞轮的作用是在主轴出现转速波动时调节转速，使主轴转速稳定，所以要求具有大的转动惯量，在保证强度的前提下，尽量将材料布置在轮缘附近；而要求转动灵活的仪表中的齿轮，则尽量将材料靠近转轴分配，以使转动惯量尽量减小，保证灵敏度。

例 2-3　两带轮的半径分别为 R_1 和 R_2，对各自转轴的转动惯量分别为 J_1 和 J_2，两转轴平行（图 2-63）如在轮 I 上作用有一个主动力矩 M，在轮 II 上作用一个阻力矩 M_1，轮、带之间无滑动，传动带质量不计。求轮 I 的角加速度。

解　因该系统包括两个物体，它们分别绕不同的固定轴转动，故应分别取两个轮为研究对象。它们各自的受力情况如图 2-63b 所示，各自的转动微分方程为

$$\begin{cases} J_1 \alpha_1 = M + (F_{T1} - F_{T2})R_1 \\ J_2 \alpha_2 = (F'_{T2} - F'_{T1})R_2 - M_1 \end{cases}$$

由于　　　　　　　　　$F_{T1} = F'_{T1} \quad F_{T2} = F'_{T2} \quad R_1 \alpha_1 = R_2 \alpha_2$

解上面两式可得

$$\alpha_1 = \frac{M - R_1 R_2 M_1}{J_1 + J_2 R_1^2 R_2^2}$$

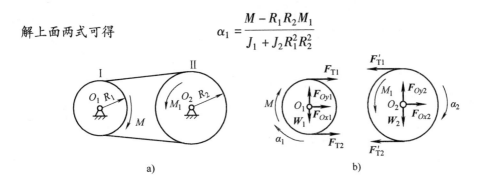

图 2-63 带轮机构简图

a) 运动简图 b) 受力及运动分析

三、刚体对轴的转动惯量

1. 转动惯量的概念

刚体的转动惯量是刚体转动时惯性的度量，它等于刚体内各质点的质量与质点到转轴的垂直距离平方的乘积之和，即

$$J_z = \sum m_i r_i^2 \tag{2-44}$$

由式（2-44）可见，转动惯量的大小不仅与质量大小有关，而且与质量的分布情况有关。如果刚体质量是均匀连续分布的，则转动惯量的表达式可写成积分形式

$$J_z = \int_m r^2 \mathrm{d}m \tag{2-45}$$

可见，转动惯量是一个恒正的标量，单位为 $\mathrm{kg \cdot m^2}$。同一个刚体对不同的转轴，因为 r 不同，其转动惯量也不同，转动惯量大小与运动状态无关。

2. 简单形状物体的转动惯量计算

转动惯量的计算方法通常都是根据 $J_z = \sum m_i r_i^2$ 导出。对简单的规则形体可以用积分方法求得；对于组合形体可用类似求重心的组合法求得，这时要应用转动惯量的平行移轴公式；对于形状复杂的或非均质刚体，常用实验法进行测定。常见简单均质物体转动惯量可通过表 2-1 或从有关手册中查得。

表 2-1　几种均质简单物体的转动惯量

刚体形状	简　图	转动惯量 J_z	回转半径 ρ_z
细直杆		$\dfrac{1}{12}ml^2$	$\dfrac{\sqrt{3}}{6}l$
		$\dfrac{1}{3}ml^2$	$\dfrac{\sqrt{3}}{3}l$

（续）

刚 体 形 状	简　图	转动惯量 J_z	回转半径 ρ_z
细圆环	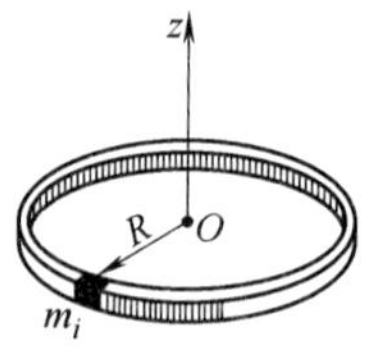	mR^2	R
薄圆板	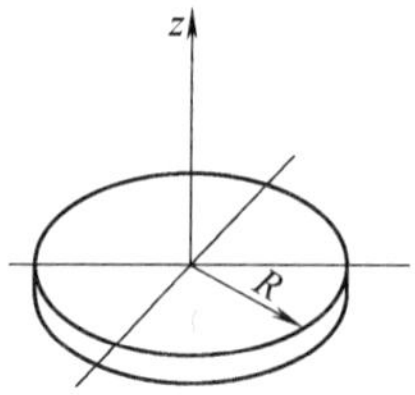	$\dfrac{1}{2}mR^2$	$\dfrac{\sqrt{2}}{2}R$

3. 回转半径（或惯性半径）

由前面几种图形的转动惯量可以看出，转动惯量与质量之比 J_z/m 仅与零件的几何尺寸有关，无论何种材料制造的零件，只要几何形状相同，此比值的形式就相同。我们把这个比值用 ρ_z^2 表示，ρ_z 称为回转半径（或惯性半径），单位为 m 或 cm，表达式为

$$\rho_z = \sqrt{\frac{J_z}{m}} \tag{2-46}$$

则物体对 z 轴的转动惯量可按下式计算

$$J_z = m\rho_z^2 \tag{2-47}$$

即物体的转动惯量等于该物体的质量与惯性半径平方的乘积。其物理意义是设想把物体的质量集中到距 z 轴为 ρ_z 的点上，则此集中质量对 z 轴的转动惯量与原物体对 z 轴的转动惯量相同。

在机械工程手册中，一般列有简单几何形状或几何形状已标准化的零件的惯性半径，以供工程技术人员查阅。

4. 平行移轴定理

上述讨论的转动惯量是刚体对通过质心轴的转动惯量，工程中有些刚体的转轴并不通过刚体的质心，如偏心凸轮的旋转。要计算刚体对平行于质心轴的转轴的转动惯量，就需要用到平行移轴定理。

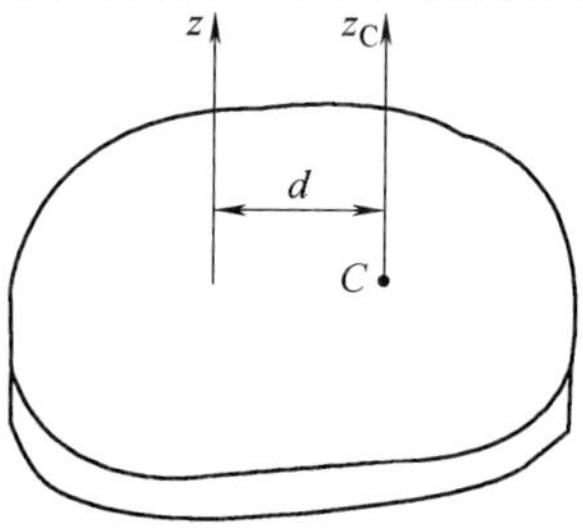

如图 2-64 所示，设刚体质量为 m，对质心轴 z_C 的转动惯量为 J_{zC}，则对另一与质心轴 z_C 平行且相距为 d 的轴 z 的转动惯量为

$$J_z = J_{zC} + md^2 \tag{2-48}$$

这就是平行移轴定理。它表明：刚体对于任一轴的转动惯量，等于刚体对于通过质心、并与该轴平行的轴的转动惯量，加上刚体的质量与两轴间距离平方的乘积。

由平行移轴定理可知，刚体对于诸平行轴，以通过质心的

图 2-64　刚体对不同轴
的转动惯量

轴的转动惯量为最小。

注意：平行移轴定理必须是质心轴外移，不能以任意已知轴的转动惯量为基础外移。

例2-4 钟摆简化如图2-65所示。均质细杆和均质圆盘的质量分别为m_1和m_2，杆长为l，圆盘直径为d。求摆对于通过悬挂点O的水平轴的转动惯量。

解 此题可用组合法求解，摆对于水平轴O的转动惯量等于细杆和圆盘对水平轴O的转动惯量之和。

$$J_O = J_{O杆} + J_{O盘}$$

式中

$$J_{O杆} = \frac{1}{3}m_1 l^2$$

设J_C为圆盘对于中心C的转动惯量，则

$$J_{O盘} = J_C + m_2\left(l + \frac{d}{2}\right)^2 = \frac{1}{2}m_2\left(\frac{d}{2}\right)^2 + m_2\left(l + \frac{d}{2}\right)^2 = m_2\left(\frac{3}{8}d^2 + l^2 + ld\right)$$

于是得

$$J_O = \frac{1}{3}m_1 l^2 + m_2\left(\frac{3}{8}d^2 + l^2 + ld\right)$$

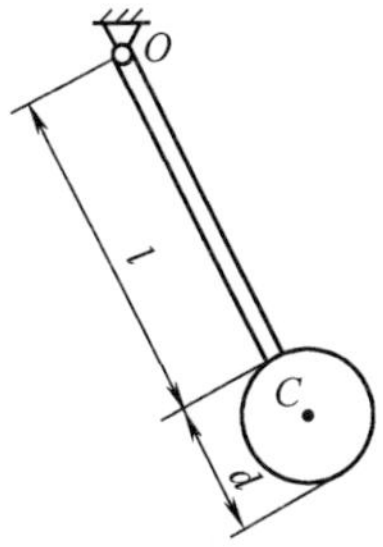

图2-65 组合图形的转动惯量

由刚体定轴转动的动力学基本方程，可以求解刚体转动时动力学的两类问题，即已知刚体的转动规律，求作用于刚体上的外力或外力矩；或已知作用于刚体上的外力或外力矩，求刚体的转动规律。

>>> **任务实施**

求任务描述中图2-62所示卷扬机绳上重物的加速度a和绳子的张力。卷扬机重物受力分析及鼓轮受力分析如图2-66所示。

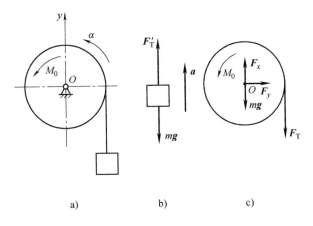

图2-66 卷扬机运动简图

a) 运动简图 b) 重物受力分析 c) 鼓轮受力分析

解 1) 以鼓轮为研究对象，其受力如图2-66c所示。

2) 由式（2-42）得 $J_O\alpha = M_O - F_T r$

即 $Mr^2\alpha = M_O - F_T r$

3) 以重物为研究对象，其受力如图2-66b所示。列质点运动微分方程

$$m \frac{\mathrm{d}^2 y}{\mathrm{d}t^2} = F'_\mathrm{T} - mg \quad 即 \quad ma = F'_\mathrm{T} - mg$$

4）求解未知量。

由于 $F_\mathrm{T} = F'_\mathrm{T}$，$a = r\alpha$，联立求解可得重物上升的加速度和绳子的张力为

$$a = \frac{M_0 - mgr}{(m+M)r}$$

$$F_\mathrm{T} = F'_\mathrm{T} = \frac{m(M_0 - mgr)}{(m+M)r} + mg$$

思考与练习

1. "你推车的力比车给你的力大，否则车就不能加速前进"这句话对吗？

2. 什么是回转半径？它是否就是物体质心到转轴的距离？

3. 表演花样滑冰的运动员利用手臂的伸张和收拢改变旋转的速度，说明其道理。

4. 设 J_A、J_B 分别是细长杆对于通过其 A、B 两端的一个平行轴的转动惯量，则 $J_A = J_B + Ml^2$ 对不对？为什么？

5. 如图 2-67 所示传动系统中，J_1、J_2 为轮 I 、轮 II 的转动惯量，轮 I 的角加速度可以用下式求解吗？　　$\alpha_1 = \dfrac{M_1}{J_1 + J_2}$

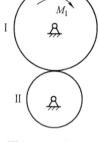

图 2-67　题 5 图

6. 有提升设备如图 2-68 所示，一根绳子跨过滑轮吊一质量为 m 的物体。滑轮质量为 M，并假定质量分布在圆周上（将滑轮看成圆环）。滑轮的半径为 r，由电动机传来的转动力矩为 M_0，绳子质量不计。求挂在绳上重物的加速度 a。

7. 如图 2-69 所示结构中，半径分别为 R、r 的圆轮固结在一起，对轴 O 的转动惯量为 J_O，轮上绳子分别悬挂两重物 A、B。A 和 B 的质量分别为 m_A 和 m_B，且 $m_A > m_B$，求鼓轮的角加速度。

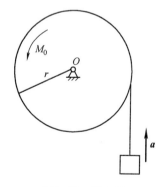

图 2-68　题 6 图

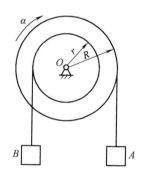

图 2-69　题 7 图

习 题 答 案

6. $a = \dfrac{M_0 - mgr}{(m+M)r}$

7. $\alpha = \dfrac{m_A R - m_B r}{J_O + m_A R^2 + m_B r^2} \cdot g$

任务六 动力学普遍定理简介

在提升设备中（图2-70），半径为 r、质量为 m_1 的均质滑轮绕水平固定轴转动；一绳绕过滑轮吊一质量为 m_2 的重物，由电动机传过来的转动力矩为 M。不计摩擦，求重物的加速度及轴承反力。

学习动力学的普遍定理，进一步研究系统的机械运动和受力之间的关系，了解各定理的不同特点，选择合适的定理更方便地解决系统的运动和受力相关的综合问题。

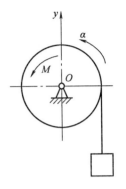

图2-70 提升设备

一、动量定理

从理论上讲，质点运动微分方程、刚体平移动力学方程、刚体转动动力学基本方程可以求解动力学的所有问题。但是在实际的力学问题中，系统中仅包含一个质点、一个平移刚体、一个定轴转动刚体的运动机构极少。一般来说，运动系统都是由许多质点或数个刚体组成的。对于系统而言，我们感兴趣的是整个系统运动与作用力的关系。为此，我们将对质点运动微分方程进行某些变换，建立运动量与作用力之间的关系，从而得到描述运动规律的动力学定理。下面研究动量定理。

1. 动量

质点的动量是表征质点的机械运动强弱的物理量，这个量不仅与质点的速度有关，而且与质点质量有关。例如，子弹的质量虽小，但速度很快，它能对物体产生很大的打击力，可以穿透一定厚度的钢板。停靠码头的轮船速度不快，但质量大，因此对海岸会产生较大的冲击力，一般岸边会挂上抗冲击的橡胶轮胎。

质点的速度与质量的乘积称为质点的动量，记为 $m\boldsymbol{v}$，质点的动量为矢量，它的方向与质点的速度方向一致。动量也是个瞬时量，它与质量和速度两个因素有关。

在国际单位之中，动量的单位为 $\mathrm{kg \cdot m/s}$。

质点系内各质点动量的矢量和称为质点系的动量，即

$$\boldsymbol{p} = \sum m_i \boldsymbol{v}_i \tag{2-49}$$

如果质点系中任一质点 i 的矢径为 $\boldsymbol{r}$，代入式（2-49），得

$$\boldsymbol{p} = \sum m_i \boldsymbol{v}_i = \sum m_i \frac{\mathrm{d}\boldsymbol{r}_i}{\mathrm{d}t} = \frac{\mathrm{d}}{\mathrm{d}t} \sum m_i \boldsymbol{r}_i$$

令 $m = \sum m_i$ 为质点系的总质量，与重心坐标相似，定义质点系质量中心（简称质心）的矢径为

$$r_C = \frac{\sum m_i \boldsymbol{r}_i}{m} \tag{2-50}$$

代入式 (2-49) 得

$$\boldsymbol{p} = \frac{\mathrm{d}}{\mathrm{d}t} \sum m_i \boldsymbol{r}_i = \frac{\mathrm{d}}{\mathrm{d}t}(m\boldsymbol{r}_C) = m\boldsymbol{v}_C \tag{2-51}$$

其中，$\boldsymbol{v}_C$ 为质点系质心的速度，式 (2-51) 表明，质点系的动量等于质心速度与其全部质量的乘积。刚体是由无限多个质点组成的不变质点系，质心是刚体内某一确定点。对于质量均匀分布的规则刚体，质心也就是几何中心，用式 (2-51) 计算刚体的动量是非常方便的。

2. 冲量

实践告诉我们，物体运动的改变，不仅决定于作用在物体上的力的大小和方向，而且与力作用的时间有关。如人力推动汽车，虽然推力很小，但推动一段时间后可以使汽车达到一定的速度，若用发动机牵引，其牵引力较大，只需很短的时间就可以达到同样的速度。我们把力在一段时间间隔内的累积效应称为力的冲量。

如果作用力是常量，我们用力与作用时间的乘积来衡量力在这段时间内累积的作用。作用力与作用时间的乘积称为常力的冲量。以 $\boldsymbol{F}$ 表示此常力，作用的时间为 t，则此力的冲量为

$$\boldsymbol{I} = \boldsymbol{F}t \tag{2-52}$$

冲量是矢量，它的方向与常力方向一致。在国际单位之中，冲量的单位为 N·s（牛顿·秒）。

如果作用力是变量，在微小的时间间隔内，力的冲量称为元冲量，即 $\mathrm{d}\boldsymbol{I} = \boldsymbol{F}\mathrm{d}t$，而力 $\boldsymbol{F}$ 在作用时间 $t_1 \sim t_2$ 内的冲量是矢量积分

$$\boldsymbol{I} = \int_{t_1}^{t_2} \boldsymbol{F}\mathrm{d}t \tag{2-53}$$

式 (2-53) 可以采用投影形式，在直角坐标系的投影式为

$$I_x = \int_{t_1}^{t_2} F_x\mathrm{d}t \qquad I_y = \int_{t_1}^{t_2} F_y\mathrm{d}t \qquad I_z = \int_{t_1}^{t_2} F_z\mathrm{d}t \tag{2-54}$$

合力的冲量等于各分力的冲量的矢量和，表示为

$$\boldsymbol{I} = \sum_{i=1}^{n} \boldsymbol{I}_i \tag{2-55}$$

3. 质点的动量定理

对动力学基本方程 $m\boldsymbol{a} = \sum \boldsymbol{F}$ 进行等效变换得 $m\dfrac{\mathrm{d}\boldsymbol{v}}{\mathrm{d}t} = \sum \boldsymbol{F}$ 或 $m\mathrm{d}\boldsymbol{v} = \sum \boldsymbol{F}\mathrm{d}t$，从而得

$$\frac{\mathrm{d}}{\mathrm{d}t}(m\boldsymbol{v}) = \sum \boldsymbol{F} \qquad \text{或} \qquad \mathrm{d}(m\boldsymbol{v}) = \sum \boldsymbol{F}\mathrm{d}t \tag{2-56}$$

式 (2-56) 是质点的动量定理的微分形式，即质点的动量的增量等于作用于质点上的力的元冲量。

若以 $\boldsymbol{v}_1$、$\boldsymbol{v}_2$ 表示质点在瞬时 t_1、t_2 的速度，对式 (2-56) 积分，得

$$m\boldsymbol{v}_2 - m\boldsymbol{v}_1 = \int_{t_1}^{t_2} \sum \boldsymbol{F}\mathrm{d}t = \boldsymbol{I} \tag{2-57}$$

式（2-57）是质点的动量定理的积分形式，即质点的动量的变化量等于作用于质点上的力在此段时间内的冲量。

在特殊情况下，若质点不受力的作用或作用于质点上的合力为零，即 $\sum \boldsymbol{F} = 0$，则由式（2-56）得 $m\boldsymbol{v} =$ 常数。

这就表明，若作用于质点上的力恒为零，则该质点的动量保持不变，显然，这时质点将做匀速直线运动或处于静止状态。这个结论就是牛顿第一定律。

4. 质点系的动量定理

设质点系内有 n 个质点，第 i 个质点的质量 m_i，速度为 $\boldsymbol{v}_i$；外界物体对该质点的作用力为 $\boldsymbol{F}_i^{(e)}$，称为外力，质点系内其他质点对该质点的作用力为 $\boldsymbol{F}_i^{(i)}$，称为内力。根据质点的动量定理有 $\mathrm{d}(m_i\boldsymbol{v}_i) = [\boldsymbol{F}_i^{(e)} + \boldsymbol{F}_i^{(i)}]\mathrm{d}t = \boldsymbol{F}_i^{(e)}\mathrm{d}t + \boldsymbol{F}_i^{(i)}\mathrm{d}t$，这样的方程共有 n 个，将 n 个方程两端分别相加，因为质点系内质点相互作用的内力总是大小相等、方向相反地成对出现，因此，内力冲量的矢量和等于零。又因为 $\sum \mathrm{d}(m_i\boldsymbol{v}_i) = \mathrm{d}\sum (m_i\boldsymbol{v}_i) = \mathrm{d}\boldsymbol{p}$ 是质点系动量的增量，于是得质点系动量定理的微分形式为

$$\mathrm{d}\boldsymbol{p} = \sum F_i^{(e)}\mathrm{d}t = \sum \mathrm{d}I_i^{(e)} \tag{2-58}$$

即质点系的动量的增量等于作用于质点系的外力的元冲量的矢量和。

式（2-58）也可写成
$$\frac{\mathrm{d}\boldsymbol{p}}{\mathrm{d}t} = \sum F_i^{(e)} \tag{2-59}$$

即质点系的动量对时间的一阶导数等于作用于质点系的外力的矢量和（或外力的主矢）。

设 t_1 时刻，质点系的动量为 $\boldsymbol{p}_1$；在 t_2 时刻，质点系的动量为 $\boldsymbol{p}_2$，积分后得

$$\int_{p_1}^{p_2}\mathrm{d}p = \sum \int_{t_1}^{t_2}F_i^{(e)}\mathrm{d}t \quad \text{或} \quad \boldsymbol{p}_2 - \boldsymbol{p}_1 = \sum \boldsymbol{I}_i^{(e)} \tag{2-60}$$

式（2-60）称为质点系动量定理的积分形式，即在某一时间间隔内，质点系的动量的改变量等于在这段时间内作用于质点系外力冲量的矢量和。

由质点系的动量定理可见，质点系的内力不能改变质点系的动量。

动量定理是矢量式，在应用时应取投影形式，在直角坐标系的投影式为

微分形式

$$\frac{\mathrm{d}p_x}{\mathrm{d}t} = \sum F_x^{(e)} \qquad \frac{\mathrm{d}p_y}{\mathrm{d}t} = \sum F_y^{(e)} \qquad \frac{\mathrm{d}p_z}{\mathrm{d}t} = \sum F_z^{(e)} \tag{2-61}$$

积分形式

$$p_{2x} - p_{1x} = \sum I_x^{(e)} \qquad p_{2y} - p_{1y} = \sum I_y^{(e)} \qquad p_{2z} - p_{1z} = \sum I_z^{(e)} \tag{2-62}$$

例 2-5 电动机的外壳固定在水平基础上，定子和机壳的质量为 m_1，转子的质量为 m_2，如图 2-71 所示。设定子的质心位于转轴的中心 O_1 上，但由于制造误差，转子的质心 O_2 到 O_1 的距离为 e。已知转子匀速转动，角速度为 ω，求基础的水平约束力及铅垂约束力。

解 取电动机的外壳与转子组成质点系，外力有重力 m_1g、m_2g，基础的约束力 F_x、F_y 和约束反力偶 M_O。机壳不动，系统的动量就是转子的动量，由式（2-51）得动量的大小为

$$p = m_2\omega e(\text{方向如图 2-71 所示})$$

当 $t=0$ 时，由于重力的影响，O_1O_2 为铅垂方向，$\varphi = 0$，图示瞬时 $\varphi = \omega t$。由动量定理

的投影形式, 得

$$\frac{\mathrm{d}p_x}{\mathrm{d}t} = F_x, \qquad \frac{\mathrm{d}p_y}{\mathrm{d}t} = F_y - m_1 g - m_2 g$$

式中　　　　　　$p_x = m_2 \omega e \cos\omega t, \ p_y = m_2 \omega e \sin\omega t$

代入上式, 解出基础约束力

$$F_x = -m_2 e\omega^2 \sin\omega t, \ F_y = (m_1 + m_2)g + m_2 e\omega^2 \cos\omega t$$

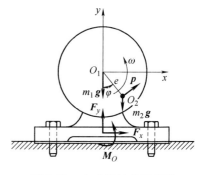

图 2-71　电动机外壳示意图

电动机不转时, 基础只有向上的约束力, 可称为静约束力; 电动机转动时, 基础的约束力可称为动约束力。动约束力与静约束力的差值是由于系统的运动而产生的, 可称为附加动约束力。此例中, 由于转子偏心而引起的在 x 方向附加动约束力 $-m_2 e\omega^2 \sin\omega t$ 和 y 方向附加动约束力 $m_2 e\omega^2 \cos\omega t$ 都是谐变力, 会引起电动机和基础的振动。

关于约束力偶, 可利用后几章将要介绍的动量矩定理和达朗贝尔原理进行求解。

5. 质点系动量守恒定律

如果作用于质点系的外力的主矢恒等于零, 根据式 (2-59) 或式 (2-60), 质点系的动量保持不变, 即

$$p_1 = p_2 = 恒矢量$$

如果作用于质点系的外力主矢在某一坐标轴上的投影恒等于零, 则根据式 (2-61) 或式 (2-62), 质点系的动量在该坐标轴上的投影保持不变。例 $\sum F_x^{(e)} = 0$, 则有 $\dfrac{\mathrm{d}p_x}{\mathrm{d}t} = \sum F_x^{(e)} = 0$, 即

$$p_{2x} = p_{1x} = 恒量$$

以上结论称为质点系动量守恒定律。

应注意, 内力虽不能改变质点系的动量, 但是可改变质点系中各质点的动量。

二、质心运动定理

1. 质量中心

质点系在外力的作用下, 其运动状态与各质点的质量分布及其相互的位置都有关系, 即与质点系质量分布状况有关。由 $r_C = \dfrac{\sum m_i r_i}{m}$ 所定义的质心位置反映出质点系质量分布的一种特征。质心的概念及质心运动 (特别是刚体) 在动力学中具有重要地位。计算质心位置时, 常用上式在直角坐标系的投影形式, 即

$$x_C = \frac{\sum m_i x_i}{m} \qquad y_C = \frac{\sum m_i y_i}{m} \qquad z_C = \frac{\sum m_i z_i}{m} \qquad (2\text{-}63)$$

对于均质物体, 质心、重心、形心重合。

2. 质心运动定理

由式 (2-51) 可知, 质点系的动量等于质点系的质量与质心速度的乘积, 因此动量定理的微分形式可写成 $\dfrac{\mathrm{d}}{\mathrm{d}t}(m\boldsymbol{v}_C) = \sum \boldsymbol{F}_i^{(e)}$, 对于质量不变的质点系, 式 (2-63) 可改成

$$m\frac{\mathrm{d}\boldsymbol{v}_C}{\mathrm{d}t} = \sum \boldsymbol{F}_i^{(e)} \qquad 或 \qquad m\boldsymbol{a}_C = \sum \boldsymbol{F}_i^{(e)} \tag{2-64}$$

式中，$\boldsymbol{a}_C$ 为质心加速度，式（2-64）表明，质点系的质量与质心加速度的乘积等于作用于质点系外力的矢量和（即等于外力系的主矢）。这种规律称为质心运动定理。

式（2-64）与质点动力学基本方程非常相似，因此质心运动定理也可叙述如下：质点系质心的运动，可以看成一个质点的运动，设想此质点集中了整个质点系的质量及其所受的外力。

当刚体平动时各点运动相同，可以把平动刚体抽象为一个质点，质心运动定理告诉我们，这个质点就是质心。所以质心运动定理为质点动力学的实际应用提供了严格的理论基础。

刚体平面运动可以分解为随基点的平动和绕基点的转动，这个基点可选为质心，这样平动部分就可用质心运动定理来求解，转动部分可用以后介绍的动量矩定理求解。

质心运动定理还告诉我们，只有外力才能改变质点系质心的运动，内力不能改变质点系质心的运动。如汽车发动机中的气体压力虽是原动力，但它是内力，不能直接改变质心的运动，需要通过主轴变成驱动力使轮子转动，轮子通过与地面的摩擦力才能驱车向前。

式（2-64）是矢量式，应用时取投影形式。

直角坐标系投影式为

$$ma_{Cx} = \sum F_x^{(e)} \qquad ma_{Cy} = \sum F_y^{(e)} \qquad ma_{Cz} = \sum F_z^{(e)} \tag{2-65}$$

自然轴投影式为

$$m\frac{\mathrm{d}v_C}{\mathrm{d}t} = \sum F_\tau^{(e)} \qquad m\frac{v_C^2}{\rho} = \sum F_n^{(e)} \qquad \sum F_b^{(e)} = 0 \tag{2-66}$$

例 2-6 均质曲柄 $OA = r$，质量为 m_1，在外力偶的作用下以角速度 ω 匀速转动，同时带动滑槽连杆以及与其固连的活塞 B 运动，滑槽连杆和活塞的质量为 m_2，在活塞上作用一不变的力 F_B，不计摩擦及滑块的质量，求作用在曲柄轴上的最大水平反力 F_x。

解 取整个系统为研究对象，作用在水平方向的外力有 F_B 和 F_x，选坐标系 Oxy 如图 2-72 所示。

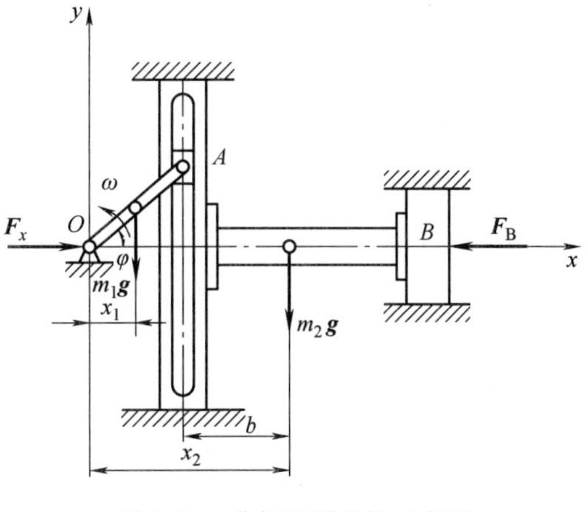

设系统的总质量为 M，则质心的运动方程为

$$Ma_{Cx} = F_x - F_B$$

质心的坐标为

图 2-72 曲柄滑道机构示意图

$$x_C = \frac{m_1 x_1 + m_2 x_2}{m_1 + m_2} = \frac{m_1 \dfrac{r}{2}\cos\omega t + m_2(b + r\cos\omega t)}{m_1 + m_2}$$

将 x_C 对时间求二阶导数，得

$$a_{Cx} = \frac{\mathrm{d}^2 x_C}{\mathrm{d}t^2} = -\frac{\dfrac{m_1}{2} + m_2}{m_1 + m_2} r\omega^2 \cos\omega t$$

用质心运动定理解得

$$F_x = F_B - \left(\frac{m_1}{2} + m_2\right) r\omega^2 \cos\omega t$$

最大水平反力为

$$F_{x\max} = F_B + r\omega^2 \left(\frac{m_1}{2} + m_2\right)$$

从以上过程可以看出，运用质心运动定理解题的基本步骤如下：

1）先求质心坐标，将其对时间求一阶导数即得质心速度。

2）注意动量是矢量，因此用矢量式表达最简洁。

3）将质心速度对时间求一阶导数得质心加速度，从而可用质心运动定理求约束力。

3. 质心运动守恒定律

由质心运动定理可知，若作用于质点系外力主矢恒等于零，则质心做匀速直线运动；若开始静止，则质心位置始终保持不变。若作用于质点系所有外力在某轴投影的代数和恒等于零，则质心速度在该轴的投影保持不变；若开始时速度投影等于零，则质心沿该轴的坐标保持不变。

例 2-7　小船长 $AB = 2a$，质量 M，船上有质量为 m 的人，设人最初在船上 A 处，后来沿甲板向右行走，若不计水对船的阻力，求人从 A 处走到 B 处时船向左方移动了多少？

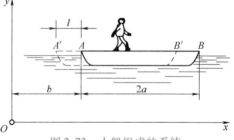

图 2-73　人船组成的系统

解　研究对象：人和船组成的质点系。

受力分析：人和船的重力 mg、Mg、水的浮力 F_N，此三力在水平方向投影为零，所以系统在水平方向上动量守恒或质心运动守恒。人和船组成的质点系质心在水平方向保持不变。

如图 2-73 所示，当人在 A 处时，系统的质心坐标为　$x_{C1} = \dfrac{mb + M(b + a)}{m + M}$

人到 B 处后系统的质心坐标为　$x_{C2} = \dfrac{m(b + 2a - l) + M(b + a - l)}{m + M}$

由质心运动定理　$x_{C1} = x_{C2}$

得

$$\frac{mb + M(b + a)}{m + M} = \frac{m(b + 2a - l) + M(b + a - l)}{m + M}$$

解得

$$l = \frac{2am}{M + m}$$

此题得解。

由以上结果可以看出，人向前走，船向后退，改变人船运动的是人的鞋底与船间的摩擦力，这是质点系的内力。内力不能直接改变系统质心的运动，但能改变质点系内各质点的运动；船后退的距离取决于人走动的距离和人与整个系统的质量比，人与整个系统质量比值越小，船移动的距离越小。

三、质点和质点系的动量矩

1. 质点的动量矩

质点的动量矩是表征质点绕某点（或某轴）的转动强度的一种度量，这个量不仅与质点的动量 $m\boldsymbol{v}$ 有关，而且与质点的速度矢至某点 O 的距离有关，设质点 A 某瞬时的动量为 $m\boldsymbol{v}$，质点相对点 O 的位置用矢径 $\boldsymbol{r}$ 表示，如图 2-74 所示。定义质点 A 的动量对于点 O 的矩为质点对于点 O 的动量矩，即

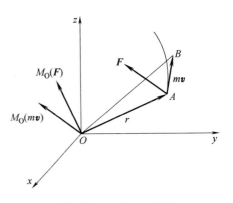

$$\boldsymbol{M}_0(m\boldsymbol{v}) = \boldsymbol{r} \times m\boldsymbol{v} \tag{2-67}$$

质点对于点 O 的动量矩是矢量。

质点动量 $m\boldsymbol{v}$ 在 Oxy 平面内的投影 $(m\boldsymbol{v})_{xy}$ 对于点 O 的矩，定义为质点动量对于 z 轴的矩，简称对于 z 轴的动量矩。对轴的动量矩是代数量。

图 2-74 质点的动量矩

根据图 2-74 可知，质点对点 O 的动量矩与对 z 轴的动量矩二者的关系仍可仿照力对点的矩与力对轴的矩的关系建立，即质点对点 O 的动量矩矢在 z 轴上的投影，等于对 z 轴的动量矩，即

$$\left[M_0(m\boldsymbol{v}) \right]_z = M_z(m\boldsymbol{v}) \tag{2-68}$$

在国际单位制中，动量矩的单位是 $\mathrm{kg} \cdot \mathrm{m}^2/\mathrm{s}$（千克·米^2/秒）。

2. 质点系的动量矩

质点系对某点 O 的动量矩等于各质点对同一点 O 的动量矩的矢量和，或称为质点系动量对 O 点的主矩，即

$$\boldsymbol{L}_0 = \sum \boldsymbol{M}_0(m_i\boldsymbol{v}_i) \tag{2-69}$$

质点系对某轴的动量矩等于各质点对该轴动量矩的代数和，例如对 z 轴的动量矩为

$$L_z = \sum M_z(m_i\boldsymbol{v}_i) \tag{2-70}$$

3. 质点系的动量对点的矩与对轴的矩的关系

通过证明，质点系对某点 O 的动量矩矢在通过该点的轴上的投影等于质点系对于该轴的动量矩。即

$$\left[\boldsymbol{L}_0 \right]_z = L_z \tag{2-71}$$

四、刚体动量矩的计算

1. 刚体平行移动

对于平行移动的刚体，可将其全部质量集中于质心，作为一个质点计算其动量矩。

2. 刚体绕定轴转动

绕 z 轴转动的刚体如图 2-75 所示，它对转轴的动量矩为

$$L_z = \sum M_z(m_i\boldsymbol{v}_i) = \sum m_i v_i r_i = \sum m_i r_i \omega r_i = \omega \sum m_i r_i^2$$

令 $J_z = \sum m_i r_i^2$，称为刚体对于 z 轴的转动惯量。于是得

$$L_z = J_z \omega \tag{2-72}$$

结论：绕定轴转动刚体对其转轴的动量矩等于刚体对转轴的转动惯量与转动角速度的乘积。

五、质点和质点系的动量矩定理

1. 质点的动量矩定理

设质点 Q 对定点 O 的动量矩为 $\boldsymbol{M}_O(m\boldsymbol{v})$，作用力 $\boldsymbol{F}$ 对同一点的矩为 $\boldsymbol{M}_O(\boldsymbol{F})$，如图 2-76 所示。

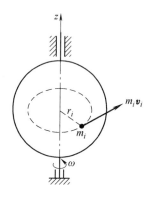

图 2-75　定轴转动刚体的动量矩

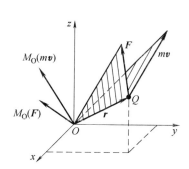

图 2-76　质点的动量矩定理

将动量矩对时间取一次导数，得

$$\frac{\mathrm{d}}{\mathrm{d}t}\boldsymbol{M}_O(m\boldsymbol{v}) = \frac{\mathrm{d}}{\mathrm{d}t}(\boldsymbol{r} \times m\boldsymbol{v}) = \frac{\mathrm{d}\boldsymbol{r}}{\mathrm{d}t} \times m\boldsymbol{v} + \boldsymbol{r} \times \frac{\mathrm{d}}{\mathrm{d}t}(m\boldsymbol{v})$$

根据质点动量定理 $\dfrac{\mathrm{d}}{\mathrm{d}t}(m\boldsymbol{v}) = \boldsymbol{F}$，且 O 为定点，有 $\dfrac{\mathrm{d}\boldsymbol{r}}{\mathrm{d}t} = \boldsymbol{v}$，则上式可改写为

$$\frac{\mathrm{d}}{\mathrm{d}t}\boldsymbol{M}_O(m\boldsymbol{v}) = \boldsymbol{v} \times m\boldsymbol{v} + \boldsymbol{r} \times \boldsymbol{F}$$

因为 $\boldsymbol{v} \times m\boldsymbol{v} = 0$，$\boldsymbol{r} \times \boldsymbol{F} = \boldsymbol{M}_O(\boldsymbol{F})$，于是得

$$\frac{\mathrm{d}}{\mathrm{d}t}\boldsymbol{M}_O(m\boldsymbol{v}) = \boldsymbol{M}_O(\boldsymbol{F}) \tag{2-73}$$

式（2-73）为质点动量矩定理：质点对某定点 O 的动量矩对时间的一阶导数，等于作用力对同一点的矩。

式（2-73）在直角坐标系上的投影式为

$$\frac{\mathrm{d}}{\mathrm{d}t}M_x(m\boldsymbol{v}) = M_x(\boldsymbol{F}) \qquad \frac{\mathrm{d}}{\mathrm{d}t}M_y(m\boldsymbol{v}) = M_y(\boldsymbol{F}) \qquad \frac{\mathrm{d}}{\mathrm{d}t}M_z(m\boldsymbol{v}) = M_z(\boldsymbol{F}) \tag{2-74}$$

2. 质点系的动量矩定理

设质点系内有 n 个质点，作用于每个质点的力分为内力 $\boldsymbol{F}_i^{(i)}$ 和外力 $\boldsymbol{F}_i^{(e)}$。根据质点的动量矩定理有

$$\frac{\mathrm{d}}{\mathrm{d}t}\boldsymbol{M}_O(m_i\boldsymbol{v}_i) = \boldsymbol{M}_O[\boldsymbol{F}_i^{(i)}] + \boldsymbol{M}_O[\boldsymbol{F}_i^{(e)}]$$

这样的方程共有 n 个，将这些方程左右两边分别相加后，由于内力总是大小相等、方向相反

地成对出现，因此上式右端第一项 $\sum \boldsymbol{M}_0[\boldsymbol{F}_i^{(i)}] = 0$。由此得

$$\sum \frac{\mathrm{d}}{\mathrm{d}t}\boldsymbol{M}_0(m_i\boldsymbol{v}_i) = \frac{\mathrm{d}}{\mathrm{d}t}\sum \boldsymbol{M}_0(m_i\boldsymbol{v}_i) = \frac{\mathrm{d}\boldsymbol{L}_0}{\mathrm{d}t} = \sum \boldsymbol{M}_0[\boldsymbol{F}_i^{(e)}]$$

即
$$\frac{\mathrm{d}\boldsymbol{L}_0}{\mathrm{d}t} = \sum \boldsymbol{M}_0[\boldsymbol{F}_i^{(e)}] \tag{2-75}$$

式（2-75）为质点系的动量矩定理：质点系对于某定点 O 的动量矩对时间的一阶导数，等于作用于质点系的外力对于同一点的矩的矢量和（外力对点 O 的主矩）。

质点系动量矩定理的投影形式

$$\frac{\mathrm{d}L_x}{\mathrm{d}t} = \sum M_x[\boldsymbol{F}_i^{(e)}] \qquad \frac{\mathrm{d}L_y}{\mathrm{d}t} = \sum M_y[\boldsymbol{F}_i^{(e)}] \qquad \frac{\mathrm{d}L_z}{\mathrm{d}t} = \sum M_z[\boldsymbol{F}_i^{(e)}] \tag{2-76}$$

注意：上述动量矩定理的表达形式只适用于对固定点或固定轴。

例 2-8 高炉运送小车机构如图 2-77 所示。鼓轮的半径为 R，对转轴的转动惯量为 J，作用在鼓轮上的力偶矩为 M，轮绕 O 轴转动。小车和矿石总质量为 m，轨道的倾角为 θ，设绳的质量和各处摩擦均忽略不计。试求小车的加速度。

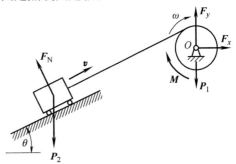

图 2-77 高炉运送小车机构

解 取小车与鼓轮组成质点系，视小车为质点。以顺时针方向为正，此质点系对 O 轴的动量矩为

$$J_0 = J\omega + mvR$$

作用于系统的外力如图 2-77 所示，M、重力 P_1、P_2，轴承 O 的约束反力 $\boldsymbol{F}_x$、$\boldsymbol{F}_y$，轨道对小车的约束力 $\boldsymbol{F}_N$。系统对 O 轴的矩为

$$M^{(e)} = M - mgR\sin\theta$$

由质点系对 O 轴的动量矩定理，有

$$\frac{\mathrm{d}}{\mathrm{d}t}[J\omega + mvR] = M - mgR\sin\theta$$

因 $\omega = \dfrac{v}{R}$，$\dfrac{\mathrm{d}v}{\mathrm{d}t} = a$，于是解得 $a = \dfrac{MR - mgR^2\sin\theta}{J + mR^2}$

六、动量矩守恒定律

如果作用于质点的力对于某定点 O 的矩恒等于零，则由式（2-73）得质点对该点的动量矩保持不变，即

$$\boldsymbol{M}_0(m\boldsymbol{v}) = 恒矢量$$

如果作用于质点的力对于某定轴的矩恒等于零，则由式（2-74）得质点对该轴的动量矩保持不变。

$$M_x(m\boldsymbol{v}) = 恒量$$

以上结论称为质点动量矩守恒定律。

质点在运动中受到恒指向某定点 O 的力 $\boldsymbol{F}$ 作用，称该质点在向心力作用下运动。如行星绕太阳运动、人造卫星绕地球运动等，都属于这种情况。

七、常见力所做的功

1. 力的功的概念

设质点 M 在大小和方向都不变的力 $\boldsymbol{F}$ 作用下，沿直线走过一段路程 s，力 $\boldsymbol{F}$ 在这段路程内所积累的效应用力的功来量度，以 W 记之，并定义为

$$W = Fs\cos\theta$$

式中，θ 为力 $\boldsymbol{F}$ 与直线位移方向之间的夹角。功是代数量。

在国际单位制中，功的单位为焦耳，符号为 J，等于 1N 的力在同方向 1m 路程上做的功。如果路径用矢量来表达，则力 $\boldsymbol{F}$ 的功可写为

$$W = \boldsymbol{F} \cdot \boldsymbol{s} \tag{2-77}$$

设质点 M 在任意变力 $\boldsymbol{F}$ 作用下沿曲线运动，如图 2-78 所示。力 $\boldsymbol{F}$ 在无限小位移 $\mathrm{d}\boldsymbol{r}$ 中可视为常力，经过的一小段弧长 $\mathrm{d}s$ 可视为直线，$\mathrm{d}\boldsymbol{r}$ 可视为沿点 M 的切线。在一无限小位移中力做的功称为元功，以 δW 记之。

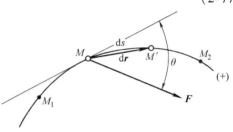

于是有

$$\delta W = \boldsymbol{F} \cdot \mathrm{d}\boldsymbol{r} \tag{2-78}$$

图 2-78　力的功

力在全路程上做的功等于元功之和，即

$$W = \int_{M_1}^{M_2} \boldsymbol{F} \cdot \mathrm{d}\boldsymbol{r} \tag{2-79}$$

由上式可知，当力始终与质点位移垂直时，该力不做功。

若取固结于地面的直角坐标系为质点运动的参考系，$\boldsymbol{i}$、$\boldsymbol{j}$、$\boldsymbol{k}$ 为三坐标轴的单位矢量，则

$$\boldsymbol{F} = F_x\boldsymbol{i} + F_y\boldsymbol{j} + F_z\boldsymbol{k} \qquad \mathrm{d}\boldsymbol{r} = \mathrm{d}x\boldsymbol{i} + \mathrm{d}y\boldsymbol{j} + \mathrm{d}z\boldsymbol{k}$$

将以上两式代入式（2-79），展开点乘积，得到作用力在质点从 M_1 到 M_2 的运动过程中所做的功

$$W_{12} = \int_{M_1}^{M_2} (F_x\mathrm{d}x + F_y\mathrm{d}y + F_z\mathrm{d}z) \tag{2-80}$$

上式称为功的解析表达式。

2. 重力的功

设质点沿轨道从 M_1 运动到 M_2，如图 2-79 所示。其重力 $W = mg$ 在直角坐标轴上的投影为 $F_x = 0$、$F_y = 0$、$F_z = -mg$。将其代入式（2-80）中，得重力的功为

$$W_{12} = \int_{z_1}^{z_2} -mg\mathrm{d}z = mg(z_1 - z_2) \tag{2-81}$$

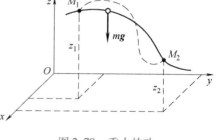

图 2-79　重力的功

可见重力做功仅与质点运动开始和末了位置的高度差 $(z_1 - z_2)$ 有关，与运动轨迹的形状无关。

对于质点系，设点 i 的质量为 m_i，运动始末的高度差为 $(z_{i1} - z_{i2})$，则全部重力做功之和为

$$\sum W_{12} = \sum m_i g(z_{i1} - z_{i2})$$

由质心坐标公式，有

$$mz_C = \sum m_i z_i$$

由此可得

$$\sum W_{12} = \sum mg(z_{C1} - z_{C2}) \tag{2-82}$$

式中，m 为质点系全部质量之和，$(z_{C1} - z_{C2})$ 为运动始末位置其质心的高度差。质心下降，重力做正功；质心上移，重力做负功。质点系重力做功仍与质心的运动轨迹形状无关。

3. 弹性力的功

以弹簧为例，设弹簧的自然长度为 l_0，弹性极限内，弹性力的大小与其变形量 δ 成正比，即

$$F = k\delta \tag{2-83}$$

力的方向总是指向自然位置。比例系数 k 称为弹簧的刚性系数（或刚度系数）。在国际单位制中，k 的单位为 N/m 或 N/mm。

以点 O 为原点，沿弹簧方向为 x 轴，如图2-80所示。物体受弹性力作用，作用点 A 由图中 A_1 点运动到 A_2 点，弹性力做功为

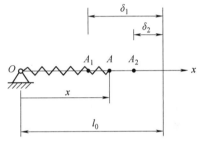

$$\begin{aligned}
W_{12} &= \int_{A_1}^{A_2} k(l_0 - x)\,\mathrm{d}x \\
&= \int_{A_1}^{A_2} -k(l_0 - x)\,\mathrm{d}(l_0 - x) \\
&= \frac{k}{2}\left[(l_0 - A_1)^2 - (l_0 - A_2)^2\right]
\end{aligned}$$

图 2-80　弹性力做的功

由于 $\delta_1 = l_0 - A_1$，$\delta_2 = l_0 - A_2$，因此弹性力做的功为

$$W_{12} = \frac{k}{2}(\delta_1^2 - \delta_2^2) \tag{2-84}$$

式（2-84）是计算弹性力做功的普遍公式。上述推导中如果 Ox 轴同时也绕 O 点任意转动，即点 A 的轨迹可以是任意曲线，弹性力做的功仍由式（2-84）决定。由此可见，弹性力做的功只与弹簧在初始和末了位置的变形量 δ 有关，与力作用点 A 的轨迹形状无关。由式（2-84）可见，当 $\delta_1 > \delta_2$ 时，弹性力做正功；$\delta_1 < \delta_2$ 时，弹性力做负功。

弹性力功的大小可由图 2-81 中所示的阴影面积表示，其横轴为弹簧变形量 δ，以纵轴为弹性力的大小 F。由图可见，当弹簧变形量由 δ_1 增为 δ_2，再由 δ_2 增为 δ_3 时，即使 $\delta_3 - \delta_2 = \delta_2 - \delta_1$，在此两段相同位移内，弹性力做功也是不相等的。

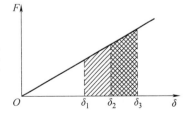

图 2-81　弹性力的功的几何表示

4. 定轴转动刚体上作用力的功

设力 F 与力作用点 A 处的轨迹切线之间的夹角为 θ，如图 2-82 所示，则力 F 在切线上的投影为

$$F_\tau = F\cos\theta$$

当刚体绕定轴转动时，转角 φ 与弧长 s 的关系为 $\mathrm{d}s = R\mathrm{d}\varphi$

式中 R 为力作用点 A 到轴的垂距。力 F 的元功为

$$\delta W = F \cdot \mathrm{d}r = F_\tau \mathrm{d}s = F_\tau R\mathrm{d}\varphi$$

因为 $F_\tau R$ 等于力 F 对于转轴 z 的力矩 M_z，于是

$$\delta W = M_z \mathrm{d}\varphi \qquad\qquad (2\text{-}85)$$

力 F 在刚体从角 φ_1 到 φ_2 转动过程中做的功为

$$W_{12} = \int_{\varphi_1}^{\varphi_2} M_z \mathrm{d}\varphi \qquad\qquad (2\text{-}86)$$

如果作用在刚体上的是力偶，则力偶所做的功仍可用上式
计算，其中 M_z 为力偶对转轴 z 的矩，也等于力偶矩矢 M 在 z 轴
上的投影。

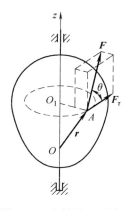

图 2-82　定轴转动刚体上
作用力的功

5. 理想约束反力的功及摩擦力的功

对于光滑固定面和一端固定的绳索等约束，其约束力都垂直于力作用点的位移，约束反
力不做功。又如光滑铰支座、固定端等约束，显然其约束反力也不做功。约束反力做功等于
零的约束称为理想约束。在理想约束条件下，质点系动能的改变只与主动力做功有关，只需
计算主动力所做的功。

光滑铰链、刚性二力杆以及不可伸长的细绳等作为系统内的约束时，其中单个的约束反
力不一定不做功，但一对约束反力做功之和等于零，也都是理想约束。如图 2-83a 所示的铰
链，铰链处相互作用的约束力 F 和 F' 是等值反向的，它们在铰链中心的任何位移 $\mathrm{d}r$ 的做功
之和都等于零。又如图 2-83b 中，跨过光滑支持轮的细绳对系统中两个质点的拉力 $F_1 = F_2$，
如绳索不可伸长，则两端的位移 $\mathrm{d}r_1$ 和 $\mathrm{d}r_2$ 沿绳索的投影必相等，因而 F_1 和 F_2 二约束力做
功之和等于零。至于图 2-83c 所示的二力杆对 A、B 两点的约束力，有 $F_1 = F_2$，而两端位移
沿 AB 连线的投影又是相等的，显然约束反力 F_1、F_2 做功之和也等于零。

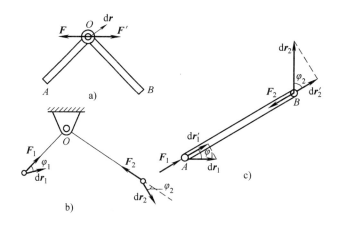

图 2-83　理想约束

一般情况下，滑动摩擦力与物体的相对位移反向，摩擦力做负功，不是理想约束，应用
动能定理时要计入摩擦力的功。但当轮子在固定面上只滚不滑时，接触点为瞬心，滑动摩擦

力作用点没动，此时的滑动摩擦力也不做功。因此，不计滚动摩阻时，纯滚动的接触点也是理想约束。

工程中很多约束可视为理想约束，此时未知的约束反力并不做功，这对动能定理的应用是非常方便的。

6. 内力的功

必须注意，作用于质点系的力既有外力，也有内力，在某些情形下，内力虽然等值而反向，但所做功的和并不等于零。例如，由两个相互吸引的质点 M_1 和 M_2 组成的质点系，两质点相互作用的力 F_{12} 和 F_{21} 是一对内力，如图2-84所示。虽然内力的矢量和等于零，但是当两质点相互趋近时，两力所做功的和为正；当两质点相互离开时，两力所做功的和为负。所以内力做功的和一般不等于零。又如，汽车发动机的气缸内膨胀的气体对活塞和气缸的作用力都是内力，内力功的和不等于零，内

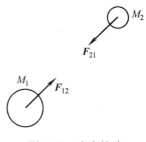

图2-84　内力的功

力的功使汽车的动能增加。此外，如机器中轴与轴承之间相互作用的摩擦力对于整个机器是内力，它们做负功，总和为负。应用动能定理时都要计入这些内力所做的功。

同时也应注意，在不少情况下，内力所做功的和等于零。例如，刚体内两质点相互作用的力是内力，两力大小相等、方向相反。因为刚体上任意两点的距离保持不变，沿这两点连线的位移必定相等，其中一力做正功，另一力做负功，这一对力所做的功的和等于零。刚体内任一对内力所做的功的和都等于零。于是得结论：刚体所有内力做功的和等于零。不可伸长的柔绳、钢索等所有内力做功的和也等于零。

从以上分析可见，在应用质点系的动能定理时，要根据具体情况仔细分析所有的作用力，以确定它是否做功；应注意：理想约束的约束反力不做功，而质点系的内力做功之和并不一定等于零。

八、功率

在工程中，一般需要了解一部机器单位时间内能做多少功。单位时间内力做的功称为功率，以 P 表示，其数学表达式为

$$P = \frac{\delta W}{\mathrm{d}t} \tag{2-87}$$

因为 $\delta W = \boldsymbol{F} \cdot \mathrm{d}\boldsymbol{r}$，因此功率可写成

$$P = \boldsymbol{F} \cdot \frac{\mathrm{d}\boldsymbol{r}}{\mathrm{d}t} = \boldsymbol{F} \cdot \boldsymbol{v} = F_\tau v$$

式中，$\boldsymbol{v}$ 是力 $\boldsymbol{F}$ 作用点的速度。功率等于切向力与力作用点速度的乘积。对于每部机床来说，其能够输出的最大功率是一定的，因此切削加工中，如果切削力大，必须选择较小的切削速度。当今高速切削技术发展很快，那么切削过程中切削力能否降下来是实现高速切削的关键所在。汽车起动或上坡时，由于需要较大的驱动力，须选择较低档位，以求在发动机功率一定的条件下，产生大的驱动力。

作用在转动刚体上的力的功率为

$$P = \frac{\delta W}{\mathrm{d}t} = M_z \frac{\mathrm{d}\varphi}{\mathrm{d}t} = M_z \omega$$

式中，M_z 是力对转轴 z 的矩，ω 是角速度。

在国际单位制中，每秒钟力所做的功等于 1J 时，其功率定为 1W（瓦特）（1W = 1J/s）。工程中常用 kW（千瓦）作单位，1000W = 1kW。

九、质点和质点系的动能

1. 质点的动能

设质点的质量为 m，速度为 v，则质点的动能为 $\frac{1}{2}mv^2$，动能是标量，恒取正值。在国际单位制中动能的单位为 J（焦耳），动能和动量都是表征机械运动的量，前者与质点速度的平方成正比，是一个标量；后者与质点速度的一次方成正比，是一个矢量，它们是机械运动的两种度量。

2. 质点系的动能

质点系内各质点动能的算术和称为质点系的动能，即

$$T = \sum \frac{1}{2}m_i v_i^2 \tag{2-88}$$

例如图 2-85 所示的质点系有三个质点，它们的质量分别为 $m_1 = 2m_2 = 4m_3$。忽略绳的质量，并假设绳不可伸长，则三个质点的速度 v_1、v_2 和 v_3 大小相同，都等于 v，而方向各异。计算质点系的动能不必考虑它们的方向，于是得

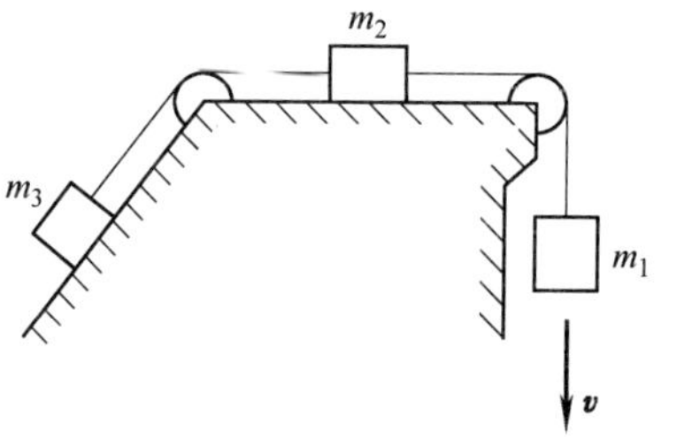

图 2-85   质点系的动能

$$T = \frac{1}{2}m_1 v_1^2 + \frac{1}{2}m_2 v_2^2 + \frac{1}{2}m_3 v_3^2 = \frac{7}{2}m_3 v^2$$

刚体是由无数质点组成的质点系。刚体做不同的运动时，各质点的速度分布不同，刚体的动能应按照刚体的运动形式来计算。

（1）平动刚体的动能   当刚体做平动时，各点的速度都相同，可以质心速度 v_C 为代表，于是得平动刚体的动能为

$$T = \sum \frac{1}{2}m_i v_i^2 = \frac{1}{2}v_C^2 \sum m_i$$

或写成

$$T = \frac{1}{2}mv_C^2 \tag{2-89}$$

式中 $m = \sum m_i$ 是刚体的质量。如果假想质心是一个质点，它的质量等于刚体的质量，则平动刚体的动能等于此质点的功能。

（2）定轴转动刚体的动能   当刚体绕定轴 z 轴转动时，如图 2-86 所示，其中任一点 m_i 的速度为

$$v_i = r_i \omega$$

式中，ω 是刚体的角速度，r_i 是质点 m_i 到转轴的垂距。于是绕定轴转动的刚体的动能为

$$T = \sum \frac{1}{2}m_i v_i^2 = \sum \left(\frac{1}{2}m_i r_i^2 \omega^2 \right) = \frac{1}{2}\omega^2 \sum m_i r_i^2$$

$\sum m_i r_i^2 = J_z$，是刚体对于 z 轴的转动惯量。

于是得

$$T = \frac{1}{2}J_z\omega^2 \qquad (2\text{-}90)$$

即绕定轴转动的刚体的动能，等于刚体对于转轴的转动惯量与角速度平方乘积的一半。

（3）平面运动刚体的动能 取刚体质心 C 所在的平面图形如图 2-87 所示。设图形中的点 P 是某瞬时的瞬心，ω 是平面图形转动的角速度，于是做平面运动的刚体的动能为

$$T = \frac{1}{2}J_P\omega^2$$

式中，J_P 是刚体对于瞬时轴的转动惯量。因为在不同时刻，刚体以不同的点作为瞬心，因此用上式计算动能在一般情况下是不方便的。

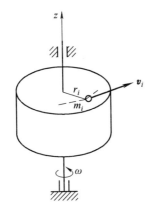

图 2-86 定轴转动刚体的动能

图 2-87 平面运动刚体的动能

如 C 为刚体的质心，根据计算转动惯量的平行轴定理有

$$J_P = J_C + md^2$$

式中，m 为刚体的质量，$d = CP$，J_C 为对于质心的转动惯量。代入计算动能的公式中，得

$$T = \frac{1}{2}(J_C + md^2)\omega^2 = \frac{1}{2}J_C\omega^2 + \frac{1}{2}m(d \cdot \omega)^2$$

因 $d \cdot \omega = v_C$，于是得

$$T = \frac{1}{2}mv_C^2 + \frac{1}{2}J_C\omega^2 \qquad (2\text{-}91)$$

即做平面运动的刚体的动能，等于随质心平动的动能与绕质心转动的动能的和。

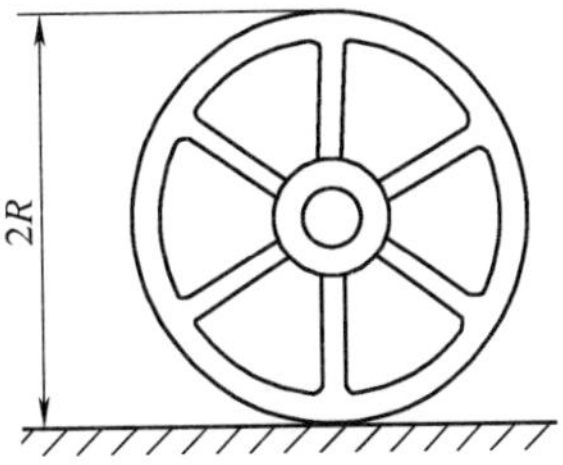

例如，一车轮在地面上滚动而不滑动，如图 2-88 所示。若轮心做直线运动，速度为 v_C，车轮质量为 m，质量分布在轮缘，轮辐的质量不计，则车轮的动能为

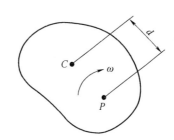

图 2-88 纯滚动的轮子

$$T = \frac{1}{2}mv_C^2 + \frac{1}{2}mR^2\left(\frac{v_C}{R}\right)^2 = mv_C^2$$

其他运动形式的刚体，应按其速度分布计算该刚体的动能。

十、动能定理

1. 质点的动能定理

质点的动能定理建立了质点的动能与作用力的功的关系。取质点的运动微分方程的矢量形式

$$m \frac{\mathrm{d}\boldsymbol{v}}{\mathrm{d}t} = \boldsymbol{F}$$

在方程两边点乘 $\mathrm{d}\boldsymbol{r}$，得

$$m \frac{\mathrm{d}\boldsymbol{v}}{\mathrm{d}t} \cdot \mathrm{d}\boldsymbol{r} = \boldsymbol{F} \cdot \mathrm{d}\boldsymbol{r}$$

因 $\mathrm{d}\boldsymbol{r} = \boldsymbol{v}\mathrm{d}t$，于是上式可写成

$$m\boldsymbol{v} \cdot \mathrm{d}\boldsymbol{v} = \boldsymbol{F} \cdot \mathrm{d}\boldsymbol{r}$$

或

$$\mathrm{d}\left(\frac{1}{2}mv^2 \right) = \delta W \tag{2-92}$$

式（2-92）称为质点动能定理的微分形式，即质点动能的增量等于作用在质点上力的元功。

积分上式，得

$$\frac{1}{2}mv_2^2 - \frac{1}{2}mv_1^2 = W_{12} \tag{2-93}$$

这就是质点动能定理的积分形式：在质点运动的某个过程中，质点动能的改变量等于作用于质点的力做的功。

由式（2-92）或式（2-93）可见，力做正功，质点动能增加；力做负功，质点动能减小。

2. 质点系的动能定理

取质点系内任一质点，质量为 m_i，速度为 v_i，作用在该质点上的力为 $\boldsymbol{F}_i$。根据质点的动能定理的微分形式有

$$\mathrm{d}\left(\frac{1}{2}m_i v_i^2 \right) = \delta W_i$$

式中 δW_i 表示作用于这个质点的力所做的元功。

设质点系有 n 个质点，对于每个质点都可列出一个如上的方程，将 n 个方程相加，得

$$\sum \mathrm{d}\left(\frac{1}{2}m_i v_i^2 \right) = \sum \delta W_i$$

或

$$\mathrm{d}\left[\sum \left(\frac{1}{2}m_i v_i^2 \right) \right] = \sum \delta W_i$$

式中，$\sum \left(\frac{1}{2}m_i v_i^2 \right)$ 是质点系的动能，以 T 表示。于是上式可写成

$$\mathrm{d}T = \sum \delta W_i \tag{2-94}$$

式（2-94）为质点系动能定理的微分形式：质点系动能的增量，等于作用于质点系全部力所做的元功的和。

对上式积分，得

$$T_2 - T_1 = \sum W_i \tag{2-95}$$

式中，T_1 和 T_2 分别是质点系在某一段运动过程的起点和终点的动能。式（2-95）为质点系动能定理的积分形式：质点系在某一段运动过程中，起点和终点的动能的改变量，等于作用于质点系的全部力在这段过程中所做功的和。

3. 功率方程

取质点系动能定理的微分形式，两端除以 dt，得

$$\frac{dT}{dt} = \sum \frac{\delta W_i}{dt} = \sum P_i \tag{2-96}$$

上式称为功率方程，即质点系动能对时间的一阶导数，等于作用于质点系的所有力的功率的代数和。

功率方程常用来研究机器在工作时能量的变化和转化的问题。例如车床工作时，电场对电动机转子作用的力做正功，使转子转动，电场力的功率称为输入功率。由于带传动、齿轮传动和轴承与轴之间都有摩擦，摩擦力做负功，使一部分机械能转化为热能；传动系统中的零件也会相互碰撞，也要损失一部分功率。这些功率都取负值，称为无用功率或损耗功率。车床切削工件时，切削阻力对夹持在车床主轴上的工件做负功，这是车床加工零件必须付出的功率，称为有用功率或输出功率。

每部机器的功率都可分为上述三部分。在一般情形下，可有

$$\frac{dT}{dt} = P_{输入} - P_{有用} - P_{无用} \tag{2-97}$$

或

$$P_{输入} = P_{有用} + P_{无用} + \frac{dT}{dt} \tag{2-97}'$$

式中，有效功率 $= P_{有用} + \dfrac{dT}{dt}$，有效功率与输入功率的比值称为机器的机械效率，用 η 表示，即

$$\eta = \frac{有效功率}{输入功率} \tag{2-98}$$

机械效率 η 表明机器对输入功率的有效利用程度，它是评定机器质量好坏的指标之一。显然，一般情况下，$\eta < 1$。

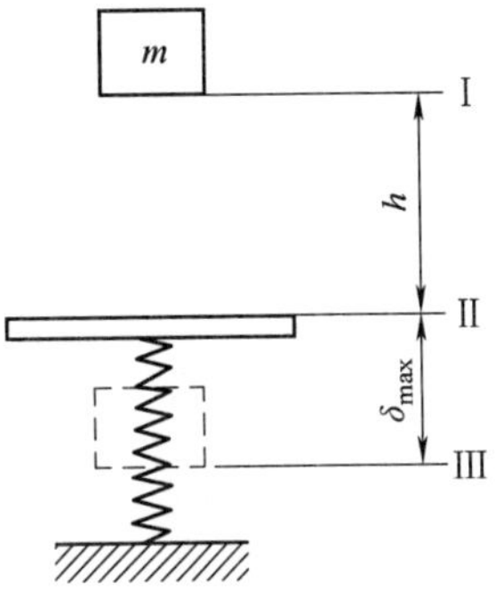

例 2-9 质量为 m 的质点，自高处自由落下，落到下面有弹簧支持的板上，如图 2-89 所示。设板和弹簧的质量都可忽略不计，弹簧的刚性系数为 k，求弹簧的最大压缩量。

解：质点从位置 Ⅰ 落到板上时是自由落体运动，速度由 0 增加到 v_1，动能由 0 变 $\frac{1}{2}mv_1^2$。在这段过程中，重力做的功为 mgh，应用动能定理

$$\frac{1}{2}mv_1^2 - 0 = mgh$$

求得

图 2-89 重物与板组成的系统

$$v_1 = \sqrt{2gh}$$

质点继续向下运动，弹簧被压缩，质点速度逐渐减小，当速度等于零时，弹簧被压缩到最大值 δ_{max}。在这段过程中重力做的功为 $mg\delta_{max}$，弹簧力做的功为 $\frac{1}{2}k(0 - \delta_{max}^2)$，应用动能定理

$$0 - \frac{1}{2}mv_1^2 = mg\delta_{max} - \frac{1}{2}k\delta_{max}^2$$

解得

$$\delta_{max} = \frac{mg}{k} \pm \frac{1}{k}\sqrt{m^2g^2 + 2kmgh}$$

由于弹簧的压缩量必定是正值，因此答案取正号，即

$$\delta_{max} = \frac{mg}{k} + \frac{1}{k}\sqrt{m^2g^2 + 2kmgh}$$

本题也可以把上述两段过程合在一起考虑，即对质点从开始下落至弹簧压缩到最大值的过程应用动能定理，在这一过程的始末位置质点的动能都等于零。在这一过程中，重力做的功为 $mg(h + \delta_{max})$，弹簧力做的功同上，于是有

$$0 - 0 = mg(h + \delta_{max}) - \frac{k}{2}\delta_{max}^2$$

解得的结果与前面所得相同。

上式说明，在质点从位置Ⅰ到位置Ⅲ的运动过程中，重力做正功，弹簧力做负功，恰好抵消，因此质点在运动始、末两位置的动能是相同的。显然，质点在运动过程中动能是变化的。但在应用动能定理时不必考虑在始、末位置之间动能是如何变化的。

例 2-10　卷扬机如图 2-90 所示。鼓轮在常力偶 M 的作用下将圆柱沿斜坡上拉。已知鼓轮的半径为 R_1，质量为 m_1，质量分布在轮缘上；圆柱的半径为 R_2，质量为 m_2，质量均匀分布。设斜坡的倾角为 θ，圆柱只滚不滑。系统从静止开始运动，求圆柱中心 C 经过路程 S 时的速度。

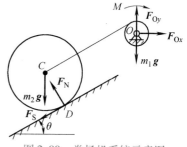

图 2-90　卷扬机系统示意图

解：圆柱和鼓轮一起组成质点系。作用于该质点系的外力有：重力 m_1g 和 m_2g，外力偶 M，水平轴约束力 F_{Ox} 和 F_{Oy}，斜面对圆柱的作用力 F_N 和静摩擦力 F_S。应用动能定理进行求解。先计算力的功。因为点 O 没有位移，力 F_{Ox}、F_{Oy} 和 m_1g 所做的功等于零；圆柱沿斜面只滚不滑，边缘上任一点与地面只做瞬时接触，因此作用于瞬心 D 的法向约束反力 F_N 和静摩擦力 F_S 不做功，此系统只受理想约束，且内力做功为零。主动力所做的功计算如下：

$$W_{12} = M\varphi - m_2gS\sin\theta$$

质点系的动能计算如下：

$$T_1 = 0, \quad T_2 = \frac{1}{2}J_1\omega_1^2 + \frac{1}{2}m_2v_C^2 + \frac{1}{2}J_C\omega_C^2$$

式中，J_1、J_C 分别为鼓轮对于中心轴 O、圆柱对于过质心 C 的轴的转动惯量，$J_1 = m_1R_1^2$、

$J_C = \dfrac{1}{2}m_2 R_2^2$，$\omega_1$ 和 ω_2 分别为鼓轮和圆柱的角速度，即 $\omega_1 = \dfrac{v_C}{R_1}$、$\omega_2 = \dfrac{v_C}{R_2}$，于是

$$T_2 = \frac{v_C^2}{4}(2m_1 + 3m_2)$$

列出质点系的动能定理，并将动能和功的计算结果代入，得

$$\frac{v_C^2}{4}(2m_1 + 3m_2) - 0 = M\varphi - m_2 gS\sin\theta$$

以 $\varphi = \dfrac{S}{R_1}$ 代入，解得

$$v_C = 2\sqrt{\frac{(M - m_2 gR_1\sin\theta)S}{R_1(2m_1 + 2m_2)}}$$

此题得解。

综合以上各例，总结应用动能定理解题的步骤如下：

1）选取某质点系（或质点）作为研究对象。

2）选定应用动能定理的一段过程。

3）分析质点系的运动，计算在选定的过程起点和终点的动能。

4）分析作用于质点系的力，计算各力在选定过程中所做的功，并求它们的代数和。

5）应用动能定理建立方程，求解未知量。

十一、动力学普遍定理概述

质点和质点系的普遍定理包括动量定理、动量矩定理和动能定理。这些定理可分为两类：动量定理和动量矩定理属于一类，动能定理属于另一类。前者是矢量形式，后者是标量形式；两者都用于研究机械运动，而后者还可用于研究机械运动与其他运动形式有能量转化的问题。

质心运动定理与动量定理一样，也是矢量形式，常用来分析质点系受力与质心运动的关系；它与相对于质心的动量矩定理联合，共同描述了质点系机械运动的总体情况；特别是联合用于刚体，可建立起刚体运动的基本方程，如平面运动微分方程。应用动量定理或动量矩定理时，质点系的内力不能改变系统的动量和动量矩，只需考虑质点系所受的外力。

动能定理是标量形式，在很多实际问题中约束力又不做功，因而应用动能定理分析系统的速度变化是比较方便的。功率方程可视为动能定理的另一种微分形式，便于计算系统的加速度。但应注意，在有些情况下质点系的内力做功并不等于零，应用时要具体分析质点系内力做功问题。

动力学普遍定理中的各定理在求解质点系（包括质点）动力学问题中各有自己的特点。动量定理和质心运动定理主要用于已知运动求约束反力。动量矩定理、动能定理则主要用于已知力求运动。若遇到已知主动力而欲求系统的运动及约束反力时，需综合运用各定理。常用方法有：

1）动能定理与质心运动定理（或动量定理）联合应用，由动能定理求系统的运动，用质心运动定理（或动量定理）求约束反力。

2）动量矩定理与质心运动定理（或动量定理）联合应用，用前者求运动，后者求约束

反力。

求任务描述中（图2-70）中重物的加速度及轴承反力。

解 这是一个既求系统的运动又求未知力的综合问题。可采用下面两种方法求解。

方法一：动能定理与质心运动定理联合应用，由动能定理求重物的加速度，用质心运动定理求解约束反力。

1）动能定理求重物的加速度。

取系统为研究对象，受力分析如图2-91所示，系统受到重力 W_1、W_2、力矩 M 及轴承反力 F_{0x}、F_{0y} 作用。其中做功的力只有 W_2 和力矩 M。

分析运动：滑轮做定轴转动，重物做直线平动，设某瞬时重物的速度为 v、加速度为 a，则轮的角速度为 $\omega = \dfrac{v}{r}$，角加速度为 $\alpha = \dfrac{a}{r}$。

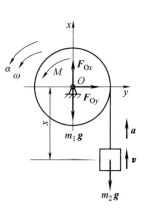

图2-91 卷扬机运动和受力图

由微分形式的动能定理 $\dfrac{\mathrm{d}T}{\mathrm{d}t} = \sum \dfrac{\delta W_i}{\mathrm{d}t} = \sum P_i$

得 $\dfrac{\mathrm{d}}{\mathrm{d}t}\left(\dfrac{1}{2}m_2 v^2 + \dfrac{1}{2}J_0 \omega^2\right) = M\omega - W_2 v$

式中，$\sum P_i$ 为主动力功率，W_2 为重力。

将 $v = r\omega$，$J_0 = \dfrac{1}{2}m_1 r^2$ 代入上式得

$$\frac{1}{2}(2m_2 + m_1)v\,\frac{\mathrm{d}v}{\mathrm{d}t} = \left(\frac{M}{r} - m_2 g\right)v$$

由于 $a = \dfrac{\mathrm{d}v}{\mathrm{d}t}$，则解得 $a = \dfrac{2}{r}\left(\dfrac{M - m_2 g r}{2m_2 + m_1}\right)$

2）由质心运动定理求轴承处约束反力。

由质心运动定理投影式 $Ma_{Cx} = \sum F_x^{(e)}$ 得 $(m_1 + m_2)\dfrac{\mathrm{d}^2 x_C}{\mathrm{d}t^2} = \sum F_x^{(e)}$

式中，$x_C = \dfrac{m_1 0 + m_2 x}{m_1 + m_2}$，两边对时间求导，得 $a_C = \dfrac{m_2 a}{m_1 + m_2}$，代入微分方程得

$$m_2 a = F_{0x} - W_1 - W_2$$

从而求得 $F_{0x} = m_2 a + W_1 + W_2$，将 a 代入得

$$F_{0x} = (m_1 + m_2)g + \frac{2m_2(M - m_2 g r)}{r(2m_2 + m_1)}$$

由载荷的对称性或 $Ma_{Cy} = \sum F_y^{(e)}$ 得 $F_{0y} = 0$，此题得解。

方法二：动量矩定理与质心运动定理联合应用，用动量矩定理求得重物的加速度 a，用质心运动定理求得轴承的约束反力 F_{0x}、F_{0y}。

1）由动量矩定理求重物的加速度 a。

质点系对转轴的动量矩为 $L_0 = J_0\omega + m_2 vr$。

外力对轴 O 的矩为 $M - m_2 gr$。

由动量矩定理 $\dfrac{\mathrm{d}L_0}{\mathrm{d}t} = \sum M_o\left[F_i^{(e)}\right]$，求得物块的加速度 $a = \dfrac{2}{r}\left(\dfrac{M - m_2 gr}{2m_2 + m_1}\right)$

2）同方法一用质心运动定理求得轴承的约束反力 F_{0x}、F_{0y}。

思考与练习

1. "动量等于冲量"对吗？为什么？

2. 如图 2-92 所示，均质杆和均质圆盘分别绕固定轴 O 转动或纯滚动。杆和盘的质量均为 m，角速度为 ω，杆长为 l，盘半径为 r，计算其动量。

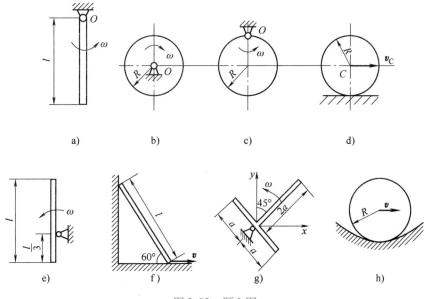

图 2-92 题 2 图

3. 刚体受到一群力作用，不论各力作用点如何，此刚体质心的加速度都一样吗？

4. 试用质心运动定理解释下列现象：

1）人在小船上走动，船向相反方向移动。

2）地心的运动与地球上物体的运动无关。

3）炮弹在空中爆炸，无论弹片怎样分散，其质心运动轨道不变。

5. 为什么说内力不改变质点系的动量，却能改变质点系内各部分的动量？

6. 质杆和均质圆盘分别绕固定轴 O 转动或纯滚动，如图 12-93 所示。杆和盘的质量均为 m，角速度为 ω，杆长为 l，盘半径为 r，计算其动量矩。

7. 表演花样滑冰的运动员利用手臂的伸张和收拢改变旋转的速度，说明其道理。

8. 人坐在转椅上，双脚离地，是否可以用双手转动转椅，为什么？

9. 如图 2-94 所示，传动系统中 J_1、J_2 分别为轮 Ⅰ、轮 Ⅱ 的转动惯量，轮 Ⅰ 的角加速度可以用 $\alpha_1 = \dfrac{M_1}{J_1 + J_2}$ 求解吗？

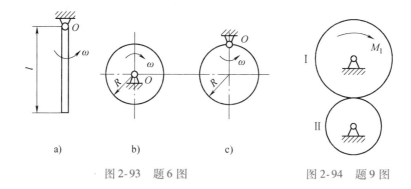

图 2-93　题 6 图　　　　　　　　　　　图 2-94　题 9 图

10. 三个质量相同的质点，同时由点 A 以大小相同的初速度 v_0 抛出，但其方向各不相同，如图 2-95 所示。如不计空气阻力，这三个质点落到水平面时，三者的速度大小、方向是否相等？三者重力的功是否相等？三者重力的冲量是否相等？

11. 为什么切向力做功，法向力不做功？为什么作用在瞬心上的力不做功？

12. 如图 2-96 所示，两轮的质量相同，轮 A 的质量均匀分布，轮 B 的质心 C 偏离几何中心 O。设两轮以相同的角速度绕中心 O 转动，它们的动能是否相同？

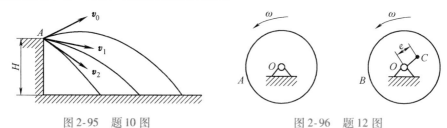

图 2-95　题 10 图　　　　　　　　　图 2-96　题 12 图

13. 一质点 M 在粗糙的水平圆槽内滑动，如图 2-97 所示，如果该质点获得的初速度 v_0 恰能使它在圆槽内滑动一周，则摩擦力的功等于零。这种说法对吗？为什么？

14. 均质杆和均质圆盘分别绕固定轴 O 转动或纯滚动，如图 2-98 所示。杆和盘的质量均为 m，角速度为 ω，杆长为 l，盘半径为 r，计算下列刚体的动能。

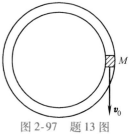

图 2-97　题 13 图

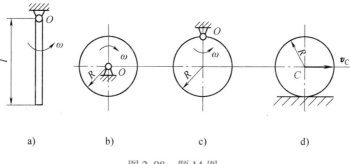

图 2-98　题 14 图

15. 在图 2-99 所示结构中，半径分别为 R、r 的圆轮固结在一起，总质量为 M，轮上绳子分别悬挂两重物 A 和 B，其质量分别为 m_1 和 m_2，如 A 物体下降的加速度为 a_1，求轴承 O 点的反力。

16. 如图 2-100 所示，人站在车上，车以速度 v_1 前进。设人的质量为 m_1，车的质量为 m_2，如人以相对于车的速度 v_r 向后跳下，求此时车前进的速度。

17. 如图 2-101 所示，质量为 m 的驳船静止于水面上，船的中间有一质量为 m_1 的汽车和质量为 m_2 的拖车，若汽车和拖车向船头移动距离 a，不计水的阻力，求驳船移动的距离。

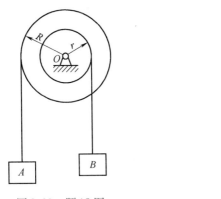

图 2-99　题 15 图

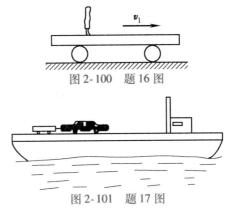

图 2-100　题 16 图

图 2-101　题 17 图

18. 质量为 M 的大三角块放在光滑的水平面上，其斜面上另放一个与它相似的小三角块，其质量 m。已知大小三角块的水平边长分别为 a 和 b。试求小三角块由图 2-102 所示位置下滑到底时大三角块的位移。设开始时系统静止。

19. 如图 2-103 所示的曲柄滑杆机构中，曲柄以等角速度 ω 绕 O 转动。开始时，曲柄 OA 水平向右。已知曲柄的质量为 m_1，滑块 A 的质量为 m_2，滑杆的质量为 m_3，曲柄的质心在 OA 的中点，$OA = l$；滑杆的质心在 C 点。求：1）机构质量中心的运动方程；2）作用在轴 O 处的最大水平约束力。

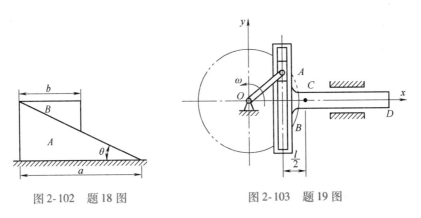

图 2-102　题 18 图

图 2-103　题 19 图

20. 如图 2-104 所示，一半径为 R，重量为 W_1 的均质圆盘可绕过质心的铅直轴转动，重 W_2 的人在圆盘上按规律 $s = \dfrac{1}{2}at^2$ 绕此轴做半径为 r 的圆周运动，初始时刻人和圆盘静止，不计摩擦，求圆盘的角速度和角加速度。

21. 如图 2-105 所示，小球的质量为 m，系在细绳的一端，绳的另一端穿过光滑水平面上的小孔 O，令小球在水平面上沿半径为 r 的圆周匀速转动，速度为 v_0，如将线向下拉，使圆的半径缩小为 $\dfrac{r}{2}$，试求此时小球的速度和细线的拉力。

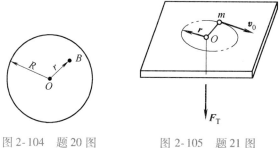

图 2-104　题 20 图　　　　图 2-105　题 21 图

22. 如图 2-106 所示，动滑轮的两边用绳连接重物 A 和 B，重量分别为 W_1、W_2，且 $W_1 > W_2$，滑轮和绳的重量不计。试求两重物加速度的大小。

23. 如图 2-107 所示，两相同的均质滑轮各绕一细绳，图 2-107a 中绳的末端挂一重为 W 的重物；图 2-107b 中绳的末端作用一铅直向下的力 F，且 $F = W$，两轮的角加速度是否相等？

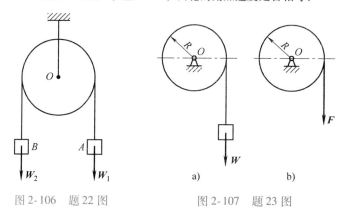

图 2-106　题 22 图　　　　图 2-107　题 23 图

24. 如图 2-108 所示，已知：重物 A 质量为 m_1，系在绳子上，绳子跨过不计质量的固定滑轮 D，并绕在鼓轮 B 上。由于重物下降，带动了轮 C，使它沿水平轨道滚动而不滑动。设鼓轮半径为 r，轮 C 的半径为 R，两者固连在一起，总质量为 m_2，对于其水平轴 O 的回转半径为 ρ。试求：重物 A 的加速度。

25. 如图 2-109 所示结构中，半径分别为 R、r 的圆轮固结在一起，对轴 O 的转动惯量为 J_O，轮上绳子分别悬挂两重物 A、B。A 和 B 的质量分别为 m_A 和 m_B，且 $m_A > m_B$，求鼓轮的角加速度。

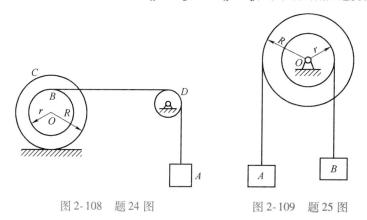

图 2-108　题 24 图　　　　图 2-109　题 25 图

26. 图 2-110 所示坦克的履带质量为 m，两个车轮的质量均为 m_1。车轮可视为均质圆盘，半径为 R，两车轮轴间的距离为 πR。设坦克前进速度为 v，计算此质点系的动能。

27. 在图 2-111 所示的滑轮组中悬挂两个重物，其中重物 I 的质量为 m_1、重物 II 的质量为 m_2。定滑轮 O_1 的半径为 r_1，质量为 m_3；动滑轮 O_2 的半径为 r_2，质量为 m_4。两轮都视为均质圆盘。如绳重和摩擦略去不计，并设 $m_2 > 2m_1 - m_4$。求重物 II 由静止下降距离 h 时的速度。

28. 力偶矩 M 为常量，作用在绞车的鼓轮上，使轮转动，如图 2-112 所示。轮的半径为 r，质量为 m_1。缠绕在鼓轮上的绳子系一质量为 m_2 的重物，使其沿倾角为 θ 的斜面上升。重物与斜面间的滑动摩擦系数为 f，绳子质量不计，鼓轮可视为均质圆柱。在开始时，此系统静止。求鼓轮转过 φ 角时的角速度和角加速度。

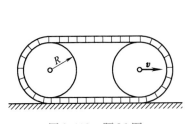

图 2-110　题 26 图

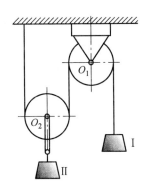

图 2-111　题 27 图

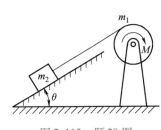

图 2-112　题 28 图

习 题 答 案

15. $F_N = (m_1 + m_2 + M)g - \dfrac{m_1 R - m_2 r}{R}a$

16. $v = v_1 + \dfrac{m_1}{m_1 + m_2}v_r$

17. 向左移动，$\Delta x = -\dfrac{(m_1 + m_2)}{M + m_1 + m_2}a$

18. 向左移动 $\dfrac{a - b}{4}$

19. $x_C = \dfrac{m_3 l}{2(m_1 + m_2 + m_3)} + \dfrac{m_1 + 2m_2 + 2m_3}{2(m_1 + m_2 + m_3)}l\cos\omega t$

　　$y_C = \dfrac{m_1 + 2m_2}{2(m_1 + m_2 + m_3)}l\sin\omega t$

　　$F_{x\max} = \dfrac{1}{2}(m_1 + 2m_2 + 2m_3)l\omega^2$

20. $\omega = \dfrac{2m_2 art}{m_1 R^2 + 2m_2 r^2}$；$\alpha = \dfrac{2m_2 ar}{m_1 R^2 + 2m_2 r^2}$

21. $v = 2v_0$，$F_T = \dfrac{8mv_0^2}{r}$

22. $a = \dfrac{W_1 - W_2}{W_1 + W_2}g$

23. 不相等，$\alpha_1 = \dfrac{2W}{(G + 2)R}g$、$\alpha_2 = \dfrac{2W}{GR}g$

24. $a_A = \dfrac{m_1 g (r+R)^2}{m_1 (R+r)^2 + m_2 (\rho^2 + R^2)}$

25. $\alpha = \dfrac{m_A R - m_B r}{J_O + m_A R^2 + m_B r^2}$

26. $T = \dfrac{1}{2}(3m_1 + 2m)v^2$

27. $v_2 = \sqrt{\dfrac{4gh(m_2 - 2m_1 + m_4)}{8m_1 + 2m_2 + 4m_3 + 3m_4}}$

28. $\omega = \dfrac{2}{r}\sqrt{\dfrac{M - m_2 gr(\sin\theta + f\cos\theta)}{m_1 + 2m_2}\varphi}$　$\alpha = \dfrac{2[M - m_2 gr(\sin\theta + f\cos\theta)]}{r^2(m_1 + 2m_2)}$

任务七　达朗贝尔原理

>>> **任务描述**

如图 2-113 所示，设转子的质量 $m = 20\text{kg}$，可视为均质薄圆盘，安装在轴的中间，转轴垂直于转子的对称平面。由于安装的误差，引起的偏心距 $e = 0.01\text{cm}$。若转子以 $n = 12000\text{r/min}$ 匀速转动，不计转轴的重量，求轴承的最大反力。

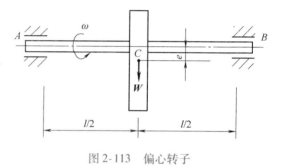

图 2-113　偏心转子

>>> **任务分析**

掌握求解动力学问题的一种方法——动静法，达朗贝尔原理是动静法的理论基础。动静法在求解动约束反力和构件的动载荷问题中得到广泛应用。

>>> **知识准备**

一、惯性力和质点的达朗贝尔原理

1. 惯性力的概念

在水平直线轨道上推质量为 m 的小车（图 2-114），设手作用于小车上的水平力为 F，不计轨道摩擦，小车将获得加速度 a，根据牛顿第二定律有 $F = ma$；同时，由于小车具有保持其原有运动状态不变的惯性，因此，小车将给施力体一反作用力 F'。根据牛顿第三定律有 $F' = -F = -ma$。

再如系在绳子一端质量为 m 的小球，在水平面内做匀速圆周运动（图 2-115），此小球在水平面内所受的力只有绳子对它的拉力 F，正是这个力迫使小球改变运动状态，产生了向心加速度 a_n，这个力 $F = ma_n$，称为向心力。而小球对绳子的反作用力 $F' = -ma_n$ 同样也是由于小球有惯性，力图保持原来的运动状态不变对绳子进行反抗而产生的。

上述两例中，由于受力体的惯性而产生对施力体的反抗的力称为受力体（小车和小球）的惯性力，质点惯性力的大小等于质点的质量与其加速度的乘积，方向与质点加速度方向相

反，即

$$F_I = -ma \qquad (2\text{-}99)$$

式中，F_I 表示惯性力；m 表示质点质量；a 表示质点的加速度。

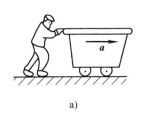 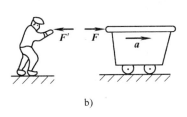 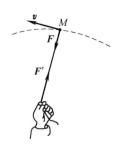

图 2-114 手推车　　　　　　　　　图 2-115 由绳牵引的小球
a）人力推车示意图　b）人及推车的受力图

显然，若质点的运动状态不改变，即质点做匀速直线运动，此时加速度为零，则不会有惯性力。只有当质点的运动状态发生改变时才会有惯性力。

必须指出，惯性力是质点作用于迫使它改变运动状态的施力体上的力，而不是质点所承受的力，上例中，惯性力分别作用于施力体手和绳子上。

当物体的加速度很大时，惯性力可以达到很大的数值，因此它在工程技术中有非常重要的意义。

2. 质点的达朗贝尔原理

设有非自由质点，其质量为 m，作用于其上的有主动力 F 和约束力 F_N，质点的加速度为 a。根据牛顿第二定律，则有　　　　　$ma = F + F_N$
或改写为　　　　　　　　　　　$F + F_N - ma = 0$
$-ma$ 即为质点的惯性力 F_I，于是上式可写为

$$F + F_N + F_I = 0 \qquad (2\text{-}100)$$

式（2-100）表明，质点运动的每一瞬时，作用于质点上主动力、约束力和虚加在质点上的惯性力在形式上组成平衡力系。这就是质点的达朗贝尔原理。

应当着重指出，质点并非处于平衡状态，这样做的目的是将动力学问题转化为静力学问题求解。质点上真正作用的力是主动力和约束力，惯性力并不作用在质点上。因此，并不存在受三个力作用而平衡的实际物体，式（2-100）只表示作用于不同物体上的三个力之间的矢量关系，所以我们说在形式上组成一个平衡力系，并不是真正的平衡力系。

例 2-11　水平直线运动的列车车厢挂一只单摆，当列车做匀变速运动时，摆将与铅垂直线成一角度 α，如图 2-116 所示，试求列车的加速度。

解　取摆锤为研究对象，视摆锤为质点。作用于摆锤上的主动力有重力 W，绳子拉力 F_T，用动静法求解，设质点的质量为 m，在摆锤上虚加惯性力 $F_I = -ma$，方向如图 2-116 所示。

根据动静法，重力、绳子拉力、惯性力在形式上构成平衡力系，取垂直于摆线的直线为投影轴，有如

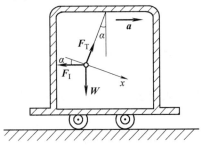

图 2-116 车厢中的单摆

下平衡方程

$$\sum F_x = 0 \qquad -F_I\cos\alpha + W\sin\alpha = 0$$

解得

$$a = g\tan\alpha$$

可见，α 随着加速度 a 的变化而变化，只要测出偏角 α，就能知道列车的加速度。摆式加速度计利用的就是此原理。

二、刚体的达朗贝尔原理

应用动静法解质点动力学问题时，需要在质点上假想地加上惯性力。对于刚体来说，由于它由无数个质点组成，每次逐点计算其惯性力不胜其烦，甚至是不可能的。若利用静力学中力系简化的方法，将刚体上每个质点的惯性力组成的惯性力系加以简化，得到此惯性力系的简化结果，则可直接在刚体上加此简化结果，即加上惯性力系的主矢和主矩，从而省去了逐点施加惯性力的复杂过程。

由静力学中力系的简化理论知道：任一力系向已知点简化后，结果可得到一个作用于简化中心的主矢和对于简化中心的主矩。力的主矢与简化中心的选择无关，而力系的主矩与简化中心的选择有关。

下面分别介绍刚体做各种运动时的惯性力系简化的结果。

1. 刚体做平移

刚体做平移，设刚体质量为 M，质心为 C。惯性力系的简化中心为刚体的质心 C，简化结果如图 2-117 所示。

惯性力主矢
$$F_{IR} = -Ma_C \qquad (2-101)$$

式中，负号表示惯性力系的主矢与质心加速度的方向相反。

2. 刚体绕定轴转动

刚体做定轴转动，惯性力系的简化中心为刚体的转轴 O，简化结果如图 2-118 所示。

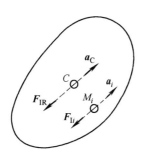

图 2-117 平移刚体惯性力系的简化

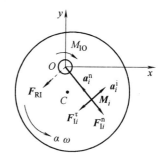

图 2-118 定轴转动刚体惯性力系的简化

惯性力主矢
$$F_{IR} = -Ma_C \qquad (2-102)$$

惯性力主矩
$$M_{IO} = -J_O\alpha \qquad (2-103)$$

式中，负号表示惯性力系的主矩转向与角加速度 α 的转向相反，J_O 为刚体对转轴 O 的转动惯量。

3. 刚体做平面运动

这里仍只研究刚体具有质量对称平面，并且在平行于此平面内做平面运动的情况。此时刚体的惯性力系仍可简化为对称平面内的平面力系（图2-119）。

刚体做平面运动，惯性力系的简化中心为刚体的质心 C，简化结果如图2-119所示。

惯性力主矢 $\qquad F_{IR} = -Ma_C$ $\qquad$ (2-104)

惯性力主矩 $\qquad M_{IC} = -J_C\alpha$ $\qquad$ (2-105)

由质点的达朗贝尔原理，可以推广到质点系的达朗贝尔原理：作用在质点系上的所有外力和虚加在每个质点上的惯性力在形式上组成平衡力系。而刚体是一特殊的质点系，对于运动的刚体系统而言，根据每个刚体的运动形式虚加上惯性力系的主矢和主矩，由达朗贝尔原理可得，作用在系统上的主动力、约束力及虚加上的惯性力在形式上组成平衡力系。利用这一结论就可以求解刚体系动约束力问题，下面利用例题加以说明。

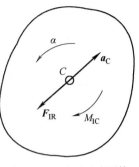

图2-119 平面运动刚体
惯性力系的简化

例2-12 如图2-120所示，质量为 m 的小轿车，其质心离前、后轮的水平距离为 l_1 和 l_2，离地面的高度为 h，如图2-120a所示。轿车因故紧急制动，其前、后轮停止转动，沿路面滑行。设轮胎与路面间的动摩擦因数为 f。试求在制动过程中轿车的加速度值以及地面对前、后轮的法向反力。

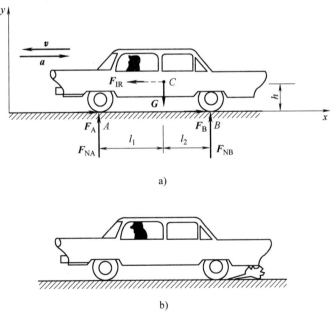

图2-120 小轿车
a) 加速行驶的轿车 b) 紧急制动的轿车

解 以轿车为研究对象。轿车制动时，受到的主动力有重力 G；约束反力有地面对前、后轮的法向反力 F_{NA}、F_{NB} 以及动摩擦力 F_A、F_B。因制动时车轮向前滑动，所以前后轮的摩擦力都向后，并且

$$\left.\begin{array}{l} F_A = fF_{NA} \\ F_B = fF_{NB} \end{array}\right\} \qquad (a)$$

由于轿车做平移，设其加速度方向向后，大小为 a。根据动静法，只需在其质心 C 点虚加惯性力，方向向前，大小为

$$F_{IR} = ma \qquad (b)$$

于是轿车在形式上转化为上述各力作用下的静力平衡问题，列出平衡方程

$$\sum F_x = 0 \qquad F_A + F_B - F_{IR} = 0 \qquad (c)$$

$$\sum F_y = 0 \qquad F_{NA} + F_{NB} - G = 0 \qquad (d)$$

$$\sum M_B(\boldsymbol{F}) = 0 \quad Gl_2 + F_{IR}h - F_{NA}(l_1 + l_2) = 0 \qquad (e)$$

将式（a）的 F_A、F_B 和式（b）的 F_{IR} 代入式（c）和式（d），解得

$$a = fg \qquad (f)$$

将式（f）和式（b）代入式（e），得

$$F_{NA} = \frac{l_2 + fh}{l_1 + l_2}G \qquad (g)$$

将式（g）代入式（d）得

$$F_{NB} = \frac{l_1 - fh}{l_1 + l_2}G \qquad (h)$$

讨论：1）与轿车静止或做匀速直线运动时前后轮的法向反力 $F_{NA} = \dfrac{Gl_2}{l_1 + l_2}$ 和 $F_{NB} = \dfrac{Gl_1}{l_1 + l_2}$ 相比较，可见在紧急制动时，前轮反力增大，而后轮反力减小。这表明前轮压紧而后轮放松，所以可以明显地看到车头下沉、车尾上抬的现象，如图2-120b所示。

2）如果尺寸设计不当，轿车在紧急制动时，有可能绕前轮翻转。为使轿车不致倾覆，应保证地面的法向反力 F_{NB} 大于或等于零。对 A 取矩可得

$$\frac{l_1}{h} \geqslant f \qquad (i)$$

如果上述条件不能满足，轿车后轮就要离开地面，可能造成翻车。

>>> 任务实施

求任务描述中图2-113所示轴承的最大反力。偏心转子受力分析如图2-121所示。

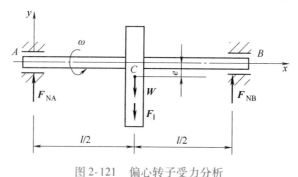

图 2-121　偏心转子受力分析

解 取转子连同转轴为研究对象，可视为有质量对称平面且转轴垂直于该平面的定轴转动刚体。因为角加速度 $\alpha = 0$，故惯性力系可简化为过质心 C 的一个力 F_I，其大小为

$$F_I = me\omega^2 = 20 \times 0.01 \times 10^{-2} \times \left(\frac{12000\pi}{30}\right)^2 \text{N} = 3158\text{N}$$

方向与质心加速度 a_C 的方向相反。转子质心转至最低位置时，F_I 与重力 W 方向一致。反力 F_{NA}、F_{NB} 达到最大值。应用动静法列平衡方程

$$\sum F_y = 0 \qquad\qquad F_{NA} + F_{NB} - W - F_I = 0$$

$$\sum M_B(F) = 0 \qquad\qquad W\frac{l}{2} + F_I\frac{l}{2} - F_{NA}l = 0$$

解得

$$F_{NA} = F_{NB} = \frac{1}{2}(W + F_I) = 1677\text{N}$$

解答结果表明，轴承的反力由两部分组成：一部分是由主动力系引起的静反力，另一部分是转动刚体的惯性力系引起的附加动反力。在本题条件下，通过计算，附加动反力为静反力的16倍，这足以说明附加动反力的作用是巨大的，不能忽视的。附加动反力的数值与转子角速度的平方成正比，所以由高速转动的惯性力系所引起的动反力是非常巨大的。为了消除这种附加动反力，不仅要使转轴垂直于转子的对称平面，而且还必须使转轴通过转子的质心。

思考与练习

1. 应用动静法时，对静止的质点是否都需要加惯性力，对运动着的质点是否都需要加惯性力？

2. 设质量为 m 的质点在空中运动时只受到重力作用，标出图 2-122 所示三种情况下的质点惯性力的大小和方向。

3. 一列火车在起动过程中哪一节车厢的挂钩受力最大，为什么？

4. 质点是否有运动就有惯性力，惯性力作用于什么物体上？

5. 说明不同运动形式的刚体惯性力系的简化中心位置及简化结果。

6. 如图 2-123 所示，滑轮的转动惯量为 J_O，绳两端物重 $W_1 = W_2$，不计摩擦及绳的变形，在下述两种情况下绳的张力是否相等？（1）物块 II 做匀加速运动；（2）物块 II 换成力 W_2 做加速运动。

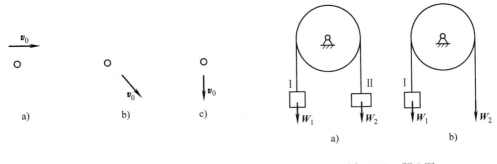

图 2-122 题 2 图   图 2-123 题 6 图

7. 试对图 2-124 所示四种情形简化惯性力，已知各圆盘质量均为 M，对质心的回转半径均为 r。

（1）均质圆盘的质心 C 在转轴上，圆盘做等角速度转动。

（2）偏心圆盘做匀速转动。

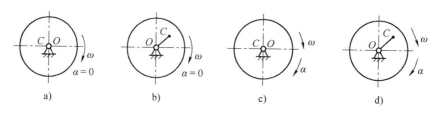

图 2-124   题 7 图

（3）均质圆盘的质心在转轴上，但做变速转动。

（4）偏心圆盘做变速转动。

8. 如图 2-125 所示，偏心轮固结在水平轴 AB 上，轮重 $W = 196N$，半径 $r = 0.25m$，偏心距 $OC = 0.125m$，在图示位置时一水平力 $F_T = 10N$ 作用于轮之上缘，角速度 $\omega = 4rad/s$。不计轴承摩擦及轴重，求角加速度 α 及轴承 A、B 处的约束反力。

9. 如图 2-126 所示，汽车的质量为 1500kg，以速度 $v = 10m/s$ 驶过拱桥，桥在中点处的曲率半径 $\rho = 50m$。求汽车经过拱桥中点时对桥面的压力。

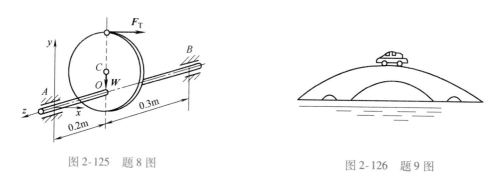

图 2-125   题 8 图

图 2-126   题 9 图

10. 如图 2-127 所示，为了使列车以某种速度通过曲线时列车对钢轨的压力能垂直于轨面，轨道在曲线部分要把外轨提高（即所谓超高），对于曲率半径 $\rho = 300m$ 的弯道，当列车以匀速 $v = 12m/s$ 通过时，求外轨相对于内轨的超高 h（已知内外钢轨的中心距离 $b = 1.5m$）。

11. 如图 2-128 所示，轮轴质心位于 O 处，对轴 O 的转动惯量为 J_O，在轮轴上系两个质量各为 m_1 和 m_2 的物体，若此轮轴以顺时针转向转动，求轮轴的角加速度 α 和轴承 O 的动约束力。

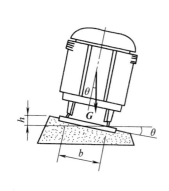

图 2-127   题 10 图

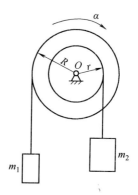

图 2-128   题 11 图

习 题 答 案

8. $\alpha = 4\text{rad/s}^2$，$F_{Ax} = 0$，$F_{Ay} = 93.7\text{N}$，$F_{Bx} = 0$，$F_{By} = 62.5\text{N}$

9. $F_N = 11700\text{N}$

10. $h = 73.4\text{mm}$

11. $\alpha = \dfrac{m_2 r - m_1 R}{J + m_1 R^2 + m_2 r^2} g$，$F_{Ox} = 0$，$F_{Oy} = \dfrac{-g(m_2 r - m_1 R)^2}{J_O + m_2 r^2 + m_1 R^2} + Mg + m_1 g + m_2 g$

模块三 材 料 力 学

>>> 学习目标

了解材料力学的任务、材料力学的研究对象及基本假设，熟悉杆件变形的基本形式。

研究材料在外力作用下的破坏规律，重点掌握杆件在发生基本变形及组合变形情况下的受力及变形特点，为受力构件提供强度、刚度和稳定性计算的理论基础条件。

熟练掌握各类工程问题中，杆件强度、刚度及稳定性方面的计算、设计与校核，解决结构设计安全可靠与经济合理的矛盾。

任务一 轴向拉伸与压缩

>>> 任务描述

如图 3-1 所示托架，AC 为圆截面钢杆，直径为 d，许用拉应力 $[\sigma_+] = 160\text{MPa}$，$BC$ 为正方形截面木杆，横截面边长为 b，许用压应力 $[\sigma_-] = 4\text{MPa}$，若起吊量 $F = 60\text{kN}$，试求保证此结构安全的 d 和 b 的取值范围。

>>> 任务分析

掌握典型构件轴向拉伸与压缩变形时的强度计算。

>>> 知识准备

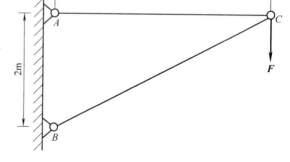

图 3-1 托架结构简图

一、材料力学简介

1. 材料力学的任务

各种工程结构和机构都是由若干构件组成，承受载荷作用，为确保正常工作，构件必须满足以下要求：

（1）有足够的强度 保证构件在载荷作用下不发生破坏。例如，起重机在起吊额定重量时各部件不能断裂，传动轴在工作时不应被扭断，压力容器工作时不应开裂等。可见，所谓强度，是指构件在载荷作用下抵抗破坏的能力。

（2）有足够的刚度 保证构件在载荷作用下不产生影响其正常工作的变形。例如，车床主轴的变形过大，将会影响其加工零件的精度；又如，齿轮传动轴的变形过大，将使轴上的齿轮啮合不良，引起振动和噪声，影响传动的精确性。可见，所谓刚度，是指构件在外力作用下抵抗变形的能力。

（3）有足够的稳定性 保证构件不会失去原有的平衡形式而丧失工作能力。例如，细长直杆所受轴向压力不能太大，否则会突然变弯，或由此折断。构件这种保持其原有平衡状态的能力称为稳定性。

材料力学的任务就是在保证构件既安全又经济的前提下，选用合适的材料，确定合理的截面形状和尺寸。此外，构件设计还应考虑加工和装配等方面的问题。

2. 材料力学的研究对象

材料力学中研究的物体均为变形固体。在工程实际中，构件按照其几何特征，主要可分为杆件与板件两类。一个方向的尺寸远大于其他两个方向的尺寸的构件，称为杆件。一个方向的尺寸远小于其他两个方向的尺寸的构件，称为板件。

杆件是工程中最常见、最基本的构件，可分为直杆与曲杆、等截面杆与变截面杆等。材料力学的主要研究对象是杆，以及由若干杆组成的简单杆系，同时也研究一些形状与受力均比较简单的板与壳。

3. 材料力学的基本假设

（1）连续性假设　即认为组成物体的材料毫无空隙地充满了物体的整个空间，认为物体是连续的，各力学参数是空间坐标的连续性函数。

（2）均匀性假设　即认为物体内各处的力学性能完全相同。

（3）各向同性假设　即认为物体在各个方向具有完全相同的力学性能。

（4）小变形条件　材料力学研究的变形主要是构件的小变形，是指构件的变形量远小于其原始尺寸的变形。在研究构件的平衡和运动时，忽略变形量，仍按原始尺寸进行计算。

综上所述，在材料力学中，一般将实际材料看作是连续、均匀和各向同性的可变形固体。实践表明，在此基础上所建立的理论与分析计算结果，符合工程要求。

4. 杆件变形的基本形式

任何物体受到外力作用后都会产生变形。就其变形性质来说，可分为弹性变形和塑性变形。载荷卸除后能消失的变形称为弹性变形；载荷卸除后不能消失的变形称为塑性变形。

在不同的载荷作用下，杆件变形的形式各异。杆件变形的基本形式有以下四种，即：①轴向拉伸或压缩，如图 3-2a 所示；②剪切，如图 3-2b 所示；③扭转，如图 3-2c 所示；④弯曲，如图 3-2d 所示。复杂的变形可归结为上述基本变形的组合。

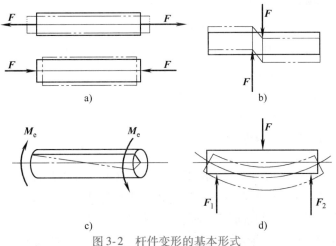

图 3-2　杆件变形的基本形式

a）轴向拉伸或压缩　b）剪切　c）扭转　d）弯曲

二、轴向拉伸与压缩的概念与实例

在工程实际中,许多构件承受拉力和压力的作用。图 3-3 所示为一简易吊车,忽略自重,AB、BC 两杆均为二力杆;BC 杆在通过轴线的拉力作用下沿杆轴线发生拉伸变形;而杆 AB 则在通过轴线的压力作用下沿杆轴线发生压缩变形。再如,液压传动中活塞中的活塞杆,在油压和工作阻力作用下受拉,如图 3-4 所示;此外,拉床的拉刀在拉削工件时,都承受拉伸;千斤顶的螺杆在顶重物时,则承受压缩。

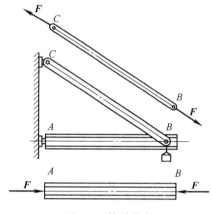

图 3-3　简易吊车

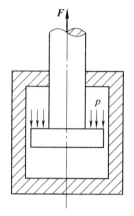

图 3-4　液压传动中的活塞

这些受拉或受压的杆件的结构形式虽各有差异,加载方式也并不相同,但若把杆件形状和受力情况进行简化,都可以画成图 3-5 所示的力学简图。这类杆件的受力特点是:杆件承受外力的作用线与杆件轴线重合。其变形特点是:杆件沿轴线方向伸长或缩短。这种变形形式称为轴向拉伸或压缩,简称拉伸或压缩。

图 3-5　拉压杆力学简图

三、截面法、轴力与轴力图

为了维持构件各部分之间的联系,保持构件的形状和尺寸,构件内部各部分之间必定存在着相互作用的力,该力称为内力。在外部载荷作用下,构件内部各部分之间相互作用的内力也随之改变,这个因为外部载荷作用而引起构件内力的改变量,称为附加内力。在材料力学中,附加内力简称内力,其大小及其在构件内部的分布规律随外部载荷的改变而变化,并与构件的强度、刚度和稳定性等问题密切相关。若内力的大小超过一定的限度,则构件不能正常工作。内力分析是材料力学的基础。

1. 截面法

将杆件假想地切开以显示内力,并由平衡条件建立内力与外力的关系或由外力确定内力的方法,称为截面法,它是分析杆件内力的一般方法。其过程可归纳为三个步骤:

(1) 截开　在需求内力的截面处,假想地将杆件截成两部分。

(2) 代替　任取一段(一般取受力情况较简单的部分),在截面上用内力代替截掉部分对该段的作用。

（3）平衡　对所研究的部分建立平衡方程，求出截面上的未知内力。

2. 轴力与轴力图

如图 3-6a 所示两端受轴向拉力 F 的杆件，为了求任一横截面 1—1 上的内力，可采用截面法。假想地用与杆件轴线垂直的平面在 1—1 截面处将杆件截开，取左段为研究对象，用分布内力的合力 F_N 来替代右段对左段的作用（图3-6b），建立平衡方程，可得 $F_N = F$。

由于外力 F 的作用线沿着杆的轴线，内力 F_N 的作用线也必通过杆的轴线，故轴向拉伸或压缩时杆件的内力称为轴力。轴力的正负由杆件的变形确定。为保证无论取左段还是右段为研究对象所求得的同一个横截面上轴力的正负号相同，对轴力的正负号规定如下：轴力的方向与所在横截面的外法线方向一致时，轴力为正；反之为负。由此可知，当杆件受拉时轴力为正，杆件受压时轴力为负。

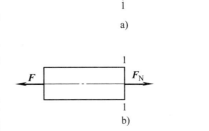

图 3-6　拉伸内力的计算

a）拉伸杆件　b）截面法求内力

实际问题中，杆件所受外力可能很复杂，这时直杆各横截面上的轴力将不相同，F_N 将是横截面位置坐标 x 的函数，即

$$F_N = F_N(x)$$

用平行于杆件轴线的 x 坐标表示各横截面的位置，以垂直于杆轴线的 F_N 坐标表示对应横截面上的轴力，这样画出的函数图形称为轴力图。

例3-1　直杆 AD 受力如图 3-7 所示。已知 $F_1 = 16\text{kN}$，$F_2 = 10\text{kN}$，$F_3 = 20\text{kN}$。试画出直杆 AD 的轴力图。

解　（1）计算约束反力　由平衡方程得

$$\sum F_x = 0 \quad F_D = 14\text{kN}$$

（2）分段计算轴力　由于在横截面 B 和 C 处作用有外力，故应将杆分为 AB、BC 和 CD 三段，利用截面法，逐段计算轴力。

在 AB 段的任一截面 1—1 处将杆截开，并选择右段为研究对象，其受力情况如图 3-7b 所示。由平衡方程

$$F_{N1} - F_1 = 0$$

得 AB 段的轴力为

$$F_{N1} = F_1 = 16\text{kN}$$

对于 BC 段，在任一截面 2—2 处将杆截开，并选择右段研究其平衡，如图 3-7c 所示，得 BC 段的轴力为

$$F_{N2} = F_1 - F_2 = (16 - 10)\text{kN} = 6\text{kN}$$

为了计算 BC 段的轴力，同样也可选择截开后的左段为研究对象，如图 3-7d 所示。由该段的平衡条件得

$$F_{N2} = F_3 - F_D = (20 - 14)\text{kN} = 6\text{kN}$$

对于 CD 段，在任一截面 3—3 处将杆截开，显然取左段为研究对象计算较简单，如图 3-7e所示。由该段的平衡条件得

$$F_{N3} = -F_D = -14\text{kN}$$

所得 F_{N3} 为负值，说明 F_{N3} 的实际方向与所假设的方向相反，即应为压力。

（3）画轴力图　根据所求得的轴力值，画出轴力图，如图 3-7f 所示。由轴力图可以看出，轴力的最大值为 16kN，发生在 AB 段内。

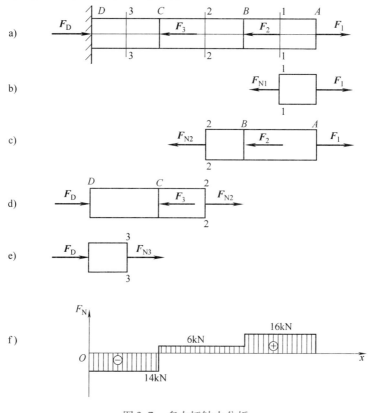

图 3-7　多力杆轴力分析

四、轴向拉（压）杆横截面上的应力、斜截面上的应力

1. 应力的概念

确定了轴力后，单凭轴力并不能判断杆件的强度是否足够。例如，用同一材料制成粗细不等的两根直杆，在相同的拉力作用下，虽然两杆轴力相同，但随着拉力的增大，横截面小的杆件必然先被拉断。这说明杆件的强度不仅与轴力的大小有关，而且还与横截面面积的大小有关，为此引入应力的概念。把单位面积上内力的大小称为应力，并以此作为衡量受力程度的尺度。

如图 3-8a 所示杆件，在截面 $m—m$ 上任一点的周围取微小面积 ΔA，设在微面积 ΔA 上分布内力的合力为 ΔF，一般情况下 ΔF 与截面不垂直，则 ΔF 与 ΔA 的比值称为微面积 ΔA 上的平均应力，用 p_m 表示，即

$$p_m = \frac{\Delta F}{\Delta A}$$

一般情况下，内力在截面上的分布并非均匀，为了更精确地描述内力的分布情况，令微面积 ΔA 趋近于零，由此所得平均应力 p_m 的极限值，用 p 表示，即

$$p = \lim_{\Delta A \to 0} \frac{\Delta F}{\Delta A} = \frac{\mathrm{d}F}{\mathrm{d}A}$$

p 称为 O 点处的应力，它是一个矢量，通常将其分解为两个分量，如图 3-8b 所示。与截面垂直的分量称为正应力，用符号 σ 表示；与截面相切的分量称为切应力，用符号 τ 表示。

在我国法定计量单位中，应力的单位为 Pa，其名称为"帕斯卡"，$1\mathrm{Pa} = 1\mathrm{N/m}^2$。在工程中，这一单位太小，而常用 MPa 和 GPa，其关系为 $1\mathrm{GPa} = 10^3 \mathrm{MPa} = 10^9 \mathrm{Pa}$。

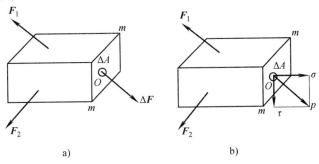

图 3-8　杆件应力分析
a）应力概念　b）正应力和切应力

2. 轴向拉（压）杆横截面上的正应力

现在研究拉压杆横截面上的应力分布，既确定横截面上各点处的应力。

欲求横截面上的应力，必须研究横截面上轴力的分布规律。为此，对杆进行拉伸或压缩实验，观察其变形。

任取一等截面直杆，在杆上画两条与杆轴线垂直的横向线 ac 和 bd，并在平行线 ac 和 bd 之间画与杆轴线平行的纵向线（图 3-9a），然后沿杆的轴线作用拉力 F，使杆件产生拉伸变形。在此期间可以观察到：横向线 ac 和 bd 在杆件变形过程中始终为直线，只是从起始位置平移到 $a'c'$ 和 $b'd'$ 的位置，仍垂直于杆轴线；各纵向线伸长量相同，横向线收缩量也相同。

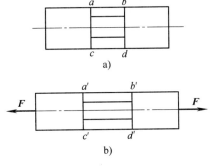

图 3-9　拉杆的变形现象
a）变形前　b）变形后

根据对上述现象的分析，可作如下假设：受拉伸的杆件变形前为平面的横截面，变形后仍为平面，仅沿轴线产生了相对平移，仍与杆的轴线垂直，该假设称为平面假设。设想杆件是由无数条纵向纤维所组成，根据平面假设，在任意两个横截面之间的各条纤维的伸长量相同，即变形相同。由材料的连续性、均匀性假设可以推断出内力在横截面上的分布是均匀的，即横截面上各点处的应力大小相等，其方向与横截面上轴力 F_N 一致，垂直于横截面，故为正应力，如图 3-10b 所示。

设杆件横截面的面积为 A，轴力为 F_N，则根

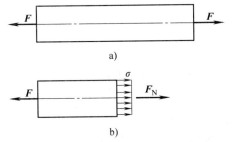

图 3-10　拉杆横截面上的应力

据上述假设可知，横截面上各点处的正应力均为

$$\sigma = \frac{F_N}{A} \tag{3-1}$$

式（3-1）已为试验所证实，适用于横截面为任意形状的等截面直杆。正应力符号规则与轴力符号规则相同，即拉应力为正，压应力为负。

例 3-2　一正中开槽的直杆，承受轴向载荷 $F = 20\text{kN}$ 的作用，如图 3-11a 所示。已知 $h = 25\text{mm}$，$h_0 = 10\text{mm}$，$b = 20\text{mm}$。试求杆内的最大正应力。

解　（1）计算轴力　用截面法求得杆中各处的轴力均为

$$F_N = -F = -20\text{kN}$$

（2）计算最大正应力　由于整个杆件轴力相同，最大正应力发生在面积较小的横截面上，即开槽部分横截面上。开槽部分的截面面积 A_2 为

$$A_2 = (h - h_0)b = (25 - 10) \times 20\text{mm}^2 = 300\text{mm}^2$$

则杆件内的最大正应力 σ_{max} 为

$$\sigma_{max} = \frac{F_N}{A} = -\frac{20 \times 10^3}{300}\text{MPa} = -66.7\text{MPa}$$

负号表示最大应力为压应力。

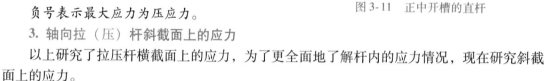

a)

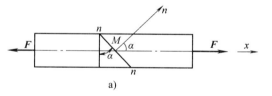

b)

c)

图 3-11　正中开槽的直杆

3. 轴向拉（压）杆斜截面上的应力

以上研究了拉压杆横截面上的应力，为了更全面地了解杆内的应力情况，现在研究斜截面上的应力。

如图 3-12a 所示的等直杆，横截面面积为 A，横截面上正应力为

$$\sigma = \frac{F_N}{A} = \frac{F}{A} \tag{1}$$

设过杆内 M 点的斜截面 n—n 与横截面成 α 角，其截面积 A_α 与 A 之间的关系为

$$A_\alpha = \frac{A}{\cos\alpha} \tag{2}$$

若沿斜截面 n—n 假想地把杆件分成两部分，以 $F_{N\alpha}$ 表示斜截面上的内力（图 3-12b），由左段的平衡可知

$$F_{N\alpha} = F$$

与横截面的情况相同，任意两个平行的斜截面 m—m 和 n—n 间的纵向纤维伸长（缩短）均相等，因此轴力也是均匀分布在斜截面上的。若以 p_α 表示斜截面 n—n 上的总应力，于是有

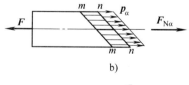

a)

b)

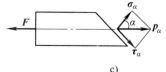

c)

图 3-12　斜截面上的应力

$$p_\alpha = \frac{F_{N\alpha}}{A_\alpha} = \frac{F}{A_\alpha}$$

以式（2）代入上式，并注意到式（1）所表示的关系，得

$$p_\alpha = \frac{F}{A_\alpha} = \frac{F}{A}\cos\alpha = \sigma\cos\alpha$$

把应力 p_α 分解成垂直于斜截面的正应力 σ_α 和切于斜截面的切应力 τ_α（图 3-12c），其值分别为

$$\sigma_\alpha = p_\alpha\cos\alpha = \sigma\cos^2\alpha \tag{3-2}$$

$$\tau_\alpha = p_\alpha\sin\alpha = \frac{\sigma}{2}\sin2\alpha \tag{3-3}$$

从式（3-2）和式（3-3）可以看出，斜截面上的正应力 σ_α 和切应力 τ_α 都是 α 的函数，所以斜截面的方位不同，截面上的应力也不同。

当 $\alpha = 0°$ 时，正应力最大，其值为

$$\sigma_{max} = \sigma$$

即拉压杆的最大正应力发生在横截面上，其值为 σ。

当 $\alpha = 45°$ 时，切应力最大，其值为

$$\tau_{max} = \frac{\sigma}{2}$$

即拉压杆的最大切应力发生在与杆轴线成 45° 的斜截面上，其值为 $\sigma/2$。

在应用上述公式时，需注意 σ_α、τ_α 和 α 的正负号。规定如下：σ_α 仍以拉为正，压为负；τ_α 的方向与截面外法线按顺时针方向转 90° 所示方向一致时为正，反之为负；α 的方向以自 x 轴的正向逆时针方向转至截面外法线方向为正，反之为负。

五、轴向拉(压)杆的变形及胡克定律

1. 线应变与泊松比

设杆件原长为 l，直径为 d 的圆截面直杆，承受轴向拉力 F 后，变形为图 3-13 双点画线所示的形状。杆件的纵向长度由 l 变为 l_1，横向尺寸由 d 变为 d_1，则杆的纵向绝对变形为

$$\Delta l = l_1 - l$$

横向绝对变形为

$$\Delta d = d_1 - d$$

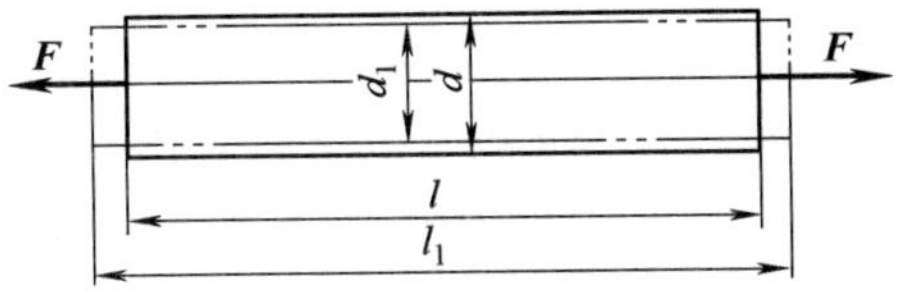

图 3-13 拉杆的变形

为了消除杆件原尺寸对变形大小的影响，用单位长度内杆的变形即线应变来衡量杆件的变形程度。与上述两种绝对变形相对应的纵向线应变为

$$\varepsilon = \frac{\Delta l}{l} \tag{3-4}$$

横向线应变为

$$\varepsilon' = \frac{\Delta d}{d} \tag{3-5}$$

线应变表示的是杆件的相对变形，它是一个量纲为 1 的量。线应变 ε，ε' 的正负号分别与 Δl，Δd 的正负号一致。

试验表明，当应力不超过某一限度时，横向线应变 ε' 与纵向线应变 ε 之间存在成正比关系，且符号相反，即

$$\varepsilon' = -\mu\varepsilon \tag{3-6}$$

式中，比例系数 μ 称为材料的横向变形系数，或称为泊松比。

2. 胡克定律

轴向拉伸和压缩表明，当杆横截面上的正应力不超过某一限度时，正应力 σ 与其相应的纵向线应变 ε 成正比，即

$$\sigma = E\varepsilon \tag{3-7}$$

式（3-7）称为胡克定律。常数 E 称为材料的弹性模量，其值随材料而异，可由试验测定，E 的单位常用 GPa。

若将式 $\sigma = \dfrac{F_N}{A}$ 和 $\varepsilon = \dfrac{\Delta l}{l}$ 代入式（3-7），则得到胡克定律的另一种表达形式，即

$$\Delta l = \frac{F_N l}{EA} \tag{3-8}$$

式（3-8）表明，当杆横截面上的正应力不超过某一限度时，杆的轴向变形 Δl 与轴力 F_N 及杆长 l 成正比，与乘积 EA 成反比。EA 越大，杆件变形越困难；EA 越小，杆件变形越容易。它反映了杆件抗拉伸（压缩）变形的能力，故乘积 EA 称为杆截面的抗拉（压）刚度。

弹性模量 E 和泊松比 μ 都是表征材料弹性的常数，可由实验测定。几种常用材料的 E 和 μ 值见表 3-1。

表 3-1　常用材料的 E 和 μ

材 料 名 称	E/GPa	μ
碳钢	196 ~ 216	0.24 ~ 0.28
合金钢	186 ~ 206	0.25 ~ 0.30
灰铸铁	78.5 ~ 157	0.23 ~ 0.27
铜及铜合金	72.6 ~ 128	0.31 ~ 0.42
铝合金	70	0.33

例 3-3　如图 3-14a 所示阶梯杆，已知横截面面积 $A_{AB} = A_{BC} = 500 \text{mm}^2$，$A_{CD} = 300 \text{mm}^2$，弹性模量 $E = 200 \text{GPa}$，试求整个杆的变形量。

解　（1）作轴力图　用截面法求得 CD 段和 BC 段的轴力 $F_{NCD} = F_{NBC} = -10 \text{kN}$，$AB$ 段的轴力为 $F_{NAB} = 20 \text{kN}$，画出杆的轴力图（图 3-14b）。

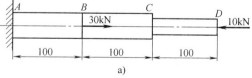

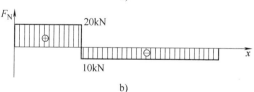

（2）计算各段杆的变形量

$$\Delta l_{AB} = \frac{F_{NAB} l_{AB}}{EA_{AB}} = \frac{20 \times 10^3 \times 100}{200 \times 10^3 \times 500} \text{mm}$$
$$= 0.02 \text{mm}$$

$$\Delta l_{BC} = \frac{F_{NBC} l_{BC}}{EA_{BC}} = \frac{-10 \times 10^3 \times 100}{200 \times 10^3 \times 500} \text{mm}$$
$$= -0.01 \text{mm}$$

图 3-14　阶梯直杆
a）阶梯杆受力示意图　b）轴力图

$$\Delta l_{CD} = \frac{F_{NCD} l_{CD}}{E A_{CD}} = \frac{-10 \times 10^3 \times 100}{200 \times 10^3 \times 300} mm = -0.0167 mm$$

（3）计算杆的总变形量 杆的总变形量等于各段变形量之和

$$\Delta l = \Delta l_{AB} + \Delta l_{BC} + \Delta l_{CD} = (0.02 - 0.01 - 0.0167) mm = -0.0067 mm$$

计算结果为负，说明杆的总变形为压缩变形。

六、材料在轴向拉伸、压缩时的力学性能

材料的力学性能是指材料在外力作用下其强度和变形方面所表现的性能，它是强度计算和选用材料的重要依据。材料的力学性能一般是通过各种试验方法来确定的，本节只讨论在常温和静载条件下材料在轴向拉（压）时的力学性能。

1. 拉伸试验和应力-应变曲线

轴向拉伸试验是研究材料力学性能最常用的试验。为便于比较试验结果，必须按照国家标准《金属材料拉伸试验室温试验方法》$^{\ominus}$（GB/T 228.1—2010）加工成标准试样。常用的圆截面拉伸标准试样如图 3-15 所示，试样中间等直杆部分为试验段，其长度 l 称为标距；试样较粗的两端是装夹部分；标距 l 与直径 d 之比常取 $l = 10d$ 和 $l = 5d$ 两种。而对矩形截面试样，标距 l 与横截面面积 A 之间的关系规定为标距 $l = 11.3\sqrt{A}$ 或标距 $l = 5.65\sqrt{A}$。

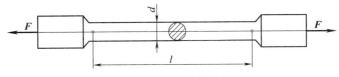

图 3-15 标准拉伸试样

拉伸试验在万能试验机上进行。试验时将试样装在夹头中，然后开动机器加载。试样受到由零逐渐增加的拉力 F 的作用，产生拉伸变形，直至试样断裂为止。试验机上一般附有自动绘图装置，在试验过程中能自动绘出载荷 F 和相应的伸长量 Δl 的关系曲线，此曲线称为力-伸长曲线（图 3-16a）。

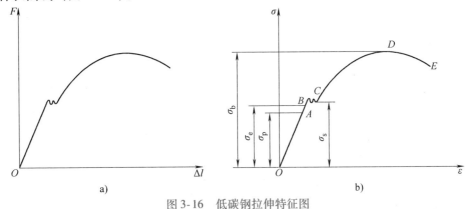

a)   b)

图 3-16 低碳钢拉伸特征图

a）低碳钢试样的力-伸长曲线 b）低碳钢拉伸应力-应变曲线

$\ominus$ 在最新国家标准中，上屈服强度 σ_{sU} 采用 R_{eU} 表示；下屈服强度 σ_{sL} 采用 R_{eL} 表示；规定塑性延伸强度 σ_p 采用 R_p 表示；抗拉强度 σ_b 采用 R_m 表示。由于此类性能符号尚未在所有金属材料力学性能标准中完成更新，本书部分符号仍沿用旧标准，读者可自行对照学习。

力-伸长曲线的形状与试样的尺寸有关。为了消除试样横截面尺寸和长度的影响，将载荷 F 除以试样原来的横截面面积 A，将变形 Δl 除以试样原长标距 l，即可得到以应力 σ 为纵坐标和以应变 ε 为横坐标的 σ-ε 曲线，称为应力-应变曲线。它的形状与力-伸长曲线相似（图 3-16b）。

2. 低碳钢拉伸时的力学性能

低碳钢是工程上广泛使用的金属材料，它在拉伸时表现出来的力学性能具有典型性。图 3-16b 所示为低碳钢圆截面标准试样拉伸时的 σ-ε 曲线。由图可知，整个拉伸过程大致可分为四个阶段，现分别说明如下。

（1）弹性阶段 图 3-16b 中 OA 为一直线段，说明该段内应力和应变成正比，即满足胡克定律。直线部分的最高点 A 所对应的应力值 σ_p，称为比例极限。低碳钢的比例极限 $\sigma_p = 190 \sim 200\text{MPa}$。由图可见，弹性模量 E 即为直线 OA 的斜率，$E = \dfrac{\sigma}{\varepsilon} = \tan\alpha$。

当应力超过比例极限后，图中的 AB 段已不是直线，胡克定律不再适用。但当应力值不超过 B 点所对应的应力 σ_e 时，如外力卸去，试样的变形也随之全部消失，这种变形为弹性变形，σ_e 称为弹性极限。比例极限和弹性极限的概念不同，但实际上 A 点和 B 点非常接近，工程上对两者不作严格区分。

（2）屈服阶段 当应力超过弹性极限后，图上出现接近水平的小锯齿形波动段 BC，这说明此时应力虽有小的波动，但基本保持不变，而应变却迅速增加，材料暂时失去了抵抗变形的能力。这种应力变化不大而变形显著增加的现象称为材料的屈服。BC 段对应的过程称为屈服阶段，屈服阶段的最低应力值较为稳定，其值 σ_s 称为材料屈服极限。低碳钢的屈服极限 $\sigma_s = 220 \sim 240\text{MPa}$。在屈服阶段，如果试件表面光滑，可以看到试样表面有与轴线大约成 45° 的条纹，称为滑移线。如图 3-17a 所示。

（3）强化阶段 屈服阶段后，图上出现上凸的曲线段 CD。这表明，若要使材料继续变形，必须增加应力，即材料又恢复了抵抗变形的能力，这种现象称为材料的强化；CD 段对应的过程称为材料的强化阶段。曲线最高点 D 所对应的应力值用 σ_b 表示，称为材料的强度极限或称为抗拉强度，它是材料所能承受的最大应力。低碳钢的抗拉强度 σ_b 为 $370 \sim 460\text{MPa}$。

（4）缩颈阶段 应力达到强度极限后，在试样较薄弱的横截面处发生急剧的局部收缩，出现缩颈现象。如图 3-17b 所示。由于缩颈处的横截面面积迅速减小，所需拉力也逐渐降低，最终导致试样被拉断。这一阶段为缩颈阶段，在 σ-ε 曲线上为一段下降曲线 DE。

综上所述，当应力增大到屈服极限时，材料出现了明显的塑形变形；抗拉强度表示材料抵抗破坏的最大能力，故 σ_s 和 σ_b 是衡量材料强度的两个重要指标。

3. 材料的塑性

试样拉断后，弹性变形消失，但塑性变形保留下来。工程中常用试样拉断后残留的塑性变形来表示材料的塑性性能。常用的塑性指标有两个：

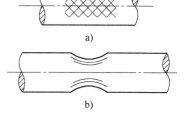

图 3-17 屈服阶段和缩颈阶段
a）45°滑移线 b）缩颈现象

伸长率 δ 　　　　　　　　　$\delta = \dfrac{l_1 - l}{l} \times 100\%$ 　　　　　　　(3-9)

断面收缩率 Ψ 　　　　　　　$\Psi = \dfrac{A - A_1}{A} \times 100\%$ 　　　　　　(3-10)

式中，l 为标距原长；l_1 为拉断后标距的长度；A 为试样初始横截面面积；A_1 为拉断后缩颈处的最小横截面面积（图 3-18）。

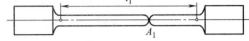

工程上通常把伸长率 $\delta \geqslant 5\%$ 的材料称为塑性材料，如钢材、铜和铝等；把 $\delta < 5\%$ 的材料称为脆性材料，如铸铁、砖和石料等。低碳钢

图 3-18　试样拉断后的变形

的伸长率 $\delta = 20\% \sim 30\%$，断面收缩率 $\Psi = 60\% \sim 70\%$，故低碳钢是很好的塑性材料。

4. 冷作硬化

实验表明，如果将试样拉伸到屈服极限 $\sigma_{\rm s}$ 后的任一点，例如图 3-19 中的 F 点，然后缓慢地卸载。这时可以发现，卸载过程中试样的应力和应变保持直线关系，沿着与 OA 几乎平行的直线 FG 回到 G 点，而不是沿着原来的加载曲线回到 O 点。OG 是试样残留下来的塑性应变，GH 表示消失的弹性应变。如果卸载后接着重新加载，则 $\sigma\text{-}\varepsilon$ 曲线将基本上沿着卸载时的直线 GF 上升到 F 点，F 点以后的曲线仍与原来的 $\sigma\text{-}\varepsilon$ 曲线相同。由此可见，将试样拉到超过屈服极限后卸载，然后重新加载时，材料的比例极限有所提高，而塑性变形减小，这种现象称为冷作硬化。工程中常利用材料冷作硬化的特性，通过冷拔等工序来提高某些构

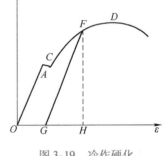

图 3-19　冷作硬化

件（如钢筋、钢丝绳等）的承载能力。若要消除冷作硬化，需经过退火处理。

5. 其他塑性材料在拉伸时的力学性能

其他金属材料的拉伸试验和低碳钢拉伸试验做法相同，但材料所显示出来的力学性能有差异。图 3-20 给出了锰钢、硬铝、退火球墨铸铁和 45 钢的应力-应变曲线，这些都是塑性材料。但前三种材料没有明显的屈服阶段，对于没有明显屈服极限的塑性材料，工程上规定，取对应于试样产生 0.2% 的塑性应变时的应力值为材料的屈服强度，以 $\sigma_{0.2}$ 表示（图 3-21）。

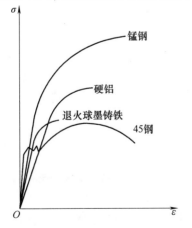

图 3-20　几种材料拉伸时的 $\sigma\text{-}\varepsilon$ 曲线

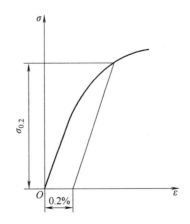

图 3-21　$\sigma_{0.2}$ 的确定

6. 脆性材料在拉伸时的力学性能

图 3-22 所示为灰铸铁拉伸时的 σ-ε 曲线。由图可见，曲线没有明显的直线部分，既无屈服阶段，也无缩颈现象；断裂时应变通常只有 0.4% ~ 0.5%，断口垂直于试样轴线。因铸铁构件在实际使用的应力范围内，其 σ-ε 曲线的曲率很小，实际计算时常近似地以图 3-22 中的虚直线代替，即认为应力和应变近似地满足胡克定律。铸铁的伸长率通常只有 0.5% ~ 0.6%，是典型的脆性材料。抗拉强度 σ_b 是脆性材料唯一的强度指标。

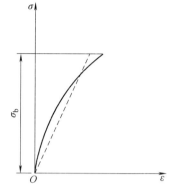

图 3-22　灰铸铁拉伸时的 σ-ε 曲线

7. 材料压缩时的力学性能

金属材料的压缩试样，一般做成短圆柱体。为避免压弯，其高度为直径的 1.5 ~ 3 倍；非金属材料，如水泥等，常用立方体形状的试样。

图 3-23 所示为低碳钢压缩时的 σ-ε 曲线，虚线代表拉伸时的 σ-ε 曲线。可以看出，在弹性阶段和屈服阶段两曲线是重合的。这表明，低碳钢在压缩时的比例极限 σ_p、弹性极限 σ_e、弹性模量 E 和屈服极限 σ_s 等都与拉伸时基本相同。进入强化阶段后，两曲线逐渐分离，压缩曲线上升。由于应力超过屈服极限后，试样被越压越扁，横截面面积不断增大，因此一般无法测出低碳钢材料的抗压强度极限。对塑性材料一般不做压缩试验。

铸铁压缩时的 σ-ε 曲线如图 3-24 所示，虚线为拉伸时的 σ-ε 曲线。可以看出，铸铁压缩时的 σ-ε 曲线也没有直线部分，因此压缩时也只是近似地满足胡克定律。铸铁压缩时的抗压强度比抗拉强度高出 4 ~ 5 倍，塑性变形也较拉伸时明显增加，其破坏形式为沿 45°左右的斜面剪断，说明试件沿最大切应力面发生错动而被剪断。对于其他脆性材料，如硅石、水泥等，其抗压能力也显著地高于抗拉能力。一般脆性材料价格较便宜，因此工程上常用脆性材料做承压构件。

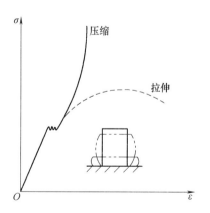

图 3-23　低碳钢压缩时的 σ-ε 曲线

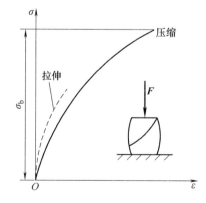

图 3-24　铸铁压缩时的 σ-ε 曲线

几种常用材料的力学性能见表 3-2，表中所列数据是指在常温与静载荷的条件下测得的。

表 3-2　几种材料的力学性能

材料名称或牌号	屈服极限 σ_s/MPa	抗拉强度 σ_b/MPa	伸长率 δ(%)	断面收缩率 Ψ(%)
Q235A	216～235	373～461	25～27	—
35 钢	216～341	432～530	15～20	28～45
45 钢	265～353	530～598	13～16	30～45
40G	343～785	588～981	8～9	30～45
QT600-2	412	538	2	—
HT150	—	拉 98～275 压 637 弯 206～461	—	—

七、轴向拉（压）杆的强度计算

1. 极限应力、许用应力、安全因数

试验表明，塑性材料的应力达到 σ_s 或屈服强度 $\sigma_{0.2}$ 后，会产生显著的塑性变形，影响构件的正常工作；脆性材料的应力达到抗拉强度或抗压强度时，会发生脆性断裂破坏。构件工作时发生显著的塑性变形或断裂都是不允许的。通常将发生显著的塑性变形或断裂时的应力称为材料的极限应力，用 σ^0 表示，对于塑性材料，取 $\sigma^0 = \sigma_s$；对于脆性材料，取 $\sigma^0 = \sigma_b$。

考虑到载荷估计的准确程度、应力计算方法的精确程度、材料的均匀程度以及构件的重要性等因素，为了保证构件安全可靠地工作，应使它的最大工作应力小于材料的极限应力，使构件留有适当的强度储备。一般把极限应力除以大于 1 的安全因数 n，作为设计时应力的最大允许值，称为许用应力，用 $[\sigma]$ 表示。即

$$[\sigma] = \frac{\sigma^0}{n} \tag{3-11}$$

正确地选择安全因数，关系到构件的安全与经济这一对矛盾的问题。过大的安全因数会浪费材料，过小的安全因数则又可能使构件不能安全工作。各种不同工作条件下构件安全因数 n 的选取，可从有关设计手册中查找。一般对于塑性材料，取 $n = 1.3 \sim 2.0$；对于脆性材料，取 $n = 2.0 \sim 3.5$。

2. 拉（压）杆的强度条件

为了保证拉（压）杆在载荷作用下安全工作，必须使杆内的最大工作应力 $\sigma_{\max}$ 不超过材料的许用应力 $[\sigma]$，即

$$\sigma_{\max} = \left(\frac{F_N}{A}\right)_{\max} \leqslant [\sigma] \tag{3-12}$$

式（3-12）称为拉（压）杆的强度条件。对于等截面杆件，式（3-12）则变为

$$\sigma_{\max} = \frac{F_{N\max}}{A} \leqslant [\sigma] \tag{3-13}$$

式中，$F_{N\max}$ 和 A 分别为危险截面上的轴力及其横截面面积。

利用强度条件可以解决下列三种强度计算问题：

（1）校核强度 已知杆件的尺寸、所受载荷和材料的许用应力，根据强度条件式（3-12）校核杆件是否满足强度条件。

（2）设计截面尺寸 已知杆件所承受的载荷及材料的许用应力，根据强度条件可以确定杆件所需横截面积A。例如，对于等截面拉（压）杆，其所需横截面面积为

$$A \geqslant \frac{F_{Nmax}}{[\sigma]} \tag{3-14}$$

（3）确定许可载荷 已知杆件的横截面尺寸及材料的许用应力，根据强度条件可以确定杆件所能承受的最大轴力。由式（3-12）确定杆件最大许用轴力，其值为

$$F_{Nmax} \leqslant [\sigma]A \tag{3-15}$$

例3-4 图3-25所示为空心圆杆，外径$D=20\text{mm}$，内径$d=15\text{mm}$，承受轴向载荷$F=20\text{kN}$作用，材料的屈服极限$\sigma_s=235\text{MPa}$，安全因数$n=1.5$，试校核杆的强度。

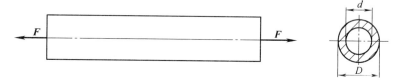

图3-25 空心圆杆

解 （1）求解杆件的轴力 利用截面法可得

$$F_N = F = 20\text{kN}$$

（2）求解材料的许用应力 根据式（3-11）可知

$$[\sigma] = \frac{\sigma_s}{n} = \frac{235}{1.5}\text{MPa} = 156\text{MPa}$$

（3）强度校核

$$\sigma = \frac{4F}{\pi(D^2-d^2)} = \frac{4 \times (20 \times 10^3)}{\pi(20^2-15^2)}\text{MPa} = 145.5\text{MPa} < [\sigma]$$

可见，工作应力小于许用应力，说明杆件的强度足够。

例3-5 简易悬臂吊车如图3-26所示，AB为圆截面钢杆，面积$A_1=600\text{ mm}^2$，许用拉应力$[\sigma_+]=160\text{MPa}$；BC为圆截面木杆，面积$A_2=10\times10^3\text{mm}^2$，许用压应力为$[\sigma_-]=7\text{MPa}$，若起吊量$F_G=45\text{kN}$，问此结构是否安全？

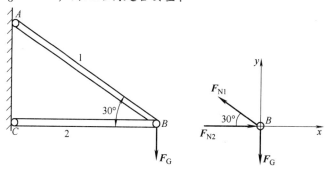

图3-26 悬臂吊车

解 （1）求两杆的轴力 分析节点 B 的平衡有

$$\sum F_x = 0 \qquad F_{N2} - F_{N1}\cos 30° = 0$$
$$\sum F_y = 0 \qquad F_{N1}\sin 30° - F_G = 0$$

由上式可解得 $\qquad F_{N1} = 2F_G = 90\text{kN} \qquad F_{N2} = \sqrt{3}F_G = 77.9\text{kN}$

（2）校核强度 根据轴向拉（压）杆的强度条件，AB、BC 杆的最大应力为

$$\sigma_{AB} = \frac{F_{N1}}{A_1} = \frac{90 \times 10^3}{600}\text{MPa} = 150\text{MPa} < [\sigma_+]$$

$$\sigma_{BC} = \frac{F_{N2}}{A_2} = \frac{77.9 \times 10^3}{10 \times 10^3}\text{MPa} = 7.8\text{MPa} > [\sigma_-]$$

可见，BC 杆的最大工作应力超过了材料的许用应力，所以此结构不安全。

由上面计算可知，若起吊量 $F_G = 45\text{kN}$ 时，此结构危险，那么现在要问最大起吊量为多少？这就需要确定许可载荷。

根据钢杆 AB 的强度要求有

$$F_{N1} = 2F_G \leqslant [\sigma_+] \cdot A_1$$

$$F_G = \frac{[\sigma_+]A_1}{2} = \frac{160 \times 600}{2}\text{N} = 48\text{kN}$$

根据木杆 BC 的强度要求有

$$F_{N2} = \sqrt{3}F_G \leqslant [\sigma_-] \cdot A_2$$

$$F_G = \frac{[\sigma_-]A_2}{\sqrt{3}} = \frac{7 \times 10 \times 10^3}{\sqrt{3}}\text{N} = 40.4\text{kN}$$

可见，吊车的最大起吊量即许用载荷为 $F_G = 40.4\text{kN}$。

八、拉（压）杆超静定问题简介

1. 超静定的概念及其解法

在静力学中，当未知力的个数未超过独立平衡方程的数目时，则由平衡方程可求解全部未知力，这类问题称为静定问题，相应的结构即为静定结构。若未知力的个数超过了独立平衡方程的数目，仅由平衡方程无法确定全部未知力，这类问题称为超静定问题，相应的结构即为超静定结构。未知力的个数与独立的平衡方程数之差称为超静定次数。

超静定结构是根据特定工程的安全可靠性要求在静定结构上增加了一个或几个约束，从而使未知力的个数增加。这些在静定结构上增加的约束为多余约束。多余约束的存在改变了结构的变形几何关系，因此，建立变形协调的几何关系（即变形协调方程）是解决超静定问题的关键。下面举例说明。

例3-6 如图3-27所示杆 AB，两端固定，在截面 C 处承受轴向载荷 F 的作用。设拉（压）刚度 EA 为常数，试求杆

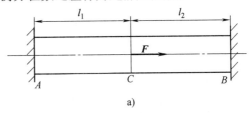

a)

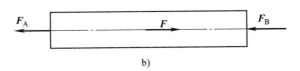

b)

图3-27 等截面直杆

两端的约束力。

解　（1）列平衡方程　在载荷 F 作用下，AC 段伸长，BC 段缩短，杆端约束力 F_A 与 F_B 的方向如图 3-27b 所示，并与载荷 F 组成一共线力系，其平衡方程为

$$\sum F_x = 0 \qquad F - F_A - F_B = 0 \tag{a}$$

（2）列变形协调方程　根据杆端的约束条件可知，受力后各杆虽然变形，但杆的总长不变，所以，如果将 AC 与 BC 段的纵向变形分别用 Δl_{AC} 与 Δl_{CB} 表示，则变形协调方程为

$$\Delta l_{AC} + \Delta l_{CB} = 0 \tag{b}$$

（3）胡克定律　由图 3-27b 可以看出，AC 与 BC 段的轴力分别为

$$F_{N1} = F_A$$

$$F_{N2} = -F_B$$

故由胡克定律可知，上述二杆段的纵向变形为

$$\Delta l_{AC} = \frac{F_A l_1}{EA} \tag{c}$$

$$\Delta l_{CB} = \frac{-F_B l_2}{EA} \tag{d}$$

（4）约束力计算　将式（c）与式（d）代入式（b），即得补充方程为

$$F_A l_1 - F_B l_2 = 0 \tag{e}$$

最后联立求解平衡方程（a）与补充方程（e）得

$$F_A = \frac{F l_2}{l_1 + l_2} \qquad\qquad F_B = \frac{F l_1}{l_1 + l_2}$$

结果均为正，说明关于杆端约束力方向的假设是正确的。

2. 装配应力与温度应力简介

所有构件在制造中都会有一些误差。这种误差，在静定结构中不会引起任何应力。而在超静定结构中因构件制造误差，装配时就会引起应力。如图 3-28 所示的三杆桁架结构，若杆 3 制造时短了 δ，为了能将三根杆装配在一起，则必须将杆 3 拉长，杆 1、2 压短，这种强行装配会在杆 3 中产生拉应力，而在杆 1、2 中产生压应力。如误差 δ 较大，这种应力会达到很大的数值。这种由于装配而引起杆内产生的应力，称为装配应力。装配应力是在载荷作用前结构中已经具有的应力，因而是一种初应力。在工程中，装配应力的存在有时是不利的，应予以避免；但有时也可有意识地利用它，比如机械制造中的紧密配合和土木结构中的预应力钢筋混凝土等。

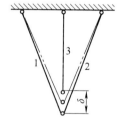

图 3-28　装配应力分析

在工程实际中，杆件遇到温度的变化，其尺寸将有微小的变化。在静定结构中，由于杆件能自由变形，不会在杆内产生应力。但在超静定结构中，由于杆件受到相互制约而不能自由变形，这将使其内部产生应力。这种因温度变化而引起的杆内应力称为温度应力。温度应力也是一种初应力。在工程上常采用一些措施来降低或消除温度应力，例如蒸汽管道中的伸缩节、铁道两段钢轨间预先留有适当空隙、钢桥桁架一端采用活动铰链支座等，都是为了减少或预防产生温度应力而常用的方法。

九、应力集中的概念

由于构造与使用方面的需要，许多构件常常带有沟槽（如螺纹）、孔和圆角（构件由粗到细的过度圆角），在外力作用下，构件中邻近沟槽、孔或圆角的局部范围内，应力急剧增大。例如，图 3-29a 所示含圆孔的受拉薄板，圆孔处截面 A—A 上的应力分布如图 3-29b 所示，最大应力 $\sigma_{\max}$ 显著超过该截面的平均应力。这种由于杆件横截面尺寸急剧变化而引起局部应力增大的现象，称为应力集中。

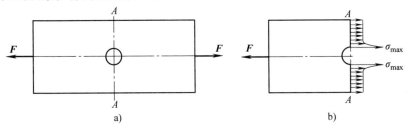

图 3-29 应力集中

a）受拉薄板 b）应力集中现象

发生应力集中的截面上，其最大应力 $\sigma_{\max}$ 与同截面上的平均应力 σ_{m} 的比值称为应力集中系数，用 k 表示，即

$$k = \frac{\sigma_{\max}}{\sigma_{\mathrm{m}}}$$

k 反映了应力集中的程度，是一个大于 1 的系数。应力集中系数 k 值取决于截面的几何形状与尺寸、开孔的大小及截面改变处过度圆角的尺寸，而与材料性能无关。截面尺寸变化越急剧，应力集中的程度就越严重。

各种材料对应力集中的敏感程度并不相同。低碳钢等塑性材料的良好性能具有缓和应力集中的作用。当局部的最大应力 $\sigma_{\max}$ 达到屈服极限时，该处将产生塑性变形，应力基本不再增加，弹性区域可以继续承担外载荷。直至整个截面全部屈服，构件才丧失承载能力，此时称为极限状态。脆性材料因无屈服阶段，当应力集中处的最大应力 $\sigma_{\max}$ 达到强度极限 σ_{b} 时，该处首先开裂，所以对应力集中十分敏感。因此对于脆性材料以及塑性较低的材料（例如高强度钢），必须考虑应力集中的影响。但对于铸铁等材料，本身存在引起应力集中的宏观缺陷（缩孔、夹杂物等），其影响已在试验结果中体现，因而在设计时可以不考虑应力集中的影响。

>>> 任务实施

杆件拉压变形时强度计算问题的求解——根据强度条件确定杆件所需横截面尺寸。

解 （1）求两杆的轴力 分析托架结构中，节点 C 的平衡如图 3-30 所示，有

$$F_{\mathrm{BC}} = \frac{60}{\frac{2}{\sqrt{13}}} = 30\sqrt{13}\mathrm{kN} = 108.17\mathrm{kN}$$

$$F_{\mathrm{AC}} = \frac{3}{\sqrt{13}} \times F_{\mathrm{BC}} = \frac{3}{\sqrt{13}} \times 30\sqrt{13}\mathrm{kN} = 90\mathrm{kN}$$

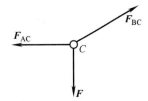

图 3-30 节点 C 的受力分析

钢杆 AC 受拉力，木杆 BC 受压力。可见，两杆的轴力为

$$F_{NBC} = F_{BC} = 108.17 \text{kN} \qquad F_{NAC} = F_{AC} = 90 \text{kN}$$

（2）确定截面尺寸　根据轴向拉（压）杆的强度条件，当若起吊量 $F = 60 \text{kN}$ 时，保证此结构安全的 d 和 b 的取值范围分别为

根据木杆 BC 的强度要求，得

$$\sigma_- = \frac{F_{NBC}}{A_{木}} = \frac{108.17 \times 1000}{b^2} \leqslant [\sigma_-] = 4 \text{MPa}$$

$$b \geqslant 164.4 \text{mm}$$

根据钢杆 AC 的强度要求，得

$$\sigma_+ = \frac{F_{NAC}}{A_{钢}} = \frac{90 \times 1000}{\dfrac{\pi d^2}{4}} \leqslant [\sigma_+] = 160 \text{MPa}$$

$$d \geqslant 26.8 \text{mm}$$

此题得解。

思考与练习

1. 指出下列概念的区别：

①内力与应力；②变形与应变；③弹性变形与塑性变形；④极限应力与许用应力；⑤工作应力与许用应力。

2. 两根不同材料的等截面杆，承受相同的轴向拉力，它们的横截面和长度都相等。试说明：①横截面上的应力是否相等？②强度是否相同？③纵向变形是否相同？为什么？

3. 若有两根拉杆，一为钢质（$E = 200 \text{GPa}$），一为铝质（$E = 70 \text{GPa}$）。试比较：在应力相同的情况下，哪种材料的应变大？在相同应变的情况下，哪种材料的应力大？

4. 低碳钢在拉伸过程中表现为几个阶段？各有何特点？

5. 拉伸时塑性材料成杯状断口，脆性材料沿横截面断裂，压缩时脆性材料沿与轴线成 45° 的方向断裂。试用斜截面上应力的分析方法说明断裂现象的原因。

6. 何谓静定与超静定问题？试述求解超静定问题的方法和步骤。

7. 试求图 3-31 所示各杆指定截面的轴力，并画出各杆的轴力图。

8. 圆截面钢杆长 $l = 3 \text{m}$，直径 $d = 25 \text{mm}$，两端受到 $F = 100 \text{kN}$ 的轴向拉力作用时伸长 $\Delta l = 2.5 \text{mm}$。试计算钢杆横截面上的正应力 σ 和纵向线应变 ε。

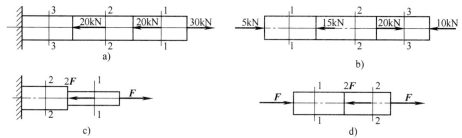

图 3-31　题 7 图

9. 阶梯状直杆受力如图 3-32 所示。已知 AD 段横截面面积为 $A_{AD} = 1000 \text{mm}^2$，$DB$ 段横截面面积为 $A_{DB} = 500 \text{mm}^2$，材料的弹性模量 $E = 200 \text{GPa}$。求该杆的总变形量 Δl_{AB}。

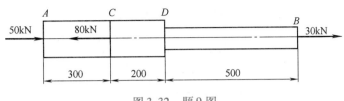

图 3-32 题 9 图

10. 用一根灰铸铁管作受压杆件。已知材料的许用应力为 $[\sigma] = 200$MPa，轴向压力 $F = 1000$kN，管的外径 $D = 130$mm，内径 $d = 100$mm。试校核其强度。

11. 用绳索吊起重物如图 3-33 所示。已知 $F = 20$kN，绳索横截面面积 $A = 12.6$cm^2，许用应力 $[\sigma] = 10$MPa。试校核 $\alpha = 45°$ 和 $\alpha = 60°$ 两种情况下绳索的强度。

12. 某悬臂吊车如图 3-34 所示。最大起重载荷 $G = 20$kN，杆 BC 为 Q235A 圆钢，许用应力为 $[\sigma] = 120$MPa。试按图示位置设计 BC 杆的直径 d。

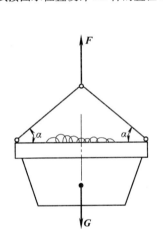

图 3-33 题 11 图

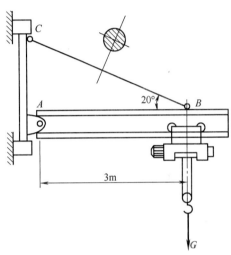

图 3-34 题 12 图

13. 如图 3-35 所示，AC 和 BC 两杆铰接于 C，并吊重物 G。已知杆 BC 许用应力 $[\sigma_1] = 160$MPa，杆 AC 许用应力 $[\sigma_2] = 100$MPa，两杆截面积均为 $A = 2$cm^2。求所吊重物的最大重量。

14. 三角架结构如图 3-36 所示。已知杆 AB 为钢杆，其横截面面积 $A_1 = 600$mm^2，许用应力 $[\sigma_1] = 140$MPa；杆 BC 为木杆，横截面面积 $A_2 = 3 \times 10^4$mm^2，许用应力 $[\sigma_2] = 3.5$MPa，试求许用载荷 $[F]$。

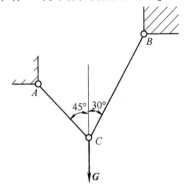

图 3-35 题 13 图

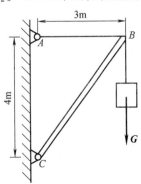

图 3-36 题 14 图

15. 两端固定的等截面直杆受力如图 3-37 所示，求两端的支座反力。

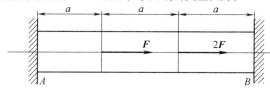

图 3-37　题 15 图

习 题 答 案

7. 略

8. $\sigma = 203.1\text{MPa}$, $\varepsilon = 8.3 \times 10^{-4}$

9. $\Delta l_{AB} = 0.105\text{mm}$

10. $\sigma_{max} = 184\text{MPa}$

11. 当 $\alpha = 45°$ 时，$\sigma_{max} = 11.2\text{MPa} > [\sigma]$，强度不足

　　当 $\alpha = 60°$ 时，$\sigma_{max} = 9.16\text{MPa} < [\sigma]$，强度足够

12. $d \geqslant 25\text{mm}$

13. $G_{max} = 38.6\text{kN}$

14. $[F] \leqslant 84\text{kN}$

15. $F_A = \dfrac{4}{3}F$, $F_B = \dfrac{5}{3}F$

任务二　剪切与挤压

>>> 任务描述

　　两块厚度均为 6mm 的钢板用一个直径为 12mm 的铆钉连接，如图 3-38 所示。若铆钉材料的 $[\tau] = 100\text{MPa}$、$[\sigma_j] = 280\text{MPa}$，问能承受多大的拉力 P？

>>> 任务分析

　　熟悉典型构件剪切与挤压变形时的实用计算。

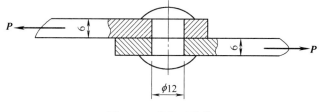

图 3-38　铆钉连接件

>>> 知识准备

一、剪切的概念和实用计算

1. 剪切的概念与实例

　　工程中常遇到剪切问题。比如常用的销（图 3-39）、螺栓（图 3-40）、平键等都是主要发生剪切变形的构件，称为剪切构件。这类构件的受力和变形情况可概括为图 3-41 所示的简图。其受力特点是：作用于构件两侧面上横向外力的合力，大小相等，方向相反，作用线相距很近。在这样的外力作用下，其变形特点是：两力间的横截面发生相对错动，这种变形形式称为剪切。发生相对错动的截面称为剪切面。

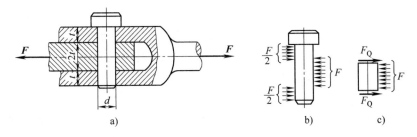

图 3-39 销钉连接

a）销钉连接工作简图 b）销钉的受力情况 c）销钉截面的剪力

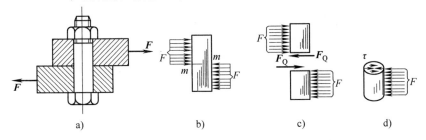

图 3-40 螺栓连接

a）螺栓连接工作简图 b）螺栓的受力情况 c）螺栓截面的剪力 d）螺栓截面的应力

2. 剪切的实用计算

为了对构件进行剪切强度计算，必须先计算剪切面上的内力。现以图 3-40a 所示的螺栓为例进行分析。当两块钢板受拉时，螺栓的受力图如图 3-40b 所示。若力 F 过大，螺栓可能沿剪切面 m—m 被剪断。为了求得剪切面上的内力，运用截面法将螺栓沿剪切面假想截开（图 3-40c），并取其中一部分研究。由于任一部分均保持平衡，故在剪切面内必然有与外力 F 大小相等、方向相反的内力存在，这个内力称为剪力，以 F_Q 表示，它是剪切面上分布内力的合力。由平衡方程式 $\sum F = 0$，得

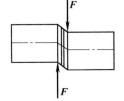

$$F_Q = F$$

剪力在剪切面上分布情况是比较复杂的，工程上通常采用以实验、经验为基础的实用计算法。在实用计算中，假定剪力在剪切面上

图 3-41 剪切变形示意图

均匀分布。前面轴向拉伸和压缩一节中，曾用正应力 σ 表示单位面积上垂直于截面的内力；同样，对剪切构件，也可以用单位面积上平行截面的内力来衡量内力的聚集程度，称为切应力，以 τ 表示，其单位与正应力一样。按假定算出的平均切应力称为名义切应力，一般简称为切应力。切应力在剪切面上的分布如图 3-40d 所示。所以剪切构件的切应力可按下式计算

$$\tau = \frac{F_Q}{A} \tag{3-16}$$

式中，A 为剪切面面积（m^2）。

为保证螺栓安全可靠地工作，要求其工作时的切应力不得超过某一许用值。因此，螺栓的剪切强度条件为

$$\tau = \frac{F_Q}{A} \leqslant [\tau] \tag{3-17}$$

式中，$[\tau]$ 为材料许用切应力（Pa）。

式（3-17）虽然是以螺栓为例得出的，但也适用于其他剪切构件。

实验表明，在一般情况下，材料的许用切应力$[\tau]$与其许用应力$[\sigma]$有如下关系：

（1）塑性材料　$[\tau] = (0.6 \sim 0.8)[\sigma]$

（2）脆性材料　$[\tau] = (0.8 \sim 1.0)[\sigma]$

运用强度条件可以进行强度校核、设计截面面积和确定许可载荷三类强度问题的计算。

例 3-7　图 3-42 所示凸缘联轴节传递的力偶矩为 $M_e = 200\mathrm{N} \cdot \mathrm{m}$，凸缘之间用四个对称分布在 $D_0 = 80\mathrm{mm}$ 圆周上的螺栓连接，螺栓的内径 $d = 10\mathrm{mm}$，螺栓材料的许用切应力$[\tau] = 60\mathrm{MPa}$。试校核螺栓的剪切强度。

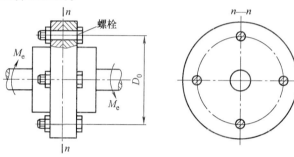

图 3-42　凸缘联轴节示意图

解　设每个螺栓承受的剪力为 F_Q，则由

$$F_Q \frac{D_0}{2} \times 4 = M_e$$

可得

$$F_Q = \frac{M_e}{2D_0}$$

因此，螺栓的切应力τ为

$$\tau = \frac{F_Q}{A} = \frac{2M_e}{\pi d^2 D_0} = \frac{2 \times 200 \times 10^3}{\pi \times 10^2 \times 80}\mathrm{MPa} = 15.9\mathrm{MPa} < [\tau]$$

螺栓满足剪切强度条件。

二、挤压的概念和实用计算

1. 挤压的概念与实例

构件在受到剪切作用的同时，往往还伴随着挤压作用。如图 3-40a 中的下层钢板，由于与螺栓圆柱面的相互压紧，在接触面上产生较大的压力，致使接触处的局部区域产生塑性变形（图 3-43），这种现象称为挤压破坏。此外，连接件的接触表面上也有类似现象。可见，连接件除了可能以剪切的形式破坏外，也可能因挤压而破坏。工程机械上常用的平键经常发生挤压破坏。构件上产生挤压变形的接触面称为挤压面。挤压面上的压力

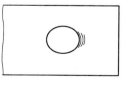

图 3-43　挤压破坏

称为挤压力，用 F_j 表示。一般情况下，挤压面垂直于挤压力的作用线。

2. 挤压的实用计算

由挤压而引起的应力称为挤压应力，用 σ_j 表示。挤压应力与直杆压缩中的压应力不同，压应力遍及整个受压杆件的内部，在横截面上是均匀分布的，而挤压应力则只限于接触面附近的区域，在接触面上的分布也比较复杂。像剪切的实用计算一样，挤压在工程上也采用实用计算方法，即假定在挤压面上应力是均匀分布的。如果以 F_j 表示挤压面上的作用力，A_j 表示挤压面面积，则

$$\sigma_j = \frac{F_j}{A_j} \tag{3-18}$$

于是，建立挤压强度条件为

$$\sigma_j = \frac{F_j}{A_j} \leqslant [\sigma_j] \tag{3-19}$$

式中，$[\sigma_j]$ 为材料的许用挤压应力，其数值由试验确定，可从有关设计手册中查到。$[\sigma_j]$ 一般可取：

(1)塑性材料　$[\sigma_j] = (1.5 \sim 2.5)[\sigma]$

(2)脆性材料　$[\sigma_j] = (0.9 \sim 1.5)[\sigma]$

式中，$[\sigma]$ 为材料的许用应力。

关于挤压面面积 A_j 的计算，要根据接触面的具体情况而定。对于螺栓、铆钉等连接件，挤压时接触面为半圆柱面（图3-44a）。但在计算挤压应力时，挤压面积采用实际接触面在垂直于挤压力方向的平面上的投影面积，如图3-44c所示的 $ABCD$ 面积。这是因为从理论分析得知，在半圆柱挤压面上，挤压应力分布如图3-44b所示，最大挤压应力在半圆柱圆弧的中点处，其值与按正投影面积计算结果相近。对于键连接，其接触面是平面，挤压面的计算面积就是接触面的面积。

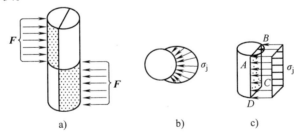

图3-44　圆柱零件挤压面积的确定

a）圆柱表面受挤压力作用　b）圆柱面挤压应力的分布　c）圆柱零件的挤压面积

例3-8　如图3-45所示，拉杆用四个直径相同的铆钉固定在格板上，拉杆与铆钉的材料相同，试校核铆钉与拉杆的强度。已知载荷 $F = 80kN$，板宽 $b = 80mm$，板厚 $t = 10mm$，铆钉直径 $d = 16mm$，许用切应力 $[\tau] = 100MPa$，许用挤压应力 $[\sigma_j] = 300MPa$，许用应力 $[\sigma] = 160MPa$。

解　(1)铆钉的剪切强度计算　首先计算各铆钉剪切面上的剪力。分析表明，当各铆钉的材料和直径均相同，且外力作用线通过铆钉群剪切面的形心时，通常认为各铆钉剪切面的剪力相同。因此，对于图3-45a所示铆钉群，各铆钉剪切面上的剪力均为

$$F_Q = \frac{F}{4} = \frac{80 \times 10^3 \text{N}}{4} = 2.0 \times 10^4 \text{N}$$

而相应的切应力则为

$$\tau = \frac{4 \times F_Q}{\pi d^2} = \frac{4 \times (2.0 \times 10^4)}{\pi \times 16^2} \text{MPa} = 99.5 \text{MPa} < [\tau]$$

（2）铆钉的挤压强度计算 在本例中，铆钉所受挤压力等于铆钉剪切面上的剪力，即

$$F_j = F_Q = 2.0 \times 10^4 \text{N}$$

因此，最大挤压应力为

$$\sigma_j = \frac{F_j}{td} = \frac{2.0 \times 10^4}{10 \times 16} \text{MPa} = 125 \text{MPa} < [\sigma_j]$$

（3）拉杆的拉伸强度计算 拉杆的受力情况及轴力图分别如图 3-45b、c 所示。显然，横截面 1—1 的正应力最大，其值为

$$\sigma_{max} = \frac{F_{Nmax}}{(b-d)t} = \frac{80 \times 10^3}{(80-16) \times 10} \text{MPa} = 125 \text{MPa} < [\sigma]$$

可见，铆钉与拉杆均满足强度要求。

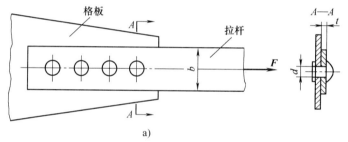

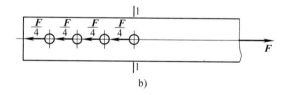

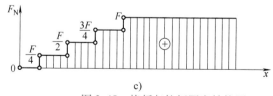

图 3-45 格板与拉杆固定结构图

a）格板与拉杆固定结构图 b）拉杆的受力图 c）拉杆的内力图

任务实施

构件受剪切和挤压变形时强度计算问题的求解——根据强度条件确定构件的承载能力。

解 根据铆钉的剪切条件：$\tau = \frac{4P}{\pi d^2} \leq [\tau] = 100 \text{MPa}$

得 $P \leq 100 \text{MPa} \times \pi d^2 / 4 = 25 \times 3.14 \times 144 \text{N} = 11304 \text{N}$

由铆钉的挤压条件：$\sigma_j = \dfrac{P}{6 \times d} \leq [\sigma_j] = 280\text{MPa}$

得 $P \leq 6 \times 12 \times 280\text{N} = 20160\text{N}$

故为确保安全，该结构能承受的最大拉力为 11304N。

思考与练习

1. 剪切变形的受力特点和变形特点是什么？

2. 剪切与挤压的实用计算采用了什么假设？为什么？

3. 挤压应力和轴向压缩应力有什么区别？

4. 剪切的受力特点和变形特点与拉伸时比较有何不同？剪切面面积和挤压面面积怎样计算？

5. 分析图 3-46 所示零件 1～4 的剪切面与挤压面。

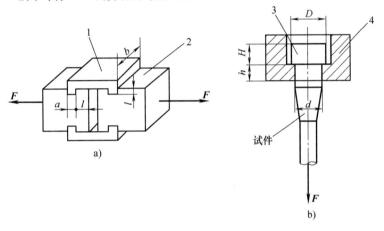

图 3-46　题 5 图

1—压板　2—U 形槽块　3—冲头　4—被冲压工件

6. 图 3-47 所示为拖车挂钩用的销钉连接，已知挂钩部分钢板厚度为 $\delta = 8\text{mm}$，销钉材料为 20 钢，许用切应力 $[\tau] = 60\text{MPa}$，许用挤压应力为 $[\sigma_j] = 100\text{MPa}$，又知拖车的拉力 $F = 15\text{kN}$，试设计销钉的直径。

7. 如图 3-48 所示，压力机的最大冲力为 $F = 400\text{kN}$，冲头材料的许用应力为 $[\sigma] = 440\text{MPa}$，被冲剪的钢板的许用切应力 $[\tau] = 360\text{MPa}$。求在最大冲力作用下所能冲剪的圆孔最小直径 d 和板的最大厚度 t。

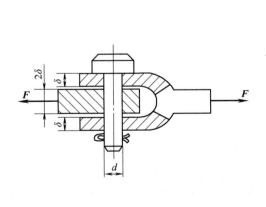

图 3-47　题 6 图

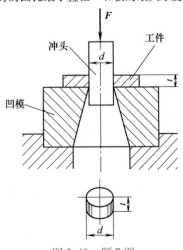

图 3-48　题 7 图

8. 如图 3-49 所示矩形截面木拉杆的接头，已知轴向拉力 $F = 50\mathrm{kN}$，截面的宽度 $b = 250\mathrm{mm}$，木材顺纹的许用挤压应力 $[\sigma_j] = 10\mathrm{MPa}$，顺纹的许用切应力 $[\tau] = 1\mathrm{MPa}$。试求接头处所需的尺寸 l 和 a。

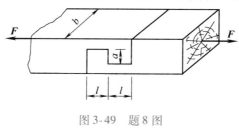

图 3-49　题 8 图

习 题 答 案

6. $d \geqslant 12.6\mathrm{mm}$。

7. $d_{\min} = 34\mathrm{mm}$，$t \leqslant \dfrac{F}{\pi d[\tau]}$。

8. $a = 20\mathrm{mm}$，$l = 200\mathrm{mm}$。

任务三　圆 轴 扭 转

>>> **任务描述**

传动轴如图 3-50 所示，已知该轴转速 $n = 300\mathrm{r/min}$，主动轮输入功率 $P_C = 30\mathrm{kW}$，从动轮输出功率 $P_D = 15\mathrm{kW}$，$P_B = 10\mathrm{kW}$，$P_A = 5\mathrm{kW}$，材料的切变模量 $G = 80\mathrm{GPa}$，许用切应力 $[\tau] = 40\mathrm{MPa}$，$[\theta] = 1°/\mathrm{m}$，试按强度条件和刚度条件设计此轴的直径。

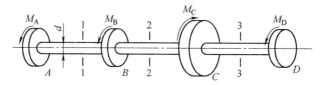

图 3-50　传动轴

>>> **任务分析**

掌握典型构件扭转变形的强度、刚度计算和提高圆轴承载能力的措施。

>>> **知识准备**

一、圆轴扭转的概念与实例

在工程中，常会遇到直杆因受力偶作用而发生扭转变形的情况。例如，当钳工攻螺纹时，两手所加的外力偶作用在丝锥杆的上端，工件的反力偶作用在丝锥杆的下端，使得丝锥杆发生扭转变形（图 3-51）。图 3-52 所示的汽车转向盘的操纵杆，以及一些传动轴等均是扭转变形的实例。以扭转为主要变形的构件常称为轴，其中圆轴在机械中的应用最为广泛。本节主要讨论扭转时应力和变形的分析计算方法以及强度和刚度计算。

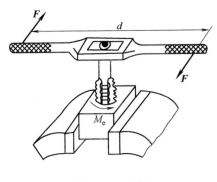

图 3-51 丝锥

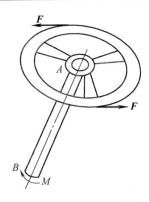

图 3-52 汽车转向轴

一般扭转杆件的计算简图，如图 3-53 所示。其受力特点是：在垂直于杆件轴线的平面内，作用着一对大小相等、转向相反的力偶；其变形特点是：杆件的各横截面绕杆轴线发生相对转动，杆轴线始终保持直线。这种变形称为扭转变形。杆间任意两截面间的相对角位移称为扭转角。图 3-53 中的 φ_{AB} 是截面 B 相对于截面 A 的扭转角。

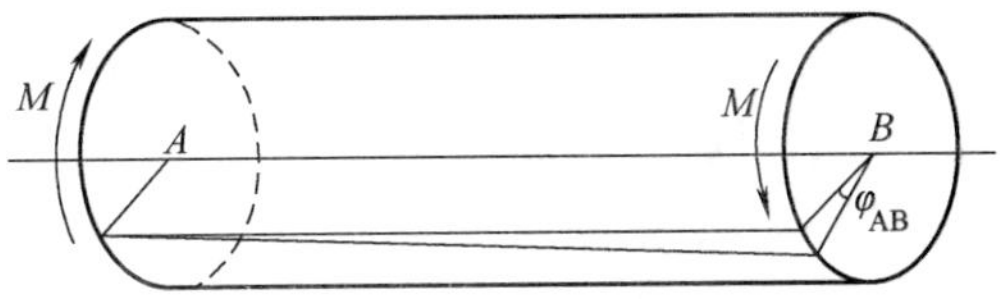

二、扭矩和扭矩图

1. 外力偶矩与功率、转速的关系

图 3-53 扭转及扭转角

为了利用截面法求出圆轴扭转时截面上的内力，要先计算出轴上的外力偶矩。作用在轴上的外力偶矩一般不是直接给出，而是根据所给定轴的传递功率和转速求出来的。功率、转速和外力偶矩之间的关系可由动力学知识导出，其公式为

$$M = 9550 \frac{P}{n} \tag{3-20}$$

式中，M 为外力偶矩（N·m）；P 为轴传递的功率（kW）；n 为轴的转速（r/min）。

或 $$M = 7024 \frac{P}{n} \tag{3-21}$$

式中，M 为外力偶矩（N·m）；P 为轴传递的功率，单位为马力（马力为非法定计量单位，1 马力 = 736W）；n 为轴的转速（r/min）。

2. 扭矩

若已知轴上作用的外力偶矩，可用截面法研究圆轴扭转时横截面上的内力。如图 3-54a 所示，等截面圆轴 AB 两端面上作用有一对平衡外力偶矩 M，在任意 $m—m$ 截面处将轴分为两段，并取左段为研究对象（图 3-54b）。因 A 端有外力偶矩 M 作用，为保持左段平衡，故在截面 $m—m$ 上必有一个内力偶矩 T 与之平衡，T 称为扭矩，单位为 N·m。由平衡方程

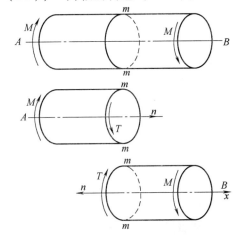

图 3-54 扭转内力计算
a）圆轴受力示意图 b）左段受力示意图
c）右段受力示意图

$$\sum M_x = 0 \qquad T - M = 0$$

得 $\qquad\qquad T = M$

若取右段为研究对象，所得扭矩数值相同而转向相反，它们是作用与反作用的关系。

为了使不论取左段或右段求得的扭矩的大小、符号都一致，对扭矩的正负号规定如下：用右手螺旋法则，大拇指指向横截面外法线方向，扭矩的转向与四指的转向一致时，扭矩为正；反之为负，如图 3-55 所示。在求扭矩时，在截面上均按正向画出，所得为负则说明扭矩转向与假设相反。

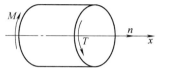

3. 扭矩图

当轴上作用有多个外力偶矩时，须以外力偶矩所在的截面将轴分成数段。逐段求出其扭矩。为了清楚地看出各截面上扭矩的变化情况，以便确定危险截面，通常

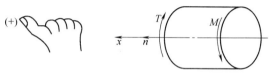

图 3-55　扭矩符号的确定

把扭矩随截面位置的变化绘成图形，称为扭矩图。作图时，以横坐标表示各横截面的位置，纵坐标表示扭矩。下面举例说明。

例 3-9　传动轴如图 3-56a 所示。已知轴的转速 $n = 200 \text{r/min}$，主动轮 1 输入的功率 $P_1 = 20 \text{kW}$，三个从动轮 2、3 及 4 输出的功率分别为 $P_2 = 5 \text{kW}$，$P_3 = 5 \text{kW}$，$P_4 = 10 \text{kW}$，试绘制轴的扭矩图。

解　（1）计算外力偶矩　由式（3-20）得

$$M_1 = 9550 \frac{P_1}{n} = 9550 \times \frac{20}{200} \text{N} \cdot \text{m} = 955 \text{N} \cdot \text{m}$$

$$M_2 = M_3 = 9550 \frac{P_2}{n} = 9550 \times \frac{5}{200} \text{N} \cdot \text{m} = 238.75 \text{N} \cdot \text{m}$$

$$M_4 = 9550 \frac{P_4}{n} = 9550 \times \frac{10}{200} \text{N} \cdot \text{m} = 477.5 \text{N} \cdot \text{m}$$

（2）计算各截面上的扭矩

① 沿截面 1—1 截开，取左段部分为研究对象（图 3-56b），求轮 2 至轮 3 间横截面上的扭矩 T_1。由

$$\sum M = 0 \qquad T_1 + M_2 = 0$$

得 $\qquad\qquad T_1 = -M_2 = -238.75 \text{N} \cdot \text{m}$

② 沿截面 2—2 截开，取左段部分为研究对象（图 3-56c），求轮 3 至轮 1 间横截面上的扭矩 T_2。由

$$\sum M = 0 \qquad T_2 + M_2 + M_3 = 0$$

得 $\qquad\qquad T_2 = -M_2 - M_3 = -477.5 \text{N} \cdot \text{m}$

③ 沿截面 3—3 截开，取右段部分为研究对象（图 3-56d），求轮 1 至轮 4 间横截面上的扭矩 T_3。由

$$\sum M = 0 \qquad T_3 - M_4 = 0$$

得 $\qquad\qquad T_3 = M_4 = 477.5 \text{N} \cdot \text{m}$

（3）画扭矩图 根据以上计算结果，按比例画出扭矩图（图3-56e）。

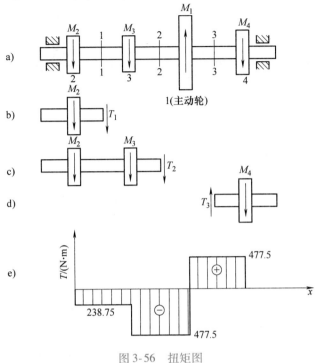

图 3-56 扭矩图

a）传动轴受力示意图 b）截面1—1的扭矩 c）截面2—2的扭矩
d）截面3—3的扭矩 e）传动轴扭矩图

讨论：若上例中把轮1与轮4的位置交换，对扭矩有何影响？

三、圆轴扭转时的应力与变形

在讨论圆轴扭转应力和变形之前，先研究切应力与切应变两者的关系。

1. 切应力互等定理——剪切胡克定律

图3-57a表示等厚度薄壁圆筒承受扭转。为研究其受扭情况，在表面上用圆周线和纵向线画成方格。扭转试验结果表明，在小变形条件下，截面 m—m 和截面 n—n 发生相对转动，造成方格两边错动（图3-57b），但方格沿轴线的长度及圆筒的半径长度均不变。这表明，圆筒横截面和包含轴线的纵向截面上都没有正应力，横截面上只有切应力。因圆筒很薄，可认为切应力沿厚度均匀分布（图3-57c）。

从薄壁圆筒中取单元体，边长分别为 dx、dy、δ 的长方体（图3-57d）。左、右侧面上有切应力 τ 组成力偶矩为 $(\tau dy \cdot \delta)dx$ 的力偶。因单元体是平衡的，故上、下侧面上必定存在方向相反的切应力 τ'，组成力偶矩为 $(\tau' dx \cdot \delta)dy$ 的力偶与上述力偶相平衡。由

$$\sum M = 0 \qquad (\tau dy \cdot \delta)dx = (\tau' dx \cdot \delta)dy$$

得
$$\tau = \tau' \tag{3-22}$$

式（3-22）表明，单元体互相垂直的两个平面上的切应力必然成对存在，且大小相等，方向都垂直指向或背离两平面的交线。这一关系称为切应力互等定理。

在上述单元体的上下左右四个侧面上，只有切应力而无正应力，这种情况称为纯剪切。在切应力 τ 和 τ' 的作用下，单元体的直角要发生微小的改变。这个直角的改变量 γ 称为切应变。

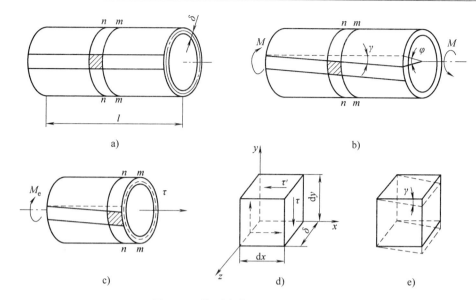

图 3-57　等厚度薄壁圆筒承受扭转

a）薄壁圆筒　b）薄壁圆筒的扭转　c）薄壁圆筒截面的应力

d）单元体的切应力互等定理　e）切应变

实验表明，当切应力 τ 不超过材料的剪切比例极限 τ_p 时，切应力 τ 与切应变 γ 成正比，即

$$\tau = G\gamma \tag{3-23}$$

式（3-23）称为剪切胡克定律。式中比例常数 G 称为材料的切变模量，常用单位是 GPa，其值随材料而异，由试验测定。例如，钢的切变模量 $G = 75 \sim 80\text{GPa}$，铝与铝合金的切变模量 $G = 26 \sim 30\text{GPa}$。材料的切变模量 G 与弹性模量 E、泊松比 μ 之间存在如下关系

$$G = \frac{E}{2(1+\mu)} \tag{3-24}$$

2. 圆轴扭转时横截面上的应力

确定受扭构件的应力，仅仅利用静力学条件是无法解决的，而应从研究变形入手，并利用应力应变关系以及静力学条件，即从变形几何关系、物理方程和静力学方程三方面进行综合分析。

（1）变形几何关系　通过试验可以观察到圆轴扭转时的变形。取一圆轴，加载前在其表面上画出圆周线及纵向平行线（图 3-58a）。加载后可观察到如下变形现象（图 3-58b）：

1）各纵向线都倾斜统一角度 γ。

2）各圆周线绕轴线转动，圆周线的形状、大小及任意两圆周线的间距不变。

根据上述现象，对轴内变形作如下假设：变形后，横截面仍保持平面，其形状、大小与横截面间的距离均不改变，而且半径仍为直线。概言之，圆轴扭转时，各横截面如同刚性片，仅绕轴线作相对旋转。此假设称为圆轴扭转平面假设。

圆轴扭转时，由于圆周线间距不变，不发生轴向的拉伸或压缩变形，故横截面上无正应力。处于表面的矩形变成了歪斜的平行四边形，γ 即为其切应变，表明在圆轴横截面上有切应力。

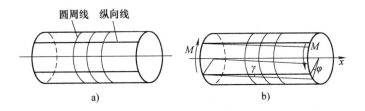

图 3-58 扭转变形现象

a) 变形前 b) 变形后

现在分析横截面上的切应力。用两个垂直于轴线的平面从圆轴上截取一长为 dx 的微段，放大后如图 3-59 所示，则微段左右两侧面的相对扭转角为 dφ，由几何关系可得

$$BC = Rd\varphi = \tan\gamma dx \approx \gamma dx$$

$$\gamma = R\frac{d\varphi}{dx}$$

同理，在任意半径 ρ 处，其切应变为

$$\gamma_\rho = \rho\frac{d\varphi}{dx} \tag{3-25}$$

由于任意指定截面上 $\frac{d\varphi}{dx}$ 为常量，故由式（3-25）可知，横截面上任一点的切应变 γ_ρ 与该点到轴心的距离成正比。

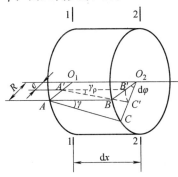

图 3-59 变形几何关系

（2）物理关系 根据剪切胡克定律 $\tau = G\gamma$，则有

$$\tau_\rho = G\gamma_\rho = G\rho\frac{d\varphi}{dx} \tag{3-26}$$

式（3-26）表明，横截面上任意点处的切应力 τ_ρ 与该点到圆心的距离 ρ 成正比，即 τ_ρ 沿半径成线性变化。又因为切应变 γ_ρ 发生在垂直与半径的平面内，所以横截面上各点切应力的方向垂直与半径且与扭矩的方向一致。实心圆轴与空心圆轴横截面上切应力分布如图 3-60 所示。

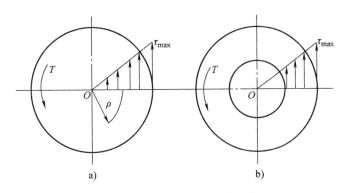

图 3-60 切应力分布示意图

a) 实心圆截面切应力分布 b) 空心圆截面切应力分布

（3）**静力关系**　如图 3-61 所示，在距圆心 ρ 处的微面积 dA 上，作用有微剪力 $\tau_\rho dA$，它对圆心 O 的力矩为 $\rho\tau_\rho dA$。在整个横截面上，所有微力矩之和等于该截面的扭矩，即

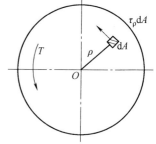

$$T = \int_A \rho\tau_\rho dA$$

将式（3-26）代入上式，并注意到 $\dfrac{d\varphi}{dx}$ 和 G 为常量，可得

$$T = \int_A \rho G\rho \frac{d\varphi}{dx}dA = G\frac{d\varphi}{dx}\int_A \rho^2 dA \qquad (3\text{-}27)$$

图 3-61　横截面静力关系

其中，$\int_A \rho^2 dA$ 仅与横截面的几何性质有关，称为横截面的极惯性矩，用 I_p 来表示，即

$$I_p = \int_A \rho^2 dA$$

于是，式（3-27）可写成

$$\frac{d\varphi}{dx} = \frac{T}{GI_p} \qquad (3\text{-}28)$$

将式（3-28）代入式（3-26）得

$$\tau_\rho = \frac{T\rho}{I_p} \qquad (3\text{-}29)$$

式中，T 为扭矩（N·m）；I_p 为横截面的极惯性矩（m⁴）；ρ 为从欲求切应力的点到横截面的距离；τ_ρ 为横截面内距离圆心为 ρ 点的切应力。

式（3-29）为求横截面上距离圆心为 ρ 处的切应力的一般公式。

对于轴上一指定圆截面，当 $\rho = R$ 时，切应力最大，即圆轴横截面上边缘点的切应力最大，其值为

$$\tau_{max} = \frac{TR}{I_p}$$

令 $W_p = \dfrac{I_p}{R}$，则上式变为　　　　$$\tau_{max} = \frac{T}{W_p} \qquad (3\text{-}30)$$

式中，W_p 为抗扭截面系数（m³）。

应当注意：

1）应力计算公式只适用于圆轴扭转，且在 τ_{max} 不超过材料的比例极限的情况下。

2）扭转切应力的分布不同于一般剪切切应力，前者组成一个力偶，后者组成一个力。两种情况下的切应力计算公式完全不同。

四、极惯性矩和抗扭截面系数

1. 实心圆截面

对于直径为 D 的实心圆截面，取一距离圆心为 ρ、厚度为 $d\rho$ 的圆环作为微面积 dA，如图 3-62a 所示，则

$$dA = 2\pi\rho d\rho$$

于是
$$I_{\mathrm{p}} = \int_A \rho^2 \mathrm{d}A = 2\pi \int_0^{\frac{D}{2}} \rho^3 \mathrm{d}\rho = \frac{\pi D^4}{32}$$

所以
$$W_{\mathrm{p}} = \frac{I_{\mathrm{p}}}{R} = \frac{I_{\mathrm{p}}}{\frac{D}{2}} = \frac{\pi D^3}{16}$$

2. 空心圆截面

对于内径为 d、外径为 D 的空心圆截面（图3-62b），其极惯性矩可以采用与实心圆截面相同的方法求出

$$I_{\mathrm{p}} = \int_A \rho^2 \mathrm{d}A = \int_{\frac{d}{2}}^{\frac{D}{2}} 2\pi \rho^3 \mathrm{d}\rho = \frac{\pi}{32}(D^4 - d^4)$$

即
$$I_{\mathrm{p}} = \frac{\pi D^4}{32}(1 - \alpha^4)$$

抗扭截面系数为

$$W_{\mathrm{p}} = \frac{I_{\mathrm{p}}}{\frac{D}{2}} = \frac{\pi D^3}{16}(1 - \alpha^4)$$

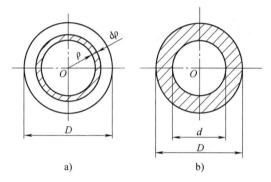

图3-62　极惯性矩的计算
a) 实心圆截面　b) 空心圆截面

式中，$\alpha = d/D$，为内、外径的比值。

例3-10　如图3-63所示，一直径 $D = 80\mathrm{mm}$ 的圆轴，横截面上的扭矩 $T = 20.1\mathrm{kN \cdot m}$。试求图中 $\rho = 30\mathrm{mm}$ 的 a 点切应力的大小、方向及该截面上的最大切应力。

解　（1）求解极惯性矩

$$I_{\mathrm{p}} = \frac{\pi D^4}{32} = \frac{\pi \times 80^4}{32}\mathrm{mm}^4 = 4.02 \times 10^6\mathrm{mm}^4$$

（2）解 a 点应力

$$\tau_{\rho=30} = \frac{T\rho}{I_{\mathrm{p}}} = \frac{20.1 \times 10^6 \times 30}{4.02 \times 10^6}\mathrm{MPa} = 150\mathrm{MPa}$$

其方向如图3-63b所示。

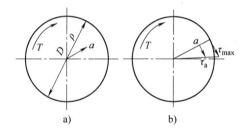

图3-63　扭转应力的计算
a) 截面扭矩情况　b) 截面应力分布规律

（3）最大切应力 $\tau_{\max}$　最大切应力 $\tau_{\max}$ 发生在 $\rho = \dfrac{D}{2} = 40\mathrm{mm}$ 处

$$\tau_{\max} = \frac{T(D/2)}{I_{\mathrm{p}}} = \frac{20.1 \times 10^6 \times 40}{4.02 \times 10^6}\mathrm{MPa} = 200\mathrm{MPa}$$

最大切应力发生在横截面内的圆周边缘各点，方向均与圆周相切，指向与 T 方向一致。

五、圆轴扭转时的强度和刚度计算

1. 圆轴扭转时的强度计算

圆轴扭转时，为了分析最大切应力，要综合考虑轴上的最大扭矩和有关的截面性质，确定危险截面。整个圆轴的最大切应力发生在危险截面的外边缘各点处，这些点称为危险点。危险点的最大切应力为

$$\tau_{max} = \frac{T_{max}}{W_p}$$

显然，为了保证圆轴工作时不致因强度不够而破坏，最大扭转切应力τ_{max}不得超过材料的扭转许用切应力$[\tau]$，即要求

$$\tau_{max} = \left(\frac{T}{W_p}\right)_{max} \leqslant [\tau] \tag{3-31}$$

此即圆轴扭转强度条件。对于等截面圆轴则要求

$$\tau_{max} = \frac{T_{max}}{W_p} \leqslant [\tau] \tag{3-32}$$

例 3-11　阶梯轴如图 3-64 所示，$M_1 = 5\text{kN·m}$，$M_2 = 3.2\text{kN·m}$，$M_3 = 1.8\text{kN·m}$，材料的许用切应力$[\tau] = 60\text{MPa}$。试校核该轴的强度。

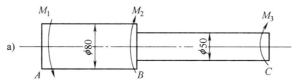

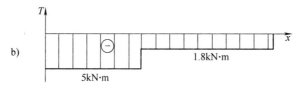

图 3-64　阶梯轴

a）阶梯轴受力示意图　b）阶梯轴扭矩图

解　（1）作扭矩图　利用截面法作出扭矩图得

$$T_{AB} = -5\text{kN·m}　　T_{BC} = -1.8\text{kN·m}$$

（2）校核轴的强度　因两段的扭矩、直径各不相同，需分别校核。

AB 段　$\tau_{max} = \dfrac{T_{AB}}{W_{pAB}} = \dfrac{16 \times 5 \times 10^6}{\pi \times 80^3}\text{MPa} = 49.7\text{MPa} < [\tau]$

故 AB 段的强度是安全的。

BC 段　$\tau_{max} = \dfrac{T_{BC}}{W_{pBC}} = \dfrac{16 \times 1.8 \times 10^6}{\pi \times 50^3}\text{MPa} = 73.4\text{MPa} > [\tau]$

故 BC 段的强度不够。

综上所述，阶梯轴的强度不够。

应指出，在求τ_{max}时，T取绝对值，其正负号（转向）对强度计算无影响。

例 3-12　某传动轴，轴内的最大扭矩$T = 1.5\text{kN·m}$，若许用切应力$[\tau] = 50\text{MPa}$，试按下列方案确定轴的横截面尺寸，并比较其质量。

（1）实心圆截面轴。

（2）空心圆截面轴，其内、外径的比值$d_i/d_o = 0.9$。

解 （1）由强度条件确定实心圆轴的直径

因
$$\tau_{max} = \frac{T_{max}}{W_p} \leqslant [\tau] \qquad W_p = \frac{\pi d^3}{16}$$

故
$$d \geqslant \sqrt[3]{\frac{16T}{\pi[\tau]}} = \sqrt[3]{\frac{16 \times (1.5 \times 10^6)}{\pi \times 50}} \text{mm} = 54\text{mm}$$

（2）由强度条件确定空心圆轴的内、外径

因
$$\tau_{max} = \frac{T_{max}}{W_p} \leqslant [\tau] \qquad W_p = \frac{\pi d_o^3}{16}(1 - a^4)$$

故
$$d_o \geqslant \sqrt[3]{\frac{16T}{\pi(1 - a^4)[\tau]}} = \sqrt[3]{\frac{16 \times (1.5 \times 10^6)}{\pi(1 - 0.9^4) \times 50}} \text{mm} = 76.3\text{mm}$$

而其内径则相应为
$$d_i = 0.9 d_o = 0.9 \times 76.3\text{mm} = 68.7\text{mm}$$

（3）质量比较 上述空心圆轴与实心圆轴的长度与材料均相同，所以二者的质量比 β 等于其横截面面积之比，即

$$\beta = \frac{A_\text{空}}{A_\text{实}} = \frac{d_o^2 - d_i^2}{d^2} = \frac{76.3^2 - 68.7^2}{54^2} = 0.411$$

由计算结果可知，采用空心圆轴比采用实心圆轴节省材料。其原因在于，横截面上的切应力沿半径按线性规律分布，圆心附近的应力很小，材料没有充分发挥承载能力。若把轴心附近的材料向边缘移置，使其成为空心圆轴，就会增大 I_p 和 W_p，从而提高了轴的强度和刚度。

2. 圆轴扭转时的变形与刚度计算

（1）圆轴扭转时的变形 圆轴扭转时的变形可用两个横截面间的扭转角 φ 来度量。由式（3-28）可知，相距 dx 的两个横截面间的相对扭转角为

$$d\varphi = \frac{T}{GI_p}dx$$

对于长为 l 的等截面圆轴，若 T、G 不变，可得两横截面间的扭转角为

$$\varphi = \int_l d\varphi = \int_0^l \frac{T}{GI_p}dx = \frac{Tl}{GI_p} \tag{3-33}$$

式（3-33）表明，扭转角 φ 与扭矩 T、轴长 l 成正比，与 GI_p 成反比。乘积 GI_p 称为截面抗扭刚度，反映截面抵抗扭转变形的能力。

（2）圆轴扭转时的刚度计算 对于承受扭转的圆轴，除了强度要求外，还要求有足够的刚度，即要求轴在弹性范围内的扭转变形不超过一定的限度。如果轴的刚度不足，则会影响机器的加工精度或引起扭转振动。故为保证受扭圆轴具有足够的刚度，通常规定，最大单位长度扭转角不超过规定的许用值 $[\theta]$，即 $\theta_{max} \leqslant [\theta]$。

对于等截面圆轴则有

$$\theta_{max} = \frac{T_{max}}{GI_p} \leqslant [\theta]$$

式中，单位长度扭转角 θ 和单位长度许用扭转角 $[\theta]$ 的单位为 rad/m。

工程上，单位长度许用扭转角$[\theta]$的单位为$(°)/\mathrm{m}$，考虑单位换算则得

$$\theta_{\max} = \frac{T_{\max}}{GI_{\mathrm{p}}} \frac{180}{\pi} \leqslant [\theta] \qquad (3\text{-}34)$$

不同类型的轴$[\theta]$的值可从有关工程手册中查得。

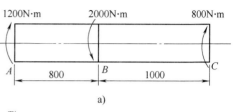

例3-13　传动轴及其所受外力偶如图3-65a所示，直径$D = 40\mathrm{mm}$，材料的切变模量$G = 80\mathrm{GPa}$。试计算该轴的总扭转角φ_{AC}。

解　（1）画轴的扭矩图（图3-65b）　由图可知

$$T_{\mathrm{AB}} = 1200\mathrm{N} \cdot \mathrm{m} \qquad T_{\mathrm{BC}} = -800\mathrm{N} \cdot \mathrm{m}$$

（2）圆轴截面的极惯性矩为

$$I_{\mathrm{p}} = \frac{\pi D^4}{32} = \frac{\pi \times 40^4}{32}\mathrm{mm}^4 = 0.25 \times 10^6\mathrm{mm}^4$$

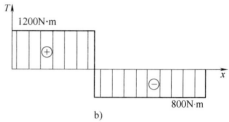

图3-65　扭转角的计算

a) 圆阶梯轴受力示意图　b) 圆轴的扭矩图

（3）总扭转角φ_{AC}　AB段和BC段的扭转角分别为

$$\varphi_{\mathrm{AB}} = \frac{T_{\mathrm{AB}} l_{\mathrm{AB}}}{GI_{\mathrm{p}}} = \frac{1200 \times 0.8}{80 \times 10^9 \times 0.25 \times 10^6 \times 10^{-12}}\mathrm{rad} = 0.048\mathrm{rad}$$

$$\varphi_{\mathrm{BC}} = \frac{T_{\mathrm{BC}} l_{\mathrm{BC}}}{GI_{\mathrm{p}}} = \frac{-800 \times 1}{80 \times 10^9 \times 0.25 \times 10^6 \times 10^{-12}}\mathrm{rad} = -0.04\mathrm{rad}$$

由此得轴的总扭转角为

$$\varphi_{\mathrm{AC}} = \varphi_{\mathrm{AB}} + \varphi_{\mathrm{BC}} = (0.048 - 0.04)\mathrm{rad} = 0.008\mathrm{rad}$$

例3-14　等截面实心圆轴，如图3-66所示，所受的外力偶矩$M_{\mathrm{A}} = 2.5\mathrm{kN} \cdot \mathrm{m}$，$M_{\mathrm{B}} = 1.8\mathrm{kN} \cdot \mathrm{m}$，$M_{\mathrm{C}} = 0.7\mathrm{kN} \cdot \mathrm{m}$，轴材料的许用切应力$[\tau] = 60\mathrm{MPa}$，切变模量$G = 80\mathrm{GPa}$，轴的单位长度许用扭转角$[\theta] = 1°/\mathrm{m}$，试确定该轴的直径$d$。

解　（1）作扭矩图　利用截面法作出扭矩图得

$$T_{\max} = 1.8\mathrm{kN} \cdot \mathrm{m}$$

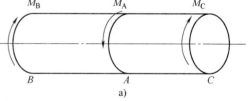

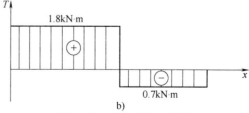

图3-66　等截面实心圆轴

a) 圆轴受力示意图　b) 圆轴的扭矩图

（2）由强度条件确定实心圆轴的直径d

因

$$\tau_{\max} = \frac{T_{\max}}{W_{\mathrm{p}}} \leqslant [\tau] \qquad W_{\mathrm{p}} = \frac{\pi d^3}{16}$$

故

$$d \geqslant \sqrt[3]{\frac{16T}{\pi [\tau]}} = \sqrt[3]{\frac{16 \times (1.8 \times 10^6)}{\pi \times 60}}\mathrm{mm} = 53.5\mathrm{mm}$$

（3）由刚度条件确定实心圆轴的直径d

因

$$\theta_{\max} = \frac{T_{\max}}{GI_{\mathrm{p}}} \times \frac{180}{\pi} \leqslant [\theta] \qquad I_{\mathrm{p}} = \frac{\pi d^4}{32}$$

$$d \geqslant \sqrt[4]{\frac{32 \times 180 \times T_{max}}{\pi^2 \times G \times [\theta]}} = \sqrt[4]{\frac{32 \times 180 \times 1.8 \times 10^6}{\pi^2 \times 80 \times 10^3 \times 1 \times 10^{-3}}} \text{mm} = 60.2 \text{mm}$$

为使实心圆轴同时满足强度和刚度条件，取 $d = 60.2 \text{mm}$。可见，该轴是由刚度条件所控制的。大多数机床为保证工件的加工精度，用刚度条件作为轴的控制因素是比较合理的。

例3-15 一传动轴，承受的最大扭矩 $T_{max} = 183.6 \text{N} \cdot \text{m}$，按强度条件设计的直径为 $d = 31.5 \text{mm}$。若已知 $G = 80 \text{GPa}$，$[\theta] = 1°/\text{m}$。试校核轴是否满足刚度要求。若刚度不足，则重新设计轴的直径。

解 （1）校核轴的刚度

因 $\qquad \theta_{max} = \dfrac{T_{max}}{GI_p} \times \dfrac{180}{\pi} \qquad I_p = \dfrac{\pi d^4}{32}$

故 $\qquad \theta_{max} = \dfrac{T_{max}}{GI_p} \times \dfrac{180}{\pi} = \dfrac{183.6 \times 32}{80 \times 10^9 \times 3.14 \times 31.5^4 \times 10^{-12}} \times \dfrac{180}{\pi}°/\text{m} = 1.36°/\text{m} > [\theta]$

不满足刚度要求。

（2）按刚度条件再设计轴的直径

由 $\qquad \theta_{max} = \dfrac{T_{max}}{GI_p} \times \dfrac{180}{\pi} \leqslant [\theta]$

则 $\qquad d \geqslant \sqrt[4]{\dfrac{32 \times 180 \times T_{max}}{\pi^2 \times G \times [\theta]}} = \sqrt[4]{\dfrac{32 \times 180 \times 183.6 \times 10^3}{\pi^2 \times 80 \times 10^3 \times 1 \times 10^{-3}}} \text{mm} = 34 \text{mm}$

取 $d = 34 \text{mm}$。

六、提高圆轴扭转强度和刚度的措施

对圆轴扭转时的强度和刚度条件进行分析，在设计受扭杆件时，欲使 τ_{max} 和 θ_{max} 减小，可以从降低 T_{max}，增大 I_p、W_p 和 G 几个方面考虑。

1）由 $M = 9550 \dfrac{P}{n}$ 可知，在轴传递功率不变的情况下，提高轴的转速 n 可减小外力偶矩 M，从而使 T_{max} 降低。

2）合理布置主动轮与从动轮的位置，也可使 T_{max} 降低。有关说明如图3-67所示，其中 A 轮为主动轮，B、C 为从动轮。轮的布置方案有两种，所得的最大扭矩不同；方案a中，$T_{max} = 300 \text{N} \cdot \text{m}$；方案b中，$T_{max} = 500 \text{N} \cdot \text{m}$。两种方案使轴产生的扭转角也不同；方案b中，轴产生的相对扭转角的绝对值要大。因此，就轴的强度和刚度而言，方案a是合理的。

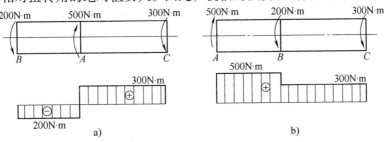

图3-67 传动轴的扭矩图

3）合理选择截面形状，增大 I_p 和 W_p 的数值。空心圆轴截面比实心圆轴截面优越，是因为圆轴扭转时横截面上切应力呈三角形分布，圆心附近的材料远不能发挥作用所决定的。因此，仅从提高强度和刚度的角度而言，当截面积一定时，管壁越薄，直径将越大，截面上各点的应力越接近于相等，强度和刚度将大大提高。当然，管壁也不宜太薄，以免杆件受扭时出现皱折（即扭转时丧失稳定性的现象）而破坏。

4）合理选择材料。就扭转刚度而言，不宜采用提高 G 值的办法。因为各种钢材的 G 值相差不大，用优质合金钢经济上不合算，而且效果甚微。

需要说明的是，工程中有时是非圆截面杆的扭转问题。实验和弹性理论分析表明，非圆截面杆扭转时的变形和应力分布，与圆截面扭转大不相同。其特点是扭转后横截面不再保持平面，而将发生翘曲，变为曲面；横截面上的切应力不再与各点至形心的距离 ρ 成正比。因此，以平面假设为前提导出的圆轴扭转应力和变形公式，对于非圆截面杆不再适用。至于这类问题的应力和变形分析，可参考有关资料，这里不作介绍。

>>> **任务实施**

圆轴扭转变形时强度和刚度计算问题的求解——根据强度和刚度条件确定圆轴的直径。

解　（1）求外力偶矩　由 $M = 9550\dfrac{P}{n}$ 可得

$$M_A = 9550\frac{P_A}{n} = 9550 \times \frac{5}{300}\text{N} \cdot \text{m} = 159.2\text{N} \cdot \text{m}$$

$$M_B = 9550\frac{P_B}{n} = 9550 \times \frac{10}{300}\text{N} \cdot \text{m} = 318.3\text{N} \cdot \text{m}$$

$$M_C = 9550\frac{P_C}{n} = 9550 \times \frac{30}{300}\text{N} \cdot \text{m} = 955\text{N} \cdot \text{m}$$

$$M_D = 9550\frac{P_D}{n} = 9550 \times \frac{15}{300}\text{N} \cdot \text{m} = 477.5\text{N} \cdot \text{m}$$

（2）画扭矩图（图 3-68）　计算各段扭矩：

AB 段　$T_{AB} = -M_A = -159.2\text{N} \cdot \text{m}$

BC 段　$T_{BC} = -M_A - M_B = -477.5\text{N} \cdot \text{m}$

CD 段　$T_{CD} = M_D = 477.5\text{N} \cdot \text{m}$

按求得的扭矩值画出扭矩图（图 3-68b），由图可知最大扭矩发生在 BC 段和 CD 段，即

$$T_{max} = 477.5\text{N} \cdot \text{m}$$

（3）按强度条件设计轴的直径　由式 $W_p = \dfrac{\pi d^3}{16}$ 和强度条件 $\tau_{max} = \dfrac{T_{max}}{W_p} \leqslant [\tau]$，得

$$d \geqslant \sqrt[3]{\frac{16T_{max}}{\pi[\tau]}} = \sqrt[3]{\frac{16 \times 477.5 \times 10^3}{\pi \times 40}}\text{mm} = 39.3\text{mm}$$

（4）按刚度条件设计轴的直径　由式 $I_p = \dfrac{\pi d^4}{32}$ 和刚度条件 $\theta_{max} = \dfrac{T_{max}}{GI_p} \times \dfrac{180}{\pi} \leqslant [\theta]$，得

$$d \geqslant \sqrt[4]{\frac{32 \times 180 \times T_{max}}{\pi^2 \times G \times [\theta]}} = \sqrt[4]{\frac{32 \times 180 \times 477.5 \times 10^3}{\pi^2 \times 80 \times 10^3 \times 1 \times 10^{-3}}}\text{mm} = 43.2\text{mm}$$

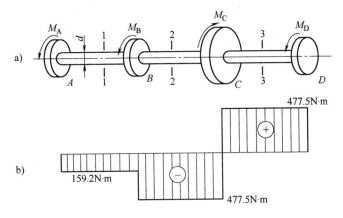

图 3-68　扭矩图

为使轴同时满足强度条件和刚度条件，可选取较大的值，即 $d = 44 \text{mm}$。

思考与练习

1. 何谓扭转？扭矩的正负号是如何规定的？如何计算扭矩与绘制扭矩图？

2. 减速器中高速轴直径大还是低速轴直径大，为什么？

3. 若两轴上的外力偶矩及各段轴长相等，而截面尺寸不同，其扭矩图相同吗？

4. 圆轴扭转切应力公式是如何建立的？该公式的应用条件是什么？

5. 直径和长度均相同而材料不同的两根轴，在相同扭矩作用下，它们的最大切应力和扭转角是否相同？

6. 从力学角度分析，在同等条件下，为什么空心圆轴比实心圆轴更合理？

7. 试画出图 3-69 所示各轴的扭矩图，并指出最大扭矩值。

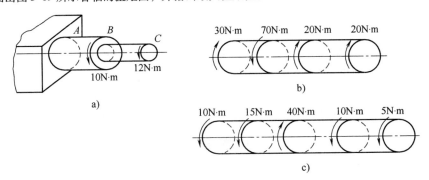

图 3-69　题 7 图

8. 如图 3-70 所示的传动轴，其转速 $n = 300 \text{r/min}$，轮 1 为主动轮，输入功率 $P_1 = 50 \text{kW}$，轮 2、3、4 均为从动轮，输出功率分别为 $P_2 = 10 \text{kW}$，$P_3 = P_4 = 20 \text{kW}$。

（1）试绘出轴的扭矩图。

（2）如果将轮 1 和轮 3 的位置对调，试分析对轴的受力是否有利。

9. 某受扭圆管，外径 $D = 44 \text{mm}$，内径 $d = 40 \text{mm}$，横截面上的扭矩 $T = 750 \text{N} \cdot \text{m}$，试计算圆管横截面上的最大切应力。

10. 图 3-71 所示为圆截面轴，直经 $d = 50 \text{mm}$，扭矩 $T = 1 \text{kN} \cdot \text{m}$，试计算 A 点处（$\rho_A = 20 \text{mm}$）的扭转切应力 τ_A，以及横截面上的最大扭转切应力 $\tau_{\max}$ 与最小切应力 $\tau_{\min}$。

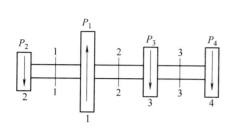

图 3-70　题 8 图　　　　　　　　　　　图 3-71　题 10 图

11. 如图 3-72 所示一直径 $d = 80\text{mm}$ 的传动轴，其上作用着外力偶矩 $M_1 = 1000\text{N} \cdot \text{m}$，$M_2 = 600\text{N} \cdot \text{m}$，$M_3 = 200\text{N} \cdot \text{m}$ 和 $M_4 = 200\text{N} \cdot \text{m}$，试求：

（1）各段内的最大切应力。

（2）如材料的切变模量 $G = 79\text{GPa}$，求轴的总扭转角。

12. 一阶梯轴如图 3-73 所示，直径 $d_1 = 40\text{mm}$，$d_2 = 70\text{mm}$。轴上装有三个带轮，由轮 3 输入功率 $P_3 = 30\text{kW}$，轮 1 输出功率 $P_1 = 13\text{kW}$。轴的转速 $n = 200\text{r/min}$，材料的许用切应力 $[\tau] = 60\text{MPa}$，许用扭转角 $[\theta] = 2°/\text{m}$，切变模量 $G = 80\text{GPa}$，试校核轴的强度和刚度。

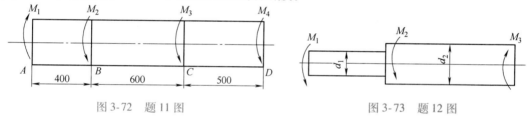

图 3-72　题 11 图　　　　　　　　　　图 3-73　题 12 图

13. 某传动轴传递的力偶矩 $T = 1.08\text{kN} \cdot \text{m}$，材料的许用切应力 $[\tau] = 40\text{MPa}$，切变模量 $G = 80\text{GPa}$，许用扭转角 $[\theta] = 0.5°/\text{m}$。试设计实心轴的直径。

14. 空心钢轴外径 $D = 100\text{mm}$，内径 $d = 50\text{mm}$，若要求轴在 2m 内的最大扭转角不超过 $1.5°$，问它所承受的最大扭矩是多少？并求此时轴内最大切应力。已知材料的切变模量 $G = 80\text{GPa}$。

习 题 答 案

7. 略

8. （1）$T_{\max} = 1273\text{N} \cdot \text{m}$

　（2）$T_{\max} = 955\text{N} \cdot \text{m}$，有利

9. $\tau = 135.5\text{MPa}$

10. $\tau_A = 32.6\text{MPa}$，$\tau_{\max} = 40.8\text{MPa}$，$\tau_{\min} = 0$

11. $\tau_1 = 9.95\text{MPa}$，$\tau_2 = 3.98\text{MPa}$

　　$\tau_3 = 1.99\text{MPa}$，$\varphi = 2.33 \times 10^{-3}\text{rad}$

12. $\tau_{1\max} = 49.4\text{MPa}$，$\tau_{2\max} = 21.3\text{MPa}$，强度足够

　　$\theta_{1\max} = 1.77°/\text{m}$，$\theta_{2\max} = 0.43°/\text{m}$，刚度足够

13. $d = 63\text{mm}$

14. $T = 9.88\text{kN} \cdot \text{m}$，$\tau_{\max} = 53.7\text{MPa}$

任务四　弯　曲

任务描述

20a 工字钢梁的支承和受力情况如图 3-74 所示，若 $[\sigma]=160\mathrm{MPa}$，试求许可载荷 $[P]$。

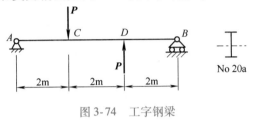

图 3-74　工字钢梁

任务分析

了解平面弯曲的概念，掌握梁横截面上的内力、应力计算方法，灵活应用强度条件解决工程实际问题。

知识准备

一、平面弯曲的概念与实例

工程实际中经常遇到像火车轮轴（图 3-75）、桥式起重机的大梁（图 3-76）这样的杆件。这些杆件的受力特点为：在杆件的轴线平面内受到力偶或垂直于杆轴线的外力作用，杆的轴线由原来的直线变为曲线，这种形式的变形称为弯曲变形。垂直于杆件轴线的力称为横向力。以弯曲变形为主的杆件通常称为梁。

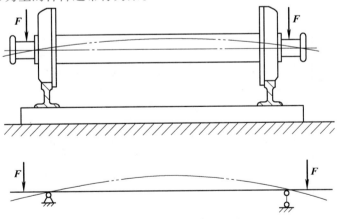

图 3-75　火车轮轴

工程问题中，绝大多数受弯杆件的横截面都有一根对称轴，图 3-77 所示为常见的横截面形状，y 轴为横截面对称轴。通过截面对称轴与梁轴线所确定的平面，称为梁的纵向对称面（图 3-78）。当作用在梁上的所有外力（包括力偶）都作用在梁的纵向对称面内，则变形后梁的轴线将是在纵向对称面内的一条平面曲线，这种弯曲变形称为平面弯曲。这是最常见、最简单的弯曲变形。

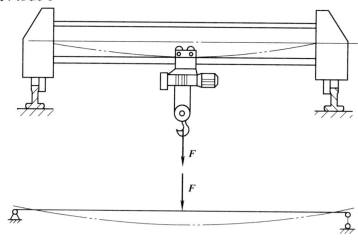

图 3-76　桥式起重机大梁

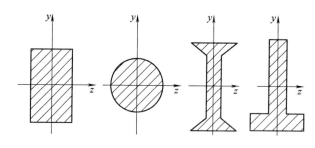

图 3-77　梁的截面形状

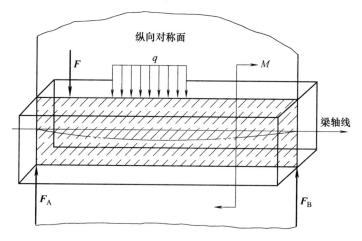

图 3-78　梁的平面弯曲

二、梁的计算简图与分类

为了便于分析和计算梁平面弯曲时的强度和刚度，对于梁需建立力学模型，得出其计算简图。梁的力学模型包括了梁的简化、载荷的简化和支座的简化。

1. 梁的简化

由前述平面弯曲的概念可知，载荷作用在梁的纵向对称面内，梁的轴线弯成一条平面曲线。因此，无论梁的外形尺寸如何复杂，用梁的轴线来代替梁可以使问题得到简化（图3-75和图3-76）。

2. 载荷的简化

作用在梁上的外力，包括载荷和约束力，可以简化成三种形式。

（1）集中载荷 当力的作用范围远远小于梁的长度时，可简化为作用于一点的集中力。如图3-75、图3-76中的力 F。

（2）集中力偶 通过微小梁段作用在梁轴平面内的外力偶。如图3-79a所示带有圆柱斜齿轮的传动轴，F_a 为齿轮啮合力中的轴向分力，把 F_a 向轴线简化后得到的力偶，可视为集中力偶。

（3）均布载荷 当载荷连续均匀分布在梁的全长或部分长度时，其分布长度与梁长比较不是一个很小的数值时用 q 表示，q 称为均布载荷的载荷集度。载荷集度 q 的单位为 N/m。图3-79b所示为薄板轧机的示意图，为保证轧制薄板的厚度均匀，轧辊尺寸一般比较粗壮，其弯曲变形就很小，这样就可以认为在 l_0 长度内的轧制力是均匀分布的。若载荷分布连续但不均匀，则称为分布载荷，用 $q(x)$ 表示，$q(x)$ 称为分布载荷的载荷集度。

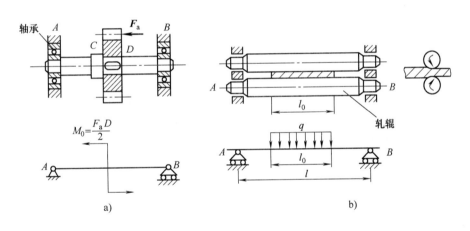

图3-79 梁的力学模型简化图
a）传动轴 b）薄板轧机

3. 支座的简化

支座按其对梁的约束作用不同，可以简化为下面三种基本的理想形式。

（1）活动铰链支座 约束的情况是梁在支承点不能沿垂直于支承面的方向移动，但可以沿着支承面移动，也可以绕支承点转动。与此相应，只有一个垂直于支座平面的约束反力。滑动轴承、桥梁下的滚动支座等，可简化为活动铰链支座。

（2）固定铰链支座 约束情况是梁在支承点不能沿任何方向移动，但可以绕支承点转动，所以可用水平和垂直方向的约束反力表示。

（3）固定端约束 约束情况是梁端不能向任何方向移动，也不能转动，故约束反力有三个：水平约束反力、垂直约束反力和力偶。长滑动轴承、车刀刀架等，可简化为固定端约束。

4. 静定梁的基本形式

根据支承情况，可将静定梁简化为三种情况。

（1）简支梁 一端固定铰链支座，另一端为活动铰支座约束的梁（图 3-80a）。

（2）外伸梁 具有一端或两端外伸部分的简支梁（图 3-80b 和图 3-75）。

（3）悬臂梁 一端为固定端支座，另一端自由的梁（图 3-80c）。

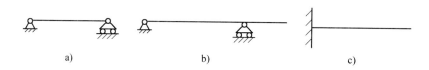

a) b) c)

图 3-80 梁的分类

a）简支梁 b）外伸梁 c）悬臂梁

若梁的约束反力数目多于静力平衡方程数目，则约束反力不能完全由静力平衡方程确定，这种梁称为超静定梁。

三、剪力和弯矩、剪力图和弯矩图

1. 剪力和弯矩的计算

为对梁进行强度和刚度计算，当作用于梁上的外力确定后，可用截面法来分析梁任意截面上的内力。

如图 3-81a 所示悬臂梁，已知梁长为 l，主动力为 F，则该梁的约束力可由静力平衡方程求得，$F_B = F$，$M_B = Fl$。现欲求任意截面 m—m 上的内力。可在 m—m 处将梁截开，取左段为研究对象（图 3-81b），列平衡方程

$$\sum F_y = 0 \qquad F - F_Q = 0$$

得
$$F_Q = F$$

式中，F_Q 称为横截面 m—m 上的剪力。它是与横截面相切的分布内力的合力。

$$\sum M_O(F) = 0 \qquad M - Fx = 0$$

得
$$M = Fx$$

式中，M 称为横截面 m—m 上的弯矩。它是与横截面垂直的分布内力的合力偶矩。

同理，取右段为研究对象（图 3-81c），列平衡方程

$$\sum F_y = 0 \qquad F_Q - F_B = 0$$

得
$$F_Q = F_B = F$$

$$\sum M_O(F) = 0 \qquad -M - F_B(l - x) + M_B = 0$$

得
$$M = M_B - F(l - x) = Fx$$

为了使所取左段梁和右段梁求得的剪力与弯矩，不仅数值相等，而且符号一致，特规定如下：

凡使所取梁段具有做顺时针方向转动趋势的剪力为正，反之为负（图 3-82）；凡使梁段产生凸面向下弯曲变形的弯矩为正，反之为负（图 3-83）。

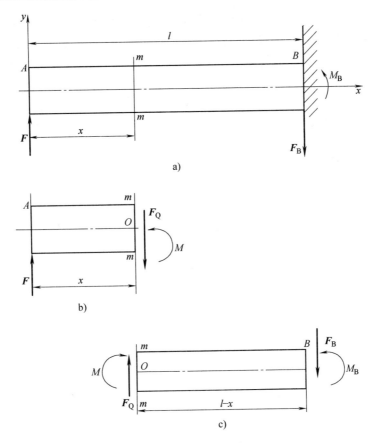

图 3-81 梁的剪力和弯矩

a）悬臂梁受力示意图 b）取左段为研究对象 c）取右段为研究对象

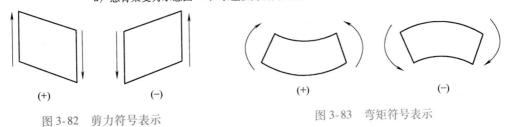

图 3-82 剪力符号表示 图 3-83 弯矩符号表示

2. 剪力和弯矩的简便计算法则

由上述截面法求任意 x 截面的剪力和弯矩的表达式可总结出求剪力和弯矩的简便方法：任意 x 截面的剪力，等于 x 截面左段梁或右段梁上外力的代数和；左段梁上向上的外力或右段梁上向下的外力产生的剪力为正，反之为负。任意 x 截面的弯矩，等于 x 截面左段梁或右段梁上所有外力对截面形心力矩的代数和；左段梁上顺时针转向或右段梁上逆时针转向的外力矩产生的弯矩为正，反之为负。简述为：

$F_Q(x) = x$ 截面的左（或右）段梁上外力的代数和，左上右下为正。

$M(x) = x$ 截面的左（或右）段梁上外力矩的代数和，左顺右逆为正。

一般情况下，剪力和弯矩方向均先假设为正，如计算结果为正，表明实际的剪力和弯矩与假设方向相同；如计算结果为负，则表明与假设相反。

例 3-16 外伸梁如图 3-84a 所示，已知 q、a。试求图中各指定截面上的剪力和弯矩。图上截面 2、3 分别为集中力 F_A 作用处的左、右邻截面（即面 2、3 间的间距趋于无穷小量），截面 4、5 亦为集中力偶 M_{IO} 的左、右邻截面。截面 6 为集中力 F_B 作用处的左邻截面。

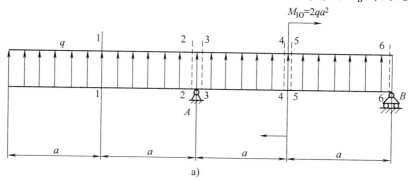

a)

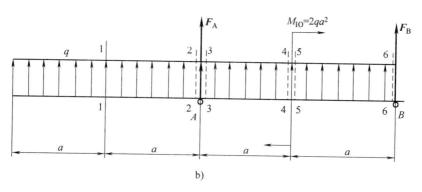

b)

图 3-84 外伸梁

解 （1）求约束反力 设约束反力 F_A 和 F_B 均向上，由平衡方程 $\sum M_B(\boldsymbol{F}) = 0$ 和 $\sum M_A(\boldsymbol{F}) = 0$ 得，$F_A = -5qa$，$F_B = qa$。F_A 为负值，说明其实际方向与假设方向相反。

（2）用截面法求指定截面上的剪力和弯矩 考虑 1—1 截面左段的外力，得

$$F_{Q_1} = qa$$

$$M_1 = qa\frac{a}{2} = \frac{qa^2}{2}$$

考虑 2—2 截面左段的外力，得

$$F_{Q_2} = 2qa$$

$$M_2 = 2qaa = 2qa^2$$

考虑 3—3 截面左段的外力，得

$$F_{Q_3} = 2qa + F_A = 2qa + (-5qa) = -3qa$$

$$M_3 = 2qaa + F_A \times 0 = 2qa^2$$

考虑 4—4 截面右段的外力，得

$$F_{Q_4} = -qa - F_B = -qa - qa = -2qa$$

$$M_4 = F_B a + \frac{qaa}{2} - M_{IO} = qa^2 + \frac{qa^2}{2} - 2qa^2 = -\frac{qa^2}{2}$$

考虑 5—5 截面右段的外力，得

$$F_{Q_5} = -qa - qa = -2qa$$

$$M_5 = F_B a + qa \frac{a}{2} = qaa + \frac{qa^2}{2} = \frac{3}{2} qa^2$$

考虑 6—6 截面右段的外力，得

$$F_{Q_6} = -F_B = -qa$$

$$M_6 = 0$$

比较截面 2、3 的剪力值可以看出，由于 F_A 的存在，引起 F 邻域内剪力产生突变，突变量与 F_A 值相等。同样，比较截面 4、5 的弯矩值可得，在集中力偶 M_{IO} 处，弯矩值产生突变，突变量与力偶 M_{IO} 值相等。

3. 剪力方程和弯矩方程、剪力图和弯矩图

从上面的讨论可以看出，一般情况下，梁横截面上的剪力和弯矩随截面位置的不同而变化。如取梁的轴线为 x 轴，以坐标 x 表示截面位置，则剪力和弯矩可表示为 x 的函数，即

$$F_Q = F_Q(x)$$

$$M = M(x)$$

上述关系表达了剪力和弯矩沿轴线变化的规律，分别称为梁的剪力方程和弯矩方程。

为了清楚地表示剪力和弯矩沿梁的轴线的变化情况，常把剪力方程和弯矩方程用图线表示，称为剪力图和弯矩图。作图时按选定的比例，以横截面沿轴线的位置 x 为横坐标，以表示各横截面的剪力和弯矩为纵坐标，按方程作图。下面以例题说明绘制剪力图和弯矩图的方法。

例 3-17　图 3-85a 所示起重机大梁的跨度为 l，自重力可看成均布载荷 q。若小车所吊起物体的重力暂不考虑，试作剪力图和弯矩图。

解　(1) 求约束力　将起重机大梁简化为简支梁，如图 3-85b 所示，由静力平衡方程，可得

$$F_A = F_B = \frac{ql}{2}$$

(2) 列剪力方程和弯矩方程　以 A 点为坐标原点，建立坐标系。用距 A 点为 x 的任一截面截 AB 段，取左段列平衡方程得

$$F_Q(x) = \frac{ql}{2} - qx = q\left(\frac{l}{2} - x\right) \qquad (0 < x < l)$$

$$M(x) = \frac{ql}{2}x - qx\frac{x}{2} = \frac{q}{2}(lx - x^2) \qquad (0 \leqslant x \leqslant l)$$

(3) 按方程作图　由剪力方程可知，剪力图为一直线，在 $x = \dfrac{l}{2}$ 处，$F_Q = 0$。由弯矩方程可知，弯矩图为一抛物线，最高点在 $x = \dfrac{l}{2}$ 处，$M_{max} = \dfrac{ql^2}{8}$。由剪力方程和弯矩方程可画出剪力图和弯矩图，如图 3-85c、d 所示。

工程上，弯矩图中画抛物线时，仅需注意极值和开口方向，以此画出简图，并在图上标明极值的大小。

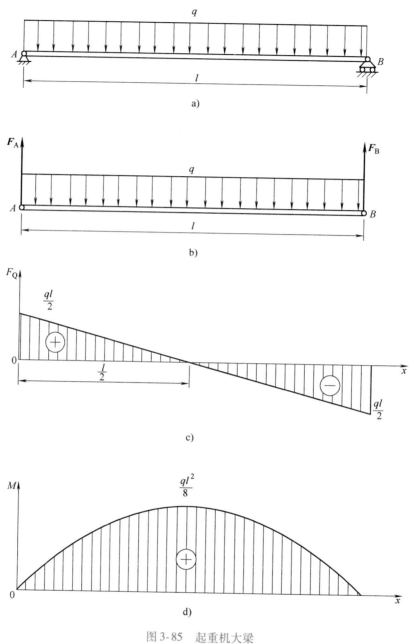

图 3-85　起重机大梁

a)、b) 梁受力图　c) 剪力图　d) 弯矩图

例 3-18　简支梁受载如图 3-86a 所示。若已知 F、a、b，试作梁的 F_Q 图和 M 图。

解　（1）求约束反力　取整体为研究对象，由静力学平衡方程可得

$$F_A = \frac{Fb}{l}, \quad F_B = \frac{Fa}{l}$$

（2）列剪力方程和弯矩方程　以 A 点为坐标原点，建立坐标系。集中力 F 作用于 C 点，梁在 AC 和 BC 内的剪力方程和弯矩方程不同，故应分段考虑。用距 A 点为 x 的任一截面截 AC 段，取左段列平衡方程得

$$F_Q(x) = \frac{Fb}{l} \qquad (0 < x < a)$$

$$M(x) = \frac{Fb}{l}x \qquad (0 \leqslant x \leqslant a)$$

同理，用距 A 点为 x 的任一截面截 BC 段得

$$F_Q(x) = \frac{Fb}{l} - F = -\frac{Fa}{l} \qquad (a < x < l)$$

$$M(x) = \frac{Fb}{l}x - F(x-a) = \frac{Fa}{l}(l-x) \qquad (a \leqslant x \leqslant l)$$

（3）画剪力图和弯矩图　按剪力方程和弯矩方程分段绘制图形。其中剪力图在 C 点有突变，弯矩图在 C 点发生转折。

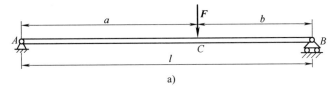

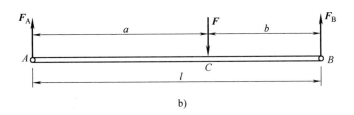

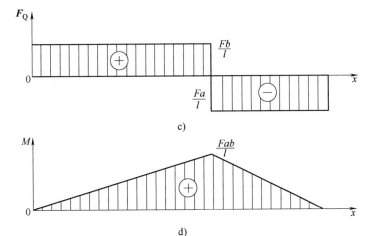

图 3-86　受集中力作用的简支梁计算简图

a、b）简支梁受力图　c）剪力图　d）弯矩图

例 **3-19**　简支梁受集中力偶作用，如图 3-87 所示。若已知 M、a、b，试作此梁的剪力图和弯矩图。

解　（1）求约束反力　取整体为研究对象，由静力学平衡方程可得

$$F_A = -\frac{M}{a+b}, \quad F_B = \frac{M}{a+b}$$

（2）列剪力方程和弯矩方程　以 A 点为坐标原点，建立坐标系。集中力偶 M 作用于 C 点，梁在 AC 和 BC 内的剪力方程和弯矩方程不同，故应分段考虑。用距 A 点为 x 的任一截面截 AC 段，取左段列平衡方程得

$$F_Q(x) = -\frac{M}{a+b} \qquad (0 < x \leqslant a)$$

$$M(x) = -\frac{Mx}{a+b} \qquad (0 \leqslant x < a)$$

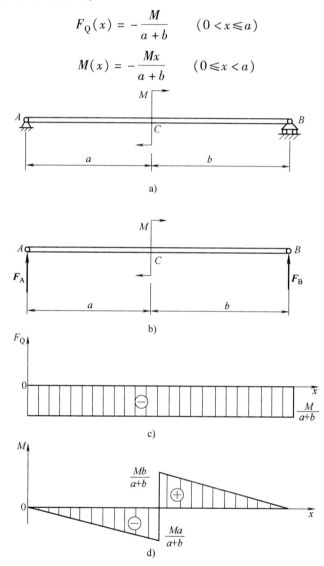

图 3-87　受力偶作用的简支梁计算简图

a、b) 简支梁受力图　c) 剪力图　d) 弯矩图

同理，用距 A 点为 x 的任一截面截 BC 段得

$$F_Q(x) = -\frac{M}{a+b} \qquad (a \leqslant x < a+b)$$

$$M(x) = -\frac{Mx}{a+b} + M \qquad (a < x \leqslant a+b)$$

（3）画剪力图和弯矩图　按剪力方程和弯矩方程分段绘制图形。其中剪力图为水平线，弯矩图在 C 点有突变。

四、剪力、弯矩与分布载荷集度之间的微分关系

研究表明，任一截面上的剪力、弯矩和作用于该截面处的载荷集度之间存在着一定的关系。如图 3-88a 所示，轴线为直线的梁，以轴线为 x 轴，y 轴向上为正。梁上作用着任意载荷，梁上分布载荷的集度 $q(x)$ 是 x 的连续函数。

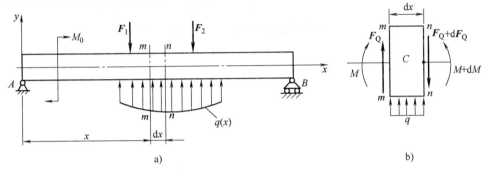

图 3-88　剪力、弯矩与载荷集度间的关系
a）梁的载荷图　b）梁微段受力图

从 x 截面处截取微段 dx 进行分析（图 3-88b）。左截面上有剪力 $F_Q(x)$ 和弯矩 $M(x)$，当坐标 x 有一增量 dx 时，$F_Q(x)$ 和 $M(x)$ 的相应增量是 $dF_Q(x)$ 和 $dM(x)$，所以微段右截面上的剪力和弯矩分别为 $F_Q(x) + dF_Q(x)$ 和 $M(x) + dM(x)$。由平衡条件可得

$$\sum F_y = 0 \qquad F_Q(x) - [F_Q(x) + dF_Q(x)] + q(x)dx = 0 \qquad (a)$$

$$\sum M_C(F) = 0 \qquad M(x) + dM(x) - M(x) - F_Q(x)dx - q(x)dx\frac{dx}{2} = 0 \qquad (b)$$

将式（b）忽略二阶微分量后，化简得

$$\frac{dF_Q(x)}{dx} = q(x) \qquad (3\text{-}35)$$

$$\frac{dM(x)}{dx} = F_Q(x) \qquad (3\text{-}36)$$

$$\frac{d^2M(x)}{dx^2} = \frac{dF_Q(x)}{dx} = q(x) \qquad (3\text{-}37)$$

式（3-37）表明了同一截面处 $F_Q(x)$、$M(x)$ 和 $q(x)$ 三者间的微分关系，即弯矩 $M(x)$ 对截面位置坐标 x 的导数等于在同一截面上的剪力 $F_Q(x)$；弯矩 $M(x)$ 对截面位置坐标 x 的二阶导数等于在同一截面上的分布载荷集度 $q(x)$（向上为正）；剪力 $F_Q(x)$ 对截面位置坐标 x 的导数等于在同一截面上的分布载荷集度 $q(x)$。

利用这些微分关系可以对梁的剪力图和弯矩图进行绘制和检查。

1. 载荷情况与剪力图的关系

梁上某段没有均布载荷，即 $q = 0$ 时，由式（3-35）可知，$F_Q(x) = $ 常量，即为一水平直线。

梁上某段有向上的均布载荷，即 $q>0$ 时，剪力图相应段图线上各点的切线斜率为一正值常数，即为一段向右上方倾斜的直线；反之，为一段向右下方倾斜的直线。

梁上某点有集中力作用时，剪力图有突变，突变量为集中力 F；某点有集中力偶作用时，对剪力图无影响。

2. 载荷情况与弯矩图的关系

梁上某段没有均布载荷，即 $q=0$ 时，弯矩图中相应段各点的斜率无变化，即为一直线。

梁上某段有向上的均布载荷，即 $q>0$ 时，弯矩图中相应段各点切线的斜率变化率为正值，即为一段开口向上的抛物线；反之，为开口向下的抛物线，见表3-3。

表 3-3　各种形式载荷作用下的剪力图和弯矩图

载 荷 情 况	剪 力 图	弯 矩 图
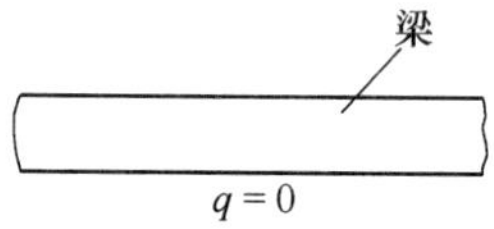 梁　$q=0$	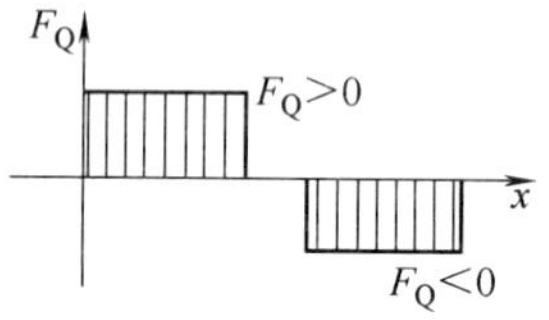 F_Q　$F_Q>0$　$F_Q<0$　x	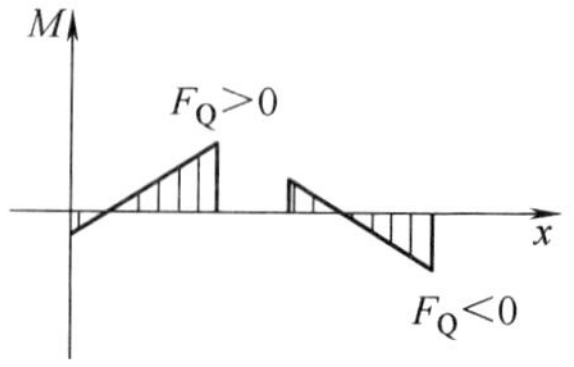 M　$F_Q>0$　$F_Q<0$　x
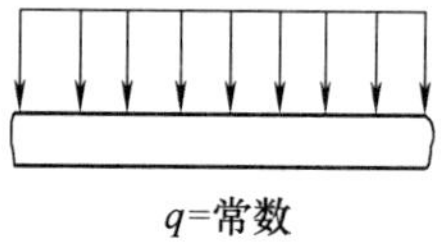 $q=$常数	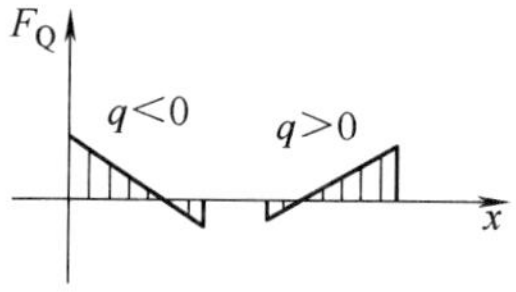 F_Q　$q<0$　$q>0$　x	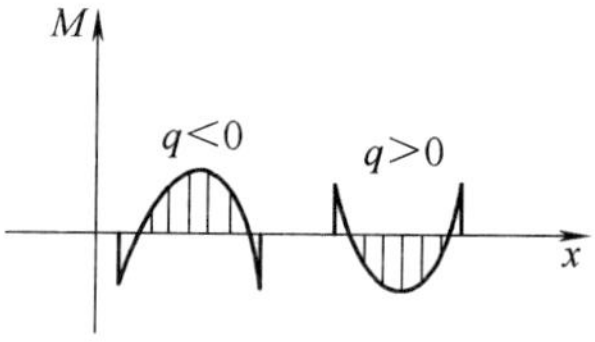 M　$q<0$　$q>0$　x
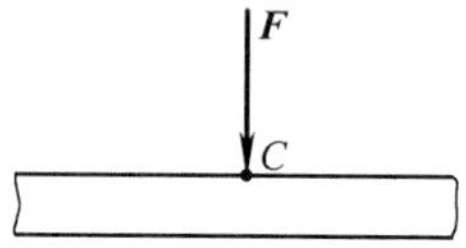 F　C	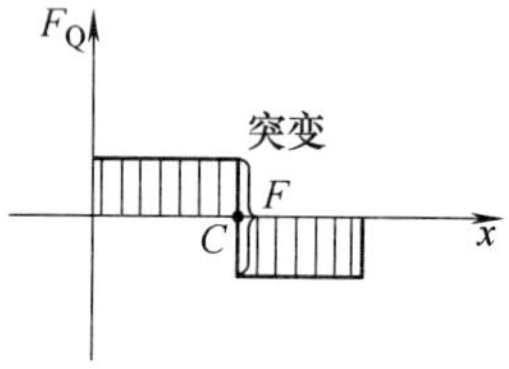 F_Q　突变　C　F　x	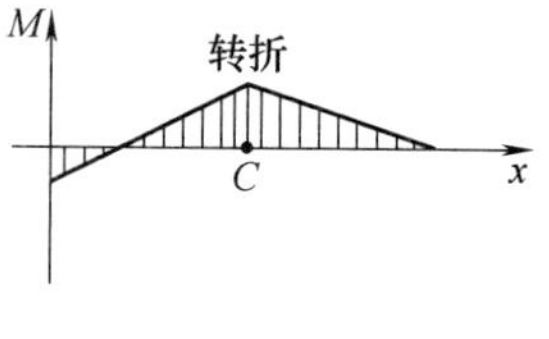 M　转折　C　x
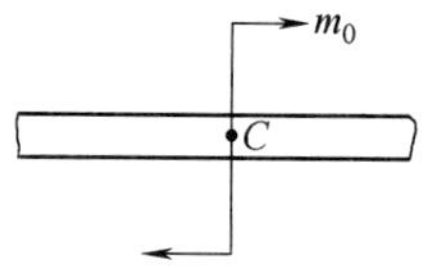 m_0　C	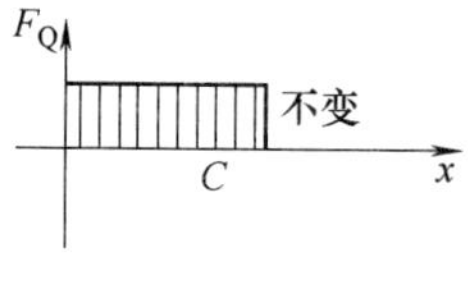 F_Q　不变　C　x	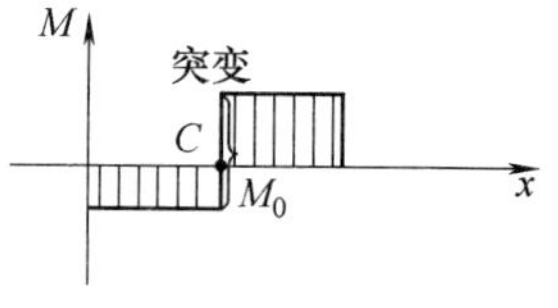 M　突变　C　M_0　x

利用这种关系可绘制和校核剪力图和弯矩图，步骤为：

1）求约束反力，根据梁上已知载荷求解梁的约束反力。

2）分段定形，凡梁上有集中力（力偶）作用的点及载荷集度 q 的起止点，都作为分段的点，并利用微分关系判断各段 $F_Q(x)$、$M(x)$ 图的大致形状。

3）定值作图，计算各段起止点的 $F_Q(x)$、M 值及 M 图的极值点，根据数值连线作图。

例 3-20　外伸梁受载如图 3-89a 所示，试画出剪力图和弯矩图。

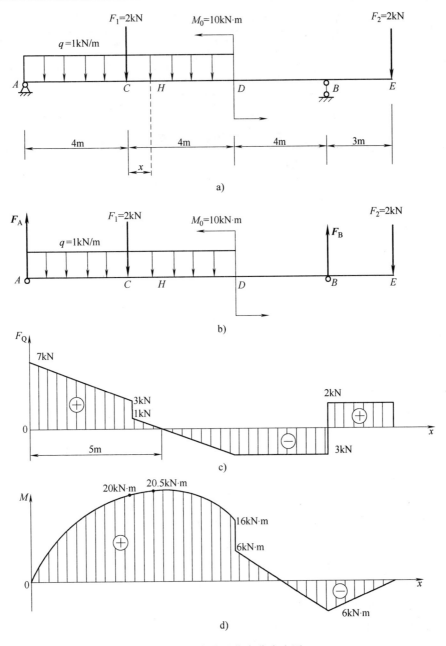

图 3-89 微分法作弯曲内力图

解 （1）求约束反力 由静力学平衡方程得

$$F_A = 7kN \qquad F_B = 5kN$$

（2）画剪力图和弯矩图

1）分段定形。根据受载情况将梁分为 AC、CD、DB、BE 四段。列出各段 F_Q 图和 M 图的特征表（表 3-4）。

2）定值作图。计算各段起点和终点的剪力值和弯矩值，见表 3-5。然后根据数值和特征表连线。

表 3-4　特 征 表

分段	AC	CD	DB	BE
外力	q = 常数 < 0		$q=0$	$q=0$
F_Q 图	下斜直线	下斜直线	水平直线	水平直线
M 图	上凸抛物线	上凸抛物线	斜直线	斜直线

表 3-5　剪力值和弯矩值

分段	AC		CD		DB		BE	
横截面	A_+	C_-	C_+	D_-	D_+	B_-	B_+	E_-
F_Q/kN	7	3	1	-3	-3	-3	2	2
M/(kN·m)	0	20	20	16	6	-6	-6	0

由以上数据可画出 F_Q 图。由图可知，在 CD 段的横截面 H 处，F_Q 为零，所以 M 图在 H 处有极值。设 $CH = x$，得

$$x:(4-x) = 1:3$$

$$x = 1\text{m}$$

然后计算 H 处的弯矩，得

$$M_H = \left(7 \times 5 - 2 \times 1 - 1 \times 5 \times \frac{5}{2}\right)\text{kN} \cdot \text{m} = 20.5\text{kN} \cdot \text{m}$$

五、纯弯曲梁横截面上的正应力

梁弯曲变形时，工程上可以近似地认为梁横截面上的弯矩是由横截面上的正应力形成的，而剪力是由横截面上的切应力形成的，本节将在弯曲梁内力分析的基础上，推导出梁弯曲时的正应力计算方法。

一般情况下，梁的截面上既有弯矩又有剪力，这种弯曲称为剪切弯曲，也称为横力弯曲。如果梁各横截面上只有弯矩而无剪力，则称为纯弯曲。例如，在具有纵向对称面的简支梁上，距梁两端各为 a 处，分别作用一横向力 **F**（图 3-90a），由该梁的剪力图、弯矩图可知，梁中间一段各横截面上的剪力均为零，弯矩为一常数，即 $M = Fa$（图 3-90c），因此该梁中间一段为纯弯曲，两端的梁段为剪切弯曲。

研究纯弯曲时的正应力和研究扭转时切应力的方法相似，也是从观察分析试验现象入手，综合几何、物理、静力学三方面进行推证。

（1）变形几何关系　为了研究纯弯曲梁横截面上的正应力分布规律，可作纯弯曲实验。取一矩形截面等直梁，在表面画些平行于梁轴线的纵向线和垂直于梁轴线的横向线，如图 3-91 所示。在梁的两端施加一对位于梁纵向对称面内的力偶，使梁发生纯弯曲。通过梁的纯弯曲实验可观察到如下现象：

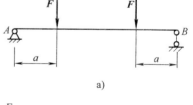

a)

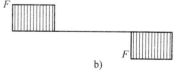

b)

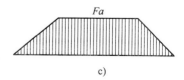

c)

图 3-90　纯弯曲梁

a）梁的计算简图　b）剪力图　c）弯矩图

1）纵向线弯曲成圆弧线，其间距不变。靠近梁顶部凹面的纵向线缩短，靠近梁底部凸面的纵向线伸长。

2）横向线仍为直线，且与纵向线正交，横向线间相对转过了一个微小的角度。

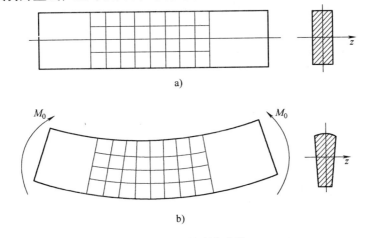

图 3-91　纯弯曲实验

a）变形前的纵向线和横向线　b）变形后的纵向线和横向线

由于梁内部材料的变化无法观察，因此假设横截面在变形过程中始终保持为平面，仅绕横截面内某一轴线旋转了一个微小的角度，这就是梁弯曲时的平面假设。可以设想，梁由无数条纵向纤维组成，且纵向纤维无相互挤压作用，处于单向受拉或受压状态。

根据观察结果，可以设想，梁弯曲时，梁下部的纵向纤维受拉伸长，上部的纵向纤维受压缩短，其长度的改变是沿着截面高度而逐渐变化的，因此可以推断，在其间必然存在着一层纵向纤维既不伸长也不缩短，这层纵向纤维称为中性层，如图 3-92 所示。中性层和横截面的交线称为中性轴，弯曲变形中，梁的横截面绕中性轴旋转一微小角度。显然，在平面弯曲的情况下，中性轴垂直于截面的对称轴。

从上述分析可得出以下结论：

① 梁纯弯曲时，梁的各横截面像刚性平面一样绕其自身中性轴转过了一个微小的角度，即两横截面间的纵向纤维发生拉伸或压缩变形，因此梁纯弯曲时横截面上有垂直于截面的正应力。

② 纵向纤维与横截面保持垂直，截面无切应力。

为了得到变形在横截面上的分布规律，从平面假设出发，相距为 dx 的两横截面间的一段梁，变形后如图 3-93a 所示。取坐标系的 y 轴为截面的对称轴，z 轴为中性轴，如

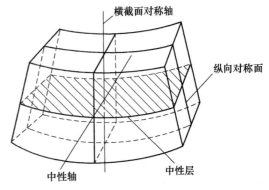

图 3-92　弯曲术语

图 3-93b所示。距中性层为 y 处的纵向纤维变形后的长度 $\widehat{b'b'}$ 应为

$$\widehat{b'b'} = (\rho + y)\,\mathrm{d}\theta$$

式中，ρ 为变形后中性层的曲率半径；$\mathrm{d}\theta$ 是相距为 $\mathrm{d}x$ 的两横截面的相对转角。$\widehat{b'b'}$ 纵向纤维的原长 $\overline{bb}$ 应与中性层内的纤维 $\overline{O'O'}$ 相等，即 $\overline{bb} = \overline{O'O'} = \rho\mathrm{d}\theta$，其线应变为

$$\varepsilon = \frac{\widehat{b'b'} - \overline{O'O'}}{\overline{bb}} = \frac{(\rho + y)\mathrm{d}\theta - \rho\mathrm{d}\theta}{\rho\mathrm{d}\theta} = \frac{y}{\rho} \tag{a}$$

式（a）表明，同一横截面上各点的线应变 ε 与该点到中性层的距离成正比。

（2）物理关系　因假设纵向纤维不相互挤压，只发生了单向的拉伸或压缩变形，当应力不超过材料的比例极限时，材料符合胡克定律，即

$$\sigma = E\varepsilon = E\frac{y}{\rho} \tag{b}$$

式（b）表明，横截面上任一点的正应力与该点到中性轴的距离 y 成正比，即横截面上的正应力沿截面高度按直线规律变化，如图 3-93c 所示。在中性轴上的正应力为零。

（3）静力关系　式（b）虽然找到了正应力在横截面上的分布规律，但中性轴的位置和曲率半径 ρ 却未知，所以仍然不能用式（b）求出正应力的大小，而需用应力和内力间的静力学关系来确定。

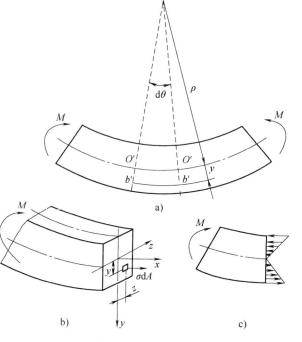

图 3-93　变形关系
a）纵向纤维的变形　b）横截面内力　c）横截面应力分布规律

从图 3-93b 上看，横截面上无数个微内力 $\sigma\mathrm{d}A$ 组成一个与横截面垂直的空间平行力系，将这个力系向截面形心简化，只可以得到三个内力分量

$$F_{\mathrm{N}} = \int_A \sigma\mathrm{d}A \tag{c}$$

$$M_y = \int_A z\sigma\mathrm{d}A \tag{d}$$

$$M_z = \int_A y\sigma\mathrm{d}A \tag{e}$$

由于纯弯曲时横截面上只有弯矩，所以式（c）和式（d）均为零。根据式（c）为零，经数学推理可以得到中性轴 z 必通过截面的形心。

根据图 3-93b 所示的平衡关系，横截面上微内力对 z 轴力矩的总和等于该截面的弯矩，即

$$M = \int_A y\sigma\mathrm{d}A \tag{f}$$

将式（b）代入式（f），得

$$M = \int_A \frac{E}{\rho} y^2 \mathrm{d}A = \frac{E}{\rho} \int_A y^2 \mathrm{d}A \qquad (\mathrm{g})$$

令

$$I_z = \int_A y^2 \mathrm{d}A$$

I_z 称为横截面对中性轴 z 的惯性矩。于是式（g）可写成

$$\frac{1}{\rho} = \frac{M}{EI_z} \qquad (3\text{-}38)$$

式（3-38）为梁弯曲变形的基本公式。该式说明，中性层的曲率 $1/\rho$ 与弯矩 M 成正比，与 EI_z 成反比。由该式还可看出，在弯矩 M 一定时，EI_z 越大，曲率越小，梁不易变形。EI_z 表示梁抵抗弯曲变形的能力，所以称为梁的抗弯刚度。

将式（3-38）代入式（b），简化后得

$$\sigma = \frac{My}{I_z} \qquad (3\text{-}39)$$

式（3-39）即为梁纯弯曲时横截面上任一点的正应力计算公式。由式（3-39）可知，梁横截面上任一点的正应力 σ，与截面上弯矩 M 和该点到中性轴的距离 y 成正比，与截面对中性轴的惯性矩 I_z 成反比。

应用式（3-39）时，M 及 y 均可用绝对值代入。至于所求点的正应力是拉应力还是压应力，可根据梁的变形情况而定。

当 $y = y_{\max}$ 时，梁的截面最外边缘上的各点处正应力达到最大值，即

$$\sigma_{\max} = \frac{My_{\max}}{I_z} = \frac{M}{W_z} \qquad (3\text{-}40)$$

式中，$W_z = I_z / y_{\max}$，称为梁的抗弯截面系数。它只与截面的几何形状有关，单位为 mm^3 或 m^3。

六、截面惯性矩与平行移轴公式

在应用梁弯曲正应力公式时，必须预先计算出截面对中性轴 z 的惯性矩 $I_z = \int_A y^2 \mathrm{d}A$。显然，$I_z$ 只与截面的几何形状和尺寸有关，它反映了截面的几何性质。

1. 简单截面的惯性矩和抗弯截面系数

对于一些简单图形的截面，如矩形、圆形等，其惯性矩可根据定义由式 $I_z = \int_A y^2 \mathrm{d}A$ 直接求得。

（1）矩形截面 设截面宽为 b，高为 h，如图 3-94 所示。则截面对通过形心 O 的对称轴 y、z 的惯性矩和抗弯截面系数为

$$I_z = \int_A y^2 \mathrm{d}A = \int_{-\frac{h}{2}}^{\frac{h}{2}} b y^2 \mathrm{d}y = \frac{bh^3}{12} \qquad (3\text{-}41)$$

$$W_z = \frac{I_z}{y_{\max}} = \frac{bh^3}{12} \bigg/ \frac{h}{2} = \frac{bh^2}{6}$$

同理

$$I_y = \frac{hb^3}{12}; \quad W_y = \frac{hb^2}{6} \qquad (3\text{-}42)$$

（2）圆形截面　设圆截面直径为 D，如图 3-95 所示。则环形截面对其形心轴的惯性矩和抗弯截面系数为

$$I_z = I_y = \int_A y^2 \mathrm{d}A = 2\int_{-\frac{D}{2}}^{\frac{D}{2}} y^2 \sqrt{R^2 - y^2}\,\mathrm{d}y = \frac{\pi D^4}{64} \tag{3-43}$$

$$W_z = W_y = \frac{I_z}{y_{\max}} = \frac{\pi D^4}{64} \bigg/ \frac{D}{2} = \frac{\pi D^3}{32} \tag{3-44}$$

各种型钢截面的惯性矩与抗弯截面系数可直接从附录型钢规格表中查得。

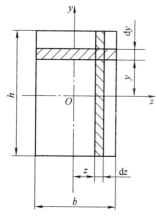

图 3-94　矩形截面的惯性矩

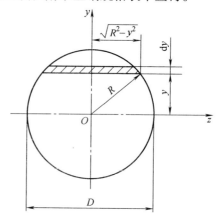

图 3-95　圆截面的惯性矩

2. 平行移轴公式及组合图形的惯性矩

工程中很多梁的横截面是由若干简单图形组合而成，称为组合截面。如图 3-98 所示的 T 形截面。当一个平面图形是由若干个简单的图形组成时，根据惯性矩的定义，可以先算出每一个简单图形对某一轴的惯性矩，然后求其总和，即等于整个图形对于同一轴的惯性矩。这可用下式表达为

$$I_z = \sum I_{zi} \qquad I_y = \sum I_{yi}$$

（1）环形截面　设环形截面的外径为 D，内径为 d，如图 3-96 所示。则环形截面对其形心轴的惯性矩和抗弯截面系数为

$$I_z = I_y = \frac{\pi(D^4 - d^4)}{64} = \frac{\pi D^4}{64}(1 - \alpha^4) \tag{3-45}$$

$$W_z = W_y = \frac{I_z}{\dfrac{D}{2}} = \frac{\pi D^3}{32}(1 - \alpha^4) \tag{3-46}$$

式中，$\alpha = \dfrac{d}{D}$。

（2）平行移轴公式　一般来说，组合图形的形心与各组成部分的形心不重合时，需用平行移轴公式来求解惯性矩。

图 3-97 表示一任意截面的图形，C 为图形的形心，z_C 轴和 y_C 轴为图形的形心轴。设截面图形对于形心轴 z_C 和 y_C 的惯性矩分别为 I_{zC} 和 I_{yC}，平面图形的面积为 A，则对于分别与 z_C 和 y_C 平行的轴 z 和 y 的惯性矩分别为

$$I_z = I_{zC} + a^2 A \tag{3-47}$$

$$I_y = I_{yC} + b^2 A \tag{3-48}$$

此即为惯性矩的平行移轴公式。显然可见，在一组相互平行的轴中，截面图形对各轴的惯性矩以通过形心轴的惯性矩为最小。应用平行移轴公式，可以使较复杂的组合图形惯性矩的计算得以简化。

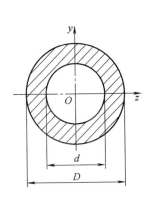

图 3-96　空心圆截面的惯性矩

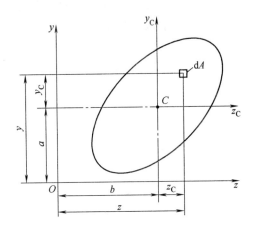

图 3-97　截面对不同轴的惯性矩

例 3-21　T 形截面尺寸如图 3-98 所示，求其对形心轴 z_C 的惯性矩。

解　（1）确定截面的形心位置

$$y_C = \frac{A_1 y_1 + A_2 y_2}{A_1 + A_2} = \frac{20 \times (5+1) + 20 \times 0}{20 + 20} \text{cm}$$

$$= 3 \text{cm}$$

（2）计算两矩形截面对 z_C 轴的惯性矩。根据平行移轴定理

$$I_{zC1} = \frac{10 \times 2^3}{12} \text{cm}^4 + (2+1)^2 \times 20 \text{cm}^4$$

$$= 186.7 \text{cm}^4$$

$$I_{zC2} = \frac{2 \times 10^3}{12} \text{cm}^4 + 3^2 \times 20 \text{cm}^4$$

$$= 346.7 \text{cm}^4$$

$$I_{zC} = I_{zC1} + I_{zC2} = 186.7 \text{cm}^4 + 346.7 \text{cm}^4$$

$$= 533.4 \text{cm}^4$$

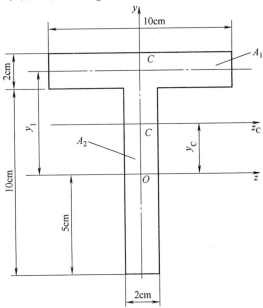

图 3-98　T 形截面的惯性矩

七、梁的切应力简介

梁在剪切弯曲时，其横截面不仅有弯矩，而且有剪力，因而横截面也就有切应力。对于矩形、圆形截面的跨度比高度大得多的梁，因其弯曲正应力比切应力大得多，这时切应力可以忽略不计。但对于跨度较短而截面较

高的梁，以及一些薄壁梁或支座附近有较大载荷的梁，则切应力就不能忽略。本节只介绍几种常见截面梁的切应力分布及其最大切应力公式。

1. 矩形截面梁横截面上的切应力

梁横截面上的切应力是非均匀分布的，对于矩形截面梁横截面上的切应力，可作如下假设：

1）横截面上各点的切应力方向和剪力 F_Q 的方向平行。

2）切应力沿截面宽度均匀分布，大小与距中性轴 z 的距离 y 有关，到中性轴距离相等的点上的切应力大小相等。

根据以上假设，可推导出矩形截面梁横截面上距中性轴为 y 处的切应力为

$$\tau = \frac{F_Q S_z^*}{b I_z} \tag{3-49}$$

式中，F_Q 为横截面上的剪力；S_z^* 为图 3-99 中阴影部分的矩形截面面积 A 对中性轴 z 的静矩，$S_z^* = \frac{b}{2}\left(\frac{h^2}{4} - y^2\right)$，应用式（3-49）时，$S_z^*$ 以绝对值代入；I_z 为整个截面对中性轴的惯性矩；b 为截面宽度。

矩形截面梁横截面上切应力的分布规律为二次曲线，中性轴上的切应力最大，上下边缘处的切应力为零（图 3-99）。

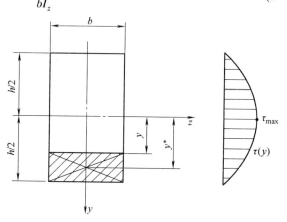

图 3-99　矩形截面切应力分布规律

由此可见，τ_{max} 为

$$\tau_{max} = 3F_Q / (2A) \tag{3-50}$$

2. 其他常见横截面上的最大切应力

τ_{max} 发生在各自截面的中性轴上（图 3-100）。

工字形截面

$$\tau_{max} = F_Q / A (A \text{ 为腹板面积}) \tag{3-51}$$

圆形截面

$$\tau_{max} = 4F_Q / (3A) \tag{3-52}$$

圆环形截面

$$\tau_{max} = 2F_Q / A \tag{3-53}$$

八、梁弯曲时的强度计算

1. 弯曲正应力强度条件

由前述分析可知，梁弯曲时截面上的最大正应力发生在截面的上、下边缘处。对于等截

面直梁来说，其最大正应力一定在最大弯矩截面的上、下边缘处。要使梁具有足够的强度，必须使梁的最大工作应力不超过材料的许用应力，所以弯曲正应力强度条件为

$$\sigma_{max} \leqslant [\sigma]$$

即

$$\sigma_{max} = \left(\frac{M}{W_z}\right)_{max} \leqslant [\sigma] \tag{3-54}$$

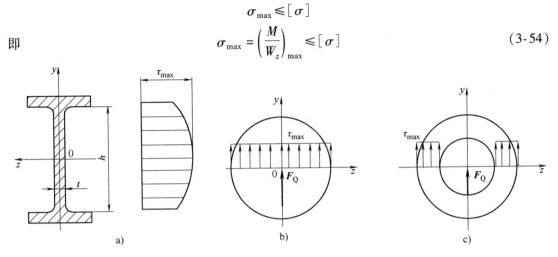

图 3-100　不同截面切应力分布规律

a）工字形截面　b）圆形截面　c）圆环形截面

需要说明的是：

1）式（3-54）是以平面纯弯曲正应力建立的强度条件，对于剪切弯曲的梁，只要梁的跨度 l 远大于截面高度 h（$l/h > 5$）时，截面剪力对正应力的分布影响很小，可以忽略不计。因此，对于剪切弯曲的正应力强度计算仍用纯弯曲应力建立的强度条件。

2）用式（3-54）对梁进行强度计算时，需具体问题具体分析。工程实际中，为了充分发挥梁的弯曲承载能力，根据塑性材料抗拉与抗压性能相同的特征，即 $[\sigma_+] = [\sigma_-]$，一般宜采用上、下对称于中性轴的截面形状，按式（3-54）对梁进行强度计算。而对于脆性材料抗拉与抗压性能不相同的特征，$[\sigma_+] < [\sigma_-]$，一般宜采用上、下不对称中性轴的截面形状，其强度条件为

$$\sigma_{+max} = \left(\frac{My_1}{I_z}\right)_{max} \leqslant [\sigma_+] \tag{3-55}$$

$$\sigma_{-max} = \left(\frac{My_2}{I_z}\right)_{max} \leqslant [\sigma_-] \tag{3-56}$$

式中，y_1 为受拉一侧的截面边缘到中性轴的距离；y_2 为受压一侧的截面边缘到中性轴的距离。

2. 弯曲切应力强度条件

对于短跨梁、薄壁梁或承受较大剪力的梁，除了进行弯曲正应力强度计算外，还应进行弯曲切应力强度计算。梁弯曲时最大切应力通常发生在中性轴上各点处，为使梁的强度足够，必须使梁内的最大切应力 τ_{max} 不超过材料的许用切应力 $[\tau]$，所以梁的弯曲切应力强度条件为

$$\tau_{max} \leqslant [\tau]$$

例 3-22　一吊车梁用 32c 工字钢制成，可将其简化为一简支梁（图 3-101a），梁长 $l =$

10m，自重力不计。若最大起重载荷 $F = 35$kN（包括葫芦和钢丝绳），许用应力为 $[\sigma]$ = 130MPa，试校核梁的强度。

解： （1）求最大弯矩　当载荷在中点时，该处产生最大弯矩，从图中可得

$$M_{max} = Fl/4 = [(35 \times 10)/4]kN \cdot m$$
$$= 87.5kN \cdot m$$

（2）校核梁的强度　查型钢表得32c工字钢的抗弯截面系数 $W_z = 760cm^3$，所以

$$\sigma_{max} = \frac{M_{max}}{W_z} = \frac{87.5 \times 10^6}{760 \times 10^3}$$
$$= 115.1MPa < [\sigma]$$

所以该梁满足强度要求。

例3-23　T形截面外伸梁尺寸及受载如图3-102a所示，截面对形心轴 z 的惯性矩 $I_z = 86.8cm^4$，$y_1 = 3.8cm$，材料的许用拉应力 $[\sigma_+] = 30$MPa，许用压应力 $[\sigma_-] = 60$MPa。试校核该梁的强度。

解　（1）用平衡方程解出梁的约束反力　$F_A = 0.6$kN，$F_B = 2.2$kN，作出弯矩图如图3-102c所示，得最大正弯矩在截面 C 处，$M_C = 0.6$kN · m，最大负弯矩在截面 B 处，$M_B = -0.8$kN · m。

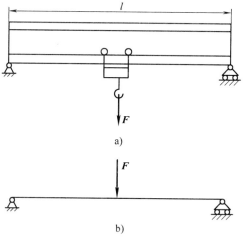

a)

b)

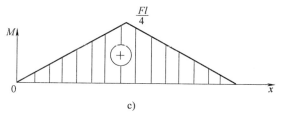

c)

图 3-101　吊车工作示意图

a）吊车工作示意图　b）吊车梁受力图　c）弯矩图

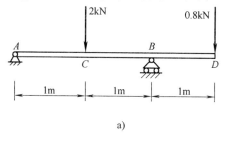

a)

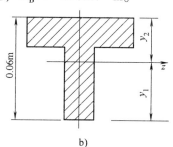

b)

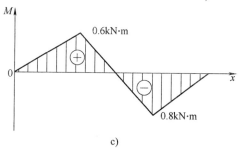

c)

图 3-102　T形截面外伸梁工作示意图

a）梁载荷图　b）梁截面尺寸　c）弯矩图

（2）校核梁的强度 截面 C 和截面 B 均为危险截面，都要进行强度校核。

截面 B 处：最大拉应力发生在截面上边缘各点处，得

$$\sigma_{+\max} = \frac{M_B y_2}{I_z} = \frac{0.8 \times 10^6 \times 2.2 \times 10}{86.8 \times 10^4} \text{MPa} = 20.3 \text{MPa} < [\sigma_+]$$

最大压应力发生在截面下边缘各点处，得

$$\sigma_{-\max} = \frac{M_B y_1}{I_z} = \frac{0.8 \times 10^6 \times 3.8 \times 10}{86.8 \times 10^4} \text{MPa} = 35.2 \text{MPa} < [\sigma_-]$$

截面 C 处：弯矩比 B 处的小，但最大拉应力发生在截面的下边缘各点处，而这些点到中性轴的距离比上边缘各点到中性轴的距离大，且 $[\sigma_+] > [\sigma_-]$，故还要校核最大拉应力

$$\sigma_{+\max} = \frac{M_C y_1}{I_z} = \frac{0.6 \times 10^6 \times 3.8 \times 10}{86.8 \times 10^4} \text{MPa} = 26.4 \text{MPa} < [\sigma_+]$$

由此可得，该梁安全。

例 3-24 如图 3-103 所示简支梁。材料的许用正应力 $[\sigma] = 140 \text{MPa}$，许用切应力 $[\tau] = 80 \text{MPa}$。试选择合适的工字钢型号。

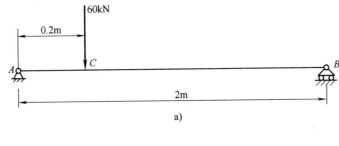

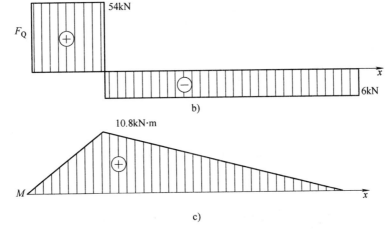

图 3-103 T形截面外伸梁工作示意图

a）外伸梁工作简图 b）剪力图 c）弯矩图

解 （1）用静力学平衡方程得梁的约束反力 $F_A = 54 \text{kN}$，$F_B = 6 \text{kN}$，并作剪力图和弯矩图如图 3-103b、c 所示，得 $F_{Q\max} = 54 \text{kN}$，$M_{\max} = 10.8 \text{kN} \cdot \text{m}$。

（2）选择工字钢型号 由正应力强度条件得

$$W_z \geqslant \frac{M_{max}}{[\sigma]} = \frac{10.8 \times 10^6}{140} mm^3 = 77.1 \times 10^3 mm^3$$

查型钢表，选用 12.6 号工字钢，$W_z = 77.529 \times 10^3 mm^3$，$H = 126mm$，$t = 8.4mm$，$d = 5mm$。

（3）切应力校核　12.6 号工字钢腹板面积为

$$A = (H - 2t)d = (126 - 2 \times 8.4) \times 5 mm^2 = 546 mm^2$$

$$\tau_{max} = \frac{F_Q}{A} = \frac{54 \times 10^3}{546} MPa = 98.9 MPa > [\tau]$$

故需重选。选用 14 号工字钢，其中 $H = 140mm$，$t = 9.1mm$，$d = 5.5mm$，则

$$A = (140 - 2 \times 9.1) \times 5.5 mm^2 = 669.9 mm^2$$

$$\tau_{max} = \frac{F_Q}{A} = \frac{54 \times 10^3}{669.9} MPa = 80.6 MPa > [\tau] = 80 MPa$$

最大切应力不超过许用应力的 5%，工程上可以认为是安全的，所以最后确定选用 14 号工字钢。

九、梁的弯曲变形与刚度条件

工程实际中，梁除了应有足够的强度外，还必须具有足够的刚度，即在载荷作用下梁的弯曲变形不能过大，否则梁就不能正常工作。如齿轮轴变形过大，会使齿轮不能正常啮合，产生振动和噪声；起重机横梁的变形过大，会使吊车移动困难；机械加工中刀杆或工件的变形，将导致较大的制造误差（图 3-104），因此，工程中对梁的变形有一定要求，即其变形量不得超出工程容许的范围。

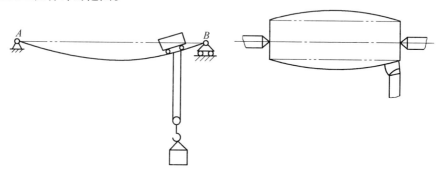

图 3-104　起重机横梁和被车削工件

1. 挠度和转角

度量梁变形的两个基本物理量是挠度和转角。它们主要是由弯矩产生的，剪力的影响可以忽略不计。以悬臂梁为例（图 3-105），变形前，梁的轴线是直线 AB，$m—n$ 是梁的一横截面。变形后，AB 变为光滑的连续曲线 AB_1，$m—n$ 转到了 $m_1—n_1$ 的位置。轴线上各点在 y 方向上的位移称为挠度，在 x 方向上的位移很小，可忽略不计。各横截面相对原来位置转过的角度称为转角。图中的 CC_1 即为 C 点的挠度，如规定向上的挠度为正值，则 CC_1 为负值。图中的 θ 为 $m—n$ 截面的转角，规定逆时针方向转动的转角为正，反之为负。

可以看出，转角的大小与挠曲线上 C_1 点的切线与 x 轴的夹角相等。

曲线 AB_1 表示了全梁各截面的挠度值，称为挠曲线。挠曲线是梁截面位置坐标 x 的函数，记作

$$y = f(x) \qquad (3-57)$$

此式称为挠曲线方程。

因为转角很小，所以

$$\theta \approx \tan\theta = f'(x) \qquad (3-58)$$

此式称为转角方程，其中 θ 的单位为 rad。

2. 梁的刚度条件

梁的刚度条件为

$$y_{max} \leqslant [y] \qquad (3-59)$$

$$\theta_{max} \leqslant [\theta] \qquad (3-60)$$

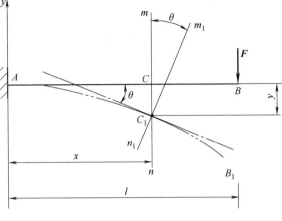

图 3-105 悬臂梁的挠度和转角

式中，$[y]$ 为许用挠度；$[\theta]$ 为许用转角，其值可根据工作要求或参照有关手册确定。

在设计梁时，一般先按强度条件设计，再校核刚度条件。如所选截面不能满足刚度条件，再考虑重新选择。

3. 叠加法求梁的变形

工程上为了快速求梁的变形，把常见梁及常见简单载荷组合起来，列出了它们的变形情况，见表 3-6，我们可根据实际情况进行对照求解。如梁上所受为多个载荷，可以把它分解成若干简单载荷分别作用的情况，最终的变形是这若干个简单载荷叠加的结果。即梁在几个载荷共同作用下产生的变形，等于各个载荷分别作用时产生的变形的代数和。这种求梁变形的方法称为叠加法。

例 3-25 抗弯刚度为 EI_z 的简支梁如图 3-106 所示，全梁受向下的分布载荷，中点受向上的集中力 F，试求梁中点的挠度和铰支座处的转角 θ_A、θ_B。

解 将梁的受力分解为集中力 F 和分布载荷 q 两种情况，查表 3-6 得

受集中力时

$$y_{CF} = \frac{Fl^3}{48EI_z}, \quad \theta_{AF} = \frac{Fl^2}{16EI_z}, \quad \theta_{BF} = \frac{-Fl^2}{16EI_z}$$

受分布力时

$$y_{Cq} = -\frac{5ql^4}{384EI_z}, \quad \theta_{Aq} = -\frac{ql^3}{24EI_z}, \quad \theta_{Bq} = \frac{ql^3}{24EI_z}$$

进行叠加

$$y_C = y_{CF} + y_{Cq} = \frac{Fl^3}{48EI_z} - \frac{5ql^4}{384EI_z}$$

$$\theta_A = \theta_{AF} + \theta_{Aq} = \frac{Fl^2}{16EI_z} - \frac{ql^3}{24EI_z}$$

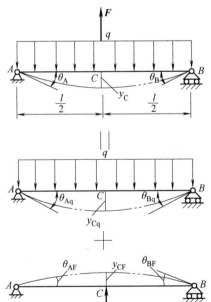

图 3-106 叠加法求梁的变形

$$\theta_B = \theta_{BF} + \theta_{Bq} = \frac{-Fl^2}{16EI_z} + \frac{ql^3}{24EI_z}$$

表 3-6　梁在简单载荷作用下的变形

序号	梁的简图	挠曲线方程	端截面转角	最大挠度
1		$y = -\dfrac{Mx^2}{2EI_z}$	$\theta_B = -\dfrac{Ml}{EI_z}$	$y_B = -\dfrac{Ml^2}{2EI_z}$
2		$y = -\dfrac{Fx^2}{6EI_z}(3l - x)$	$\theta_B = -\dfrac{Fl^2}{2EI_z}$	$y_B = -\dfrac{Fl^3}{3EI_z}$
3		$y = -\dfrac{Fx^2}{6EI_z}(3a - x)$ $0 \leqslant x \leqslant a$ $y = -\dfrac{Fa^2}{6EI_z}(3x - a)$ $a \leqslant x \leqslant l$	$\theta_B = -\dfrac{Fa^2}{2EI_z}$	$y_B = -\dfrac{Fa^2}{6EI_z}(3l - a)$
4		$y = -\dfrac{qx^2}{24EI_z}(x^2 - 4lx + 6l^2)$	$\theta_B = -\dfrac{ql^3}{6EI_z}$	$y_B = -\dfrac{ql^4}{8EI_z}$
5		$y = -\dfrac{Mx}{6EI_z l}(l - x)(2l - x)$	$\theta_A = -\dfrac{Ml}{3EI_z}$ $\theta_B = \dfrac{Ml}{6EI_z}$	$x = \left(1 - \dfrac{1}{\sqrt{3}}\right)l$ $y_{\max} = -\dfrac{Ml^2}{9\sqrt{3}EI_z}$ $x = \dfrac{l}{2}$ $y_{\frac{l}{2}} = -\dfrac{Ml^2}{16EI_z}$
6		$y = \dfrac{Mx}{6EI_z l}(l^2 - 3b^2 - x^2)$ $0 \leqslant x \leqslant a$ $y = \dfrac{M}{6EI_z l}$ $[-x^3 + 3l(x - a)^2 + (l^2 - 3b^2)x]\, a \leqslant x \leqslant l$	$\theta_A = \dfrac{M}{6EI_z l}(l^2 - 3b^2)$ $\theta_B = \dfrac{M}{6EI_z l}(l^2 - 3a^2)$	

（续）

序号	梁的简图	挠曲线方程	端截面转角	最大挠度
7		$y = \dfrac{Fx}{48EI_z}(3l^2 - 4x^2)$ $0 \leqslant x \leqslant l$	$\theta_A = -\theta_B =$ $-\dfrac{Fl^2}{16EI_z}$	$y_{max} = -\dfrac{Fl^3}{48EI_z}$
8		$y = -\dfrac{Fbx}{6EI_zl}(l^2 - x^2 - b^2)$ $0 \leqslant x \leqslant a$ $y = -\dfrac{Fb}{6EI_zl}\left[\dfrac{l}{b} \times \right.$ $(x-a)^3 +$ $\left. (l^2 - b^2)x - x^3 \right]$	$\theta_A = -\dfrac{Fab(l+b)}{6EI_zl}$ $\theta_B = \dfrac{Fab(l+a)}{6EI_zl}$	设 $a > b$ $x = \sqrt{\dfrac{l^2 - b^2}{3}}$ 处 $y_{max} = -\dfrac{Fb\sqrt{(l^2-b^2)^3}}{9\sqrt{3}EI_zl}$ $x = \dfrac{l}{2}$ 处 $y\dfrac{l}{2} = -\dfrac{Fb(3l^2-4b^2)}{48EI_z}$
9		$y = -\dfrac{qx}{24EI_z}(l^3 - 2lx^2 + x^3)$	$\theta_A = -\theta_B = -\dfrac{ql^3}{24EI_z}$	$y_{max} = -\dfrac{5ql^4}{384EI_z}$
10		$y = \dfrac{Fax}{6EI_zl}(l^2 - x^2)$ $0 \leqslant x \leqslant l$ $y = -\dfrac{F(x-l)}{6EI_z}$ $\left[a(3x-t) - (x-l)^2 \right]$ $l \leqslant x \leqslant (l+a)$	$\theta_A = -\dfrac{1}{2}, \theta_B = \dfrac{Fal}{6EI_z}$ $\theta_C = -\dfrac{Fa}{6EI_z}(2l+3a)$	$y_C = -\dfrac{Fa^2}{3EI_z}(l+a)$
11		$y = -\dfrac{Mx}{6EI_zl}(x^2 - l^2)$ $0 \leqslant x \leqslant l$ $y = -\dfrac{M}{6EI_z}(3x^2 - 4xl + l^2)$ $l \leqslant x \leqslant (l+a)$	$\theta_A = -\dfrac{1}{2}, \theta_B = \dfrac{Ml}{6EI_z}$ $\theta_C = -\dfrac{M}{3EI_z}(l+3a)$	$y_C = -\dfrac{Ma}{6EI_z}(2l+3a)$

十、用变形比较法解简单超静定梁

工程上常用增加约束的方法来提高梁的强度和刚度，这就构成了超静定梁。如车削加工时，卡盘将工件夹紧（视为固定端）是一个静定机构（图 3-107a、b）。但在加工细长杆时，还要用顶尖（简化为活动铰链支座）将工件末端顶住，必要时再使用跟刀架（简化为活动铰链支座），可大幅提高工件的刚度，减少加工误差。但也构成了一个超静定梁。

解超静定梁时，可将多余约束去掉，代之以约束反力，并保持原约束处的变形条件，该梁称为原超静定梁的相当系统，或称为静定基。对同一个超静定梁，根据解除的约束不同，可得到不同的静定基。图 3-107c、d 所示都是原超静定梁的静定基。

例 3-26 求作图 3-108 所示超静定梁的弯矩图，并求出最大弯矩值（EI_z 为常数）。

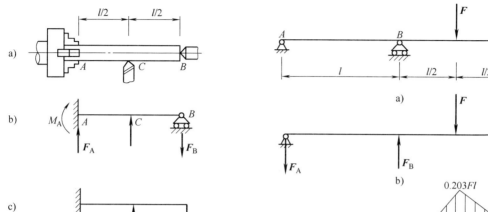

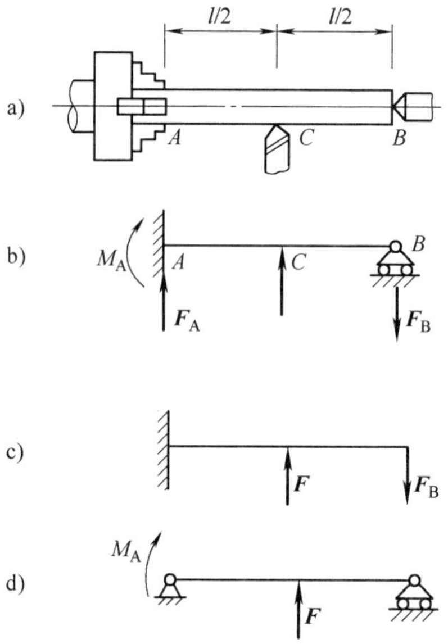

图 3-107 超静定梁及其静定基
a）车削工件示意图 b）计算简图
c）静定基 1 d）静定基 2

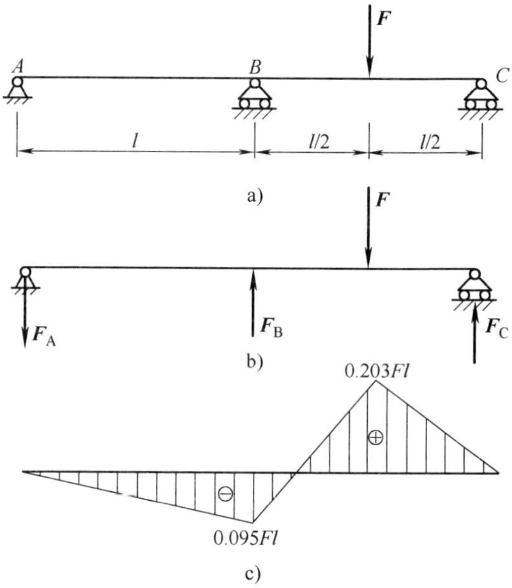

图 3-108 三支点超静定梁
a）梁的工作简图 b）梁的载荷图 c）弯矩图

解 （1）解除 B 点约束 可得相当系统，且 $y_B = 0$，查表 3-6 得

$$y_{BF} = -\frac{F\frac{l}{2}l}{6 \times 2lEI_z}\left[(2l)^2 - l^2 - \left(\frac{l}{2}\right)^2\right] = -\frac{11Fl^3}{96EI_z}$$

$$y_{BF_B} = \frac{F_B(2l^3)}{48EI_z} = \frac{F_Bl^3}{6EI_z}$$

根据叠加原理，$y_B = y_{BF} + y_{BF_B} = 0$，得 $F_B = \frac{11}{16}F$。

（2）由静力平衡方程可得

$$\sum M_A(\boldsymbol{F}) = 0 \qquad F_C \times 2l + F_Bl - F \times \frac{3}{2}l = 0$$

$$F_C = \frac{13}{32}F$$

$$\sum F_y = 0 \qquad F_B + F_C - F_A - F = 0$$

$$F_A = \frac{3}{32}F$$

（3）作梁的弯矩图 可得梁上的最大弯矩为 $0.203Fl$。

本题还有其他解法，如解除 C 点的约束，可得同样的解。

如去掉中间铰，则为静定梁。在受载相同的情况下，梁上的弯矩最大为 $0.375Fl$，因而比超静定梁大得多。

十一、提高梁强度和刚度的措施

1. 提高梁强度的措施

前面曾经指出，弯曲正应力是影响梁安全的主要因素。所以弯曲正应力的强度条件往往是设计梁的主要依据。从这个条件看，要提高梁的承载能力应从两方面考虑：一是合理安排梁的受力情况，以降低 M_{max} 的数值；二是采用合理的截面形状，以提高 W_z 的数值，充分利用材料的性能。下面我们分成几点进行讨论。

（1）合理安排梁的受力情况 改善梁的受力情况，尽量降低梁内最大弯矩，相对来说，也就是提高了梁的强度。

1）合理布置梁的支座。如图 3-109a 所示，$M_{max} = 0.125ql^2$。若将两端支座向里移动 $0.2l$，如图 3-109b 所示，则 M_{max} 减小为 $0.025ql^2$。

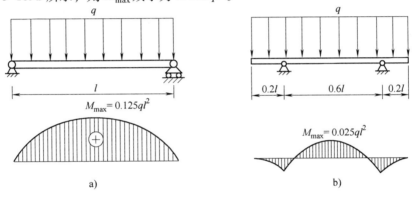

图 3-109 受均布载荷的简支梁和两端外伸梁

a）支座在两端的简支梁 b）将两端支座向里移动 $0.2l$ 的外伸梁

2）合理布置载荷。当载荷已确定时，合理地布置载荷可以减小梁上的最大弯矩，提高梁的承载能力。例如，图 3-110 所示由桥梁简化得来的简支梁，其额定最大承载能力是指载荷在桥中间时的最大值，超出额定载荷的物体要过桥时，采用长平板车将集中载荷分为几个载荷，就能安全过桥。吊车采用副梁可以吊起更重的物体也是这个道理。

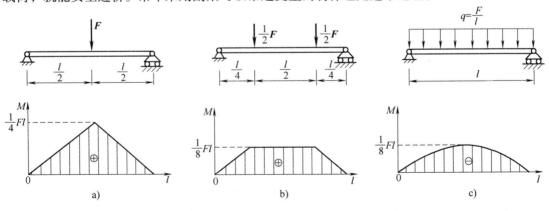

图 3-110 受集中载荷和分散载荷的简支梁

a）集中载荷 b）分散载荷 c）均布载荷

（2）合理选择梁的截面

1）梁的抗弯截面系数 W_z 与截面的面积、形状有关，在满足 W_z 的情况下选择适当的截面形状，使其面积减小，可达到节约材料、减轻自重的目的。由于横截面上正应力和各点到中性轴的距离成正比，靠近中性轴的材料正应力较小，未能充分发挥其潜力，故将靠近中性轴的材料移至截面的边缘，必然使 W_z 增大。用工字钢和槽钢制成的梁的截面就较为合理。

若把弯曲正应力的强度条件写成

$$M_{\max} \leqslant [\sigma] W_z$$

可见梁可能承受的 $M_{\max}$ 与抗弯截面系数 W_z 成正比，W_z 越大越有利。另一方面，使用材料的多少和自重的大小，则与截面面积 A 成正比，面积越小越经济。因而，合理的截面形状应该是截面面积 A 较小，而抗弯截面系数 W_z 较大。例如，截面高度 h 大于宽度 b 的矩形截面梁，抵抗垂直平面内的弯曲变形时，若把截面竖放（图 3-111），则 $W_{z1} = \dfrac{bh^3}{6}$；若平放，则

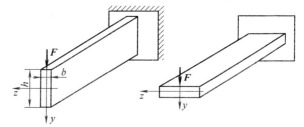

图 3-111　不同放置形式的矩形截面梁

$W_{z2} = \dfrac{hb^3}{6}$，两者之比是 $\dfrac{W_{z1}}{W_{z2}} = \dfrac{h}{b} > 1$。

所以竖放比平放有较高的抗弯强度。房屋和桥梁等建筑物中的矩形截面梁，一般都是竖放的。

截面的形状不同，其抗弯截面系数 W_z 也就不同。可以用比值 $\dfrac{W_z}{A}$ 来衡量截面形状的合理性和经济性。比值 $\dfrac{W_z}{A}$ 越大，则截面的形状越经济合理。

矩形截面的比值 $\dfrac{W_z}{A}$ 为

$$\frac{W_z}{A} = \frac{1}{6}bh^2 / (bh) = 0.167h$$

圆形截面的比值 $\dfrac{W_z}{A}$ 为

$$\frac{W_z}{A} = \frac{\pi d^3}{32} \bigg/ \frac{\pi d^2}{4} = 0.125d$$

对于其他形状的截面，也可得出形式相同的结果。因此可写成一般形式

$$\frac{W_z}{A} = kh$$

几种常用截面的比值 k 列于表 3-7 中。从表中所列数值可以看出，工字钢和槽钢比矩形截面经济合理，矩形截面比圆形截面经济合理。所以桥式起重机的大梁以及其他钢结构中的抗弯构件，经常采用工字形截面、槽形截面等。从正应力的分布规律来看，弯曲时梁截面上的点离中性轴越远，正应力越大。为了充分利用材料，应尽可能地把材料置放到离中性轴较

远处。圆形截面在中性轴附近聚集了较多的材料，使其未能充分地发挥作用。为了将材料移到离中性轴较远处，可将实心圆截面改为空心圆截面。至于矩形截面，如把中性轴附近的材料移置到上、下边缘处，这就成了工字形截面。

表 3-7　常用截面的 k 值

截面名称	正方形（对角线平置）	圆形	矩形	薄壁圆环	工字钢	理想截面
截面形状	◇	○	▭	◎	I	⊏⊐
k	0.083	0.125	0.167	0.205	0.27 ~ 0.31	0.27 ~ 0.31

在讨论截面的合理形状时，还要考虑材料的特性。对抗拉和抗压强度相等的材料（如碳钢），宜采用对中性轴对称的截面，如圆形、矩形等。这样可使截面上、下边缘处的最大拉应力和最大压应力数值相等，同时接近于许用应力。对抗拉和抗压强度不相等的材料（如铸铁），宜采用中性轴偏于受拉一侧的截面形状。

2）前面讨论的梁都是等截面的，W_z = 常数，但梁在各个截面上的弯矩却随截面的位置而变化。对于等截面梁来说，只有在弯矩为最大值的截面上，最大应力才有可能接近许用应力。其余各截面上的弯矩较小，应力也就较低，材料没有充分利用。为了节约材料，减轻自重，可改变截面尺寸，使抗弯截面系数随弯矩而变化。在弯矩较大处采用较大截面，而在弯矩较小处采用较小截面。这种截面沿轴线变化的梁，称为变截面梁。变截面梁的正应力计算仍可近似地用等截面梁的公式，如变截面梁各横截面上的最大正应力都相等，且都等于许用应力，就是等强度梁（图 3-112 和图 3-113）。

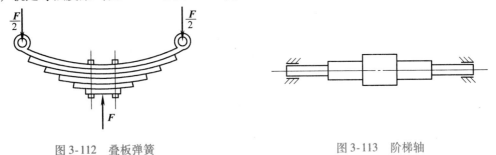

图 3-112　叠板弹簧　　　　　　　　　　　图 3-113　阶梯轴

2. 提高梁刚度的措施

从挠曲线的微分方程可以看出，弯曲变形与弯矩大小、跨度长短、支座条件、梁截面的惯性矩、材料的弹性模量有关，所以提高梁的刚度，应该从考虑以上各因素入手。

（1）改善结构形式，减小弯矩的数值　弯矩是引起弯曲变形的主要因素，所以减小弯矩就是提高弯曲刚度。在结构允许的情况下，应使轴上的齿轮、带轮等尽可能地靠近支座；把集中力分散成分布力；减小跨度等，这些是减小弯曲变形的有效方法。如果跨度缩短一半，则挠度减为原来的 1/8。在长度不能缩短的时候，可采用增加支承的方法提高梁的刚度，变静定梁为超静定梁。

（2）选择合理的截面形状　增大截面惯性矩 I_z，也可以提高刚度。前面已经提过，工字钢、槽钢截面比面积相等的矩形截面有更大的惯性矩。一般来说，提高截面惯性矩，往往也同时提高了梁的刚度。

弯曲变形还与材料的弹性模量有关。因为各种钢材的弹性模量大致相同，所以为提高刚度而采用高强度的钢材，并不会达到预期的效果。

▷▷▷ **任务实施**

20a 工字钢梁如图 3-74 所示，若 $[\sigma] = 160\text{MPa}$，试求许用载荷 $[P]$。

解　（1）求约束反力　画出工字梁的受力图（图 3-114）。

由静力平衡列方程，得　$F_A = -F_B = \dfrac{P}{3}$

（2）画出工字梁的弯矩图（图 3-115）

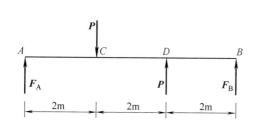

图 3-114　受力图

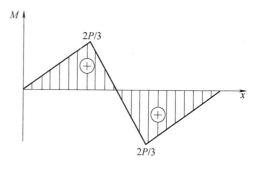

图 3-115　弯矩图

由弯矩图知 $M_{\max} = \dfrac{2P}{3}$

（3）查表得 20a 工字钢抗弯截面系数

$$W = 237 \times 10^{-6} \text{m}^3$$

（4）求许用载荷　由于梁横截面关于中性轴对称，根据正应力强度条件，得

$$\sigma_{\max} = \frac{M_{\max}}{W} = \frac{2P}{3W} \leq [\sigma]$$

故　　　　　$P \leqslant \dfrac{3W[\sigma]}{2} = \dfrac{3 \times 237 \times 10^{-6} \times 160 \times 10^6}{2} \text{kN} = 56.88\text{kN}$

取许用载荷 $[P] = 57\text{kN}$。

思考与练习

1. 什么情况下梁发生平面弯曲？

2. 悬臂梁受集中力 F 作用，F 与 y 轴的夹角如图 3-116 所示。当截面为圆形、正方形、矩形时，梁是否发生平面弯曲？

3. 扁担常在中间折断，跳水踏板易在固定端处折断，为什么？

4. 钢梁和铝梁的尺寸、约束、截面、受力均相同，其内力、最大弯矩、最大正应力及梁的最大挠度是否相同?

5. 在弯矩突变处，梁的转角、挠度有突变吗？在弯矩最大处，梁的转角、挠度一定最大吗？

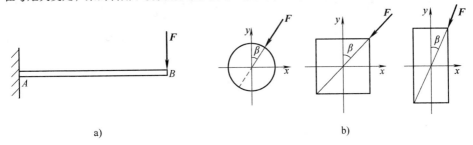

a)

b)

图 3-116　题 2 图

6. T 形截面铸铁梁，承受最大正弯矩小于最大负弯矩（绝对值），则如何放置才合理？

7. 试求图 3-117 所示各梁指定截面上的剪力和弯矩。设 q、F、a 均为已知。

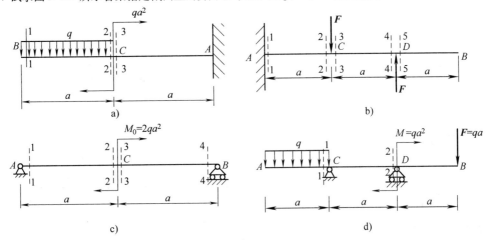

图 3-117　题 7 图

8. 试作图 3-118 所示各梁的剪力图和弯矩图，并求出剪力和弯矩的绝对值的最大值，设 q、F、a、l 均为已知。

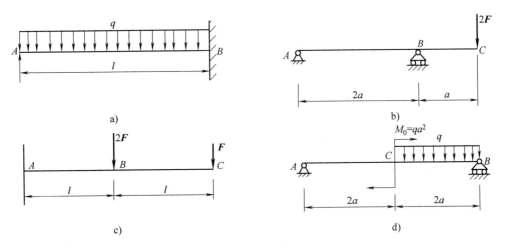

图 3-118　题 8 图

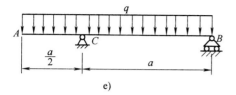

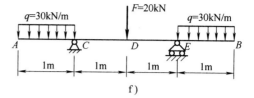

图 3-118　题 8 图（续）

9. 已知悬臂梁的剪力图，如图 3-119 所示，试作出此梁的载荷图和弯矩图（梁上无集中力偶）。

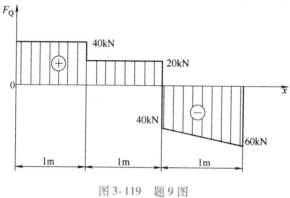

图 3-119　题 9 图

10. 试判断图 3-120 中的 F_Q、M 图是否有错，并改正错误。

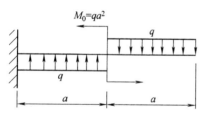

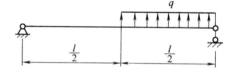

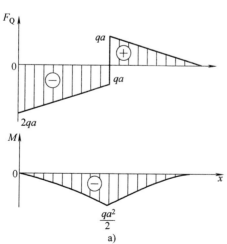

a)

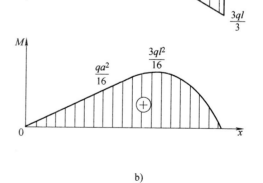

b)

图 3-120　题 10 图

11. 如图 3-121 所示外伸结构（如运动场上的双杠），常将外伸段设计成 $a = l/4$，为什么？

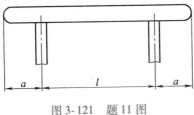

图 3-121 题 11 图

12. 圆形截面梁受载荷如图 3-122 所示，试计算支座 B 处梁截面上的最大正应力。

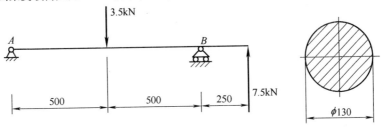

图 3-122 题 12 图

13. 简支梁受载如图 3-123 所示，已知 $F = 10\text{kN}$，$q = 10\text{kN/m}$，$l = 4\text{m}$，$c = 1\text{m}$，$[\sigma] = 160\text{MPa}$。试设计正方形截面和 $b/h = 1/2$ 的矩形截面，并比较它们面积的大小。

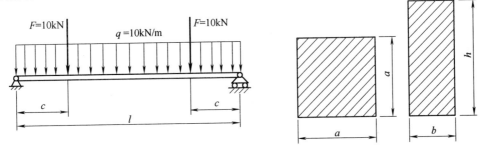

图 3-123 题 13 图

14. 空心管梁受载如图 3-124 所示。已知 $[\sigma] = 150\text{MPa}$，管外径 $D = 60\text{mm}$，在保证安全的条件下，求内径 d 的最大值。

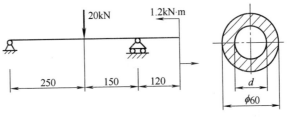

图 3-124 题 14 图

15. 槽形铸铁梁受载如图 3-125 所示，槽形截面对中性轴 z 的惯性矩 $I_z = 40 \times 10^6 \text{mm}^4$，材料的许用拉应力 $[\sigma_+] = 40\text{MPa}$，许用压应力 $[\sigma_-] = 150\text{MPa}$。试校核此梁的强度。

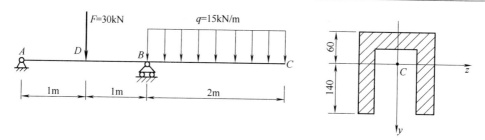

图 3-125　题 15 图

16. 如图 3-126 所示轧辊轴直径 $D = 280\text{mm}$，跨度 $l = 1000\text{mm}$，$a = 450\text{mm}$，$b = 100\text{mm}$，轧辊轴材料的许用弯曲正应力 $[\sigma] = 100\text{MPa}$。求轧辊轴所能承受的最大轧制力。

17. 有工字钢 20b 制成的外伸梁如图 3-127 所示，在外伸梁 C 处作用集中载荷 F，已知材料的许用应力 $[\sigma] = 100\text{MPa}$，外伸部分长度为 2m，求最大许用载荷 $[F]$。

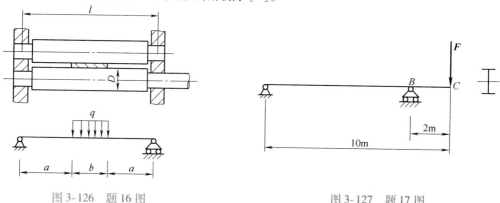

图 3-126　题 16 图　　　　　　　　　　　图 3-127　题 17 图

习 题 答 案

7. 图 a)　$F_{Q1} = 0$，$M_1 = 0$，$F_{Q2} = -qa$，$M_2 = -\dfrac{1}{2}qa^2$，$F_{Q3} = -qa$

$$M_3 = \frac{1}{2}qa^2$$

图 b)　$F_{Q1} = 0$，$M_1 = Fa$，$F_{Q2} = 0$，$M_2 = Fa$，$F_{Q3} = -F$，$M_3 = Fa$

$F_{Q4} = -F$，$M_4 = 0$，$F_{Q5} = 0$，$M_5 = 0$

图 c)　$F_{Q1} = -qa$，$M_1 = 0$，$F_{Q2} = -qa$，$M_2 = -qa^2$，$F_{Q3} = qa$，$M_3 = qa^2$

$F_{Q4} = -qa$，$M_4 = 0$

图 d)　$F_{Q1} = -qa$，$M_1 = -\dfrac{1}{2}qa^2$，$F_{Q2} = -\dfrac{3}{2}qa$，$M_2 = -2qa^2$

12. $\sigma_{\max} = 8.7\text{MPa}$

13. $A_{正} = 108.2\text{cm}^2$，$A_{矩} = 85.8\text{cm}^2$

14. $d_{\max} = 39\text{mm}$

15. 不安全，$\sigma_{+\max} = 45\text{MPa} > [\sigma_+]$

16. 907kN

17. $[F_{\max}] = 12.5\text{kN}$

任务五　应力状态与强度理论简介

>>> **任务描述**

从构件中取出一单元体，各截面的应力如图 3-128 所示，试用解析法和图解法确定应力的大小和方位，并画出主单元体。

>>> **任务分析**

了解应力状态的概念及分类，分析二向应力状态下的应力，掌握四种强度理论条件及适用范围。

>>> **知识准备**

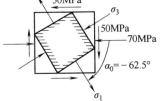

图 3-128　单元体

讨论杆的基本变形时，强度校核都是分别对横截面上的正应力或切应力进行的。当横截面上的点同时存在正应力和切应力时，前述的强度条件就不再适用。这就需要在分析一点处应力状态的基础上建立新的强度准则。

一、应力状态的概念

1. 研究一点处应力状态的目的

通过研究发现，在受力构件内一点处所截取的截面方位不同，截面上应力的大小和方向也是不同的。为了更全面地了解杆内的应力情况，分析各种破坏现象，必须研究受力构件内某一点处的各个不同方位截面上的应力情况。通常把受力构件内某一点处的各个不同方位截面上的应力情况称为该点的应力状态。研究危险点处应力状态的目的就在于确定在哪个截面上该点处有最大正应力，在哪个截面上该点处有最大切应力，以及它们的数值，为处于复杂受力状态下杆件的强度计算提供依据。

2. 研究一点处应力状态的方法

为了研究构件内某点的应力状态，可以在该点截取一个微小的正六面体，当正六面体的边长趋于无穷小时，称为单元体。因为单元体的边长是极其微小的，所以可以认为单元体各个面上的应力是均匀分布的，相对平行面上的应力大小和性质都是相同的。单元体六个面上的应力代表通过该点互相垂直的三个截面上的应力。如果单元体各面上的应力情况是已知的，则这个单元体称为原始单元体。根据原始单元体各面上的应力，应用截面法即可求出通过该点的任意斜截面上的应力，从而可知道该点的应力状态。图 3-129 所示为轴向拉杆 A 点的单元体，图 3-130 所示为圆轴扭转时 B 点的单元体。

3. 主平面和主应力

从受力构件中某一点处截取任意的单元体，一般来说，其面上既有正应力也有切应力。但是弹性力学的理论证明，在该点处从不同方位截取

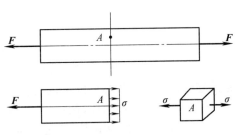

图 3-129　拉伸杆的应力状态

的诸单元体中，总有一个特殊的单元体，在它相互垂直的三个面上只有正应力而无切应力。像这种切应力为零的面称为主平面，主平面上的正应力称为主应力，用 σ_1、σ_2、σ_3 表示，并按代数值排列，即 $\sigma_1 \geqslant \sigma_2 \geqslant \sigma_3$。这种在各个面上只有主应力的单元体称为主单元体。

4. 应力状态的分类

一点处的应力状态通常用该点处的三个主应力来表示，根据主应力不等于零的数目将一点处的应力状态分为三类。

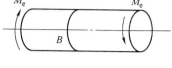

（1）单向应力状态　一个主应力不为零的应力状态称为单向应力状态。

（2）二向应力状态　两个主应力不为零的应力状态称为二向应力状态或平面应力状态。

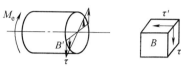

图 3-130　圆轴扭转应力状态

（3）三向应力状态　三个主应力都不为零的应力状态称为三向应力状态。

单向应力状态又称为简单应力状态，而二向和三向应力状态则称为复杂应力状态，本章只着重二向应力状态的分析，仅简略介绍三向应力状态的某些概念。

二、二向应力状态下的应力分析

应力状态分析的目的是要找出受力构件上某点处的主单元体，求出相应的三个主应力的大小、确定主平面的方位，为组合变形情况下构件的强度计算建立理论基础。应力状态分析的方法有解析法和图解法两种。

1. 解析法

图 3-131a 所示为从受力构件中某点处取出的原始单元体，其上作用着已知的应力 σ_x、τ_x、σ_y 和 τ_y，并设 $\sigma_x > \sigma_y$。其中 σ_x 和 τ_x 是外法线平行于 x 轴的截面（称为 x 截面）上的正应力和切应力；而 σ_y 和 τ_y 是外法线平行于 y 轴的截面（称为 y 截面）上的正应力和切应力。由于此单元体前后面上没有应力，所以可以用图 3-131b 所示的平面图形来表示。现在用截面法来确定单元体的斜截面 ef 上的应力。斜截面 ef 的外法线 n 与 x 轴间的夹角用 α 表示，以后简称此截面为 α 截面，如图 3-131c 所示。在 α 截面上的正应力与切应力分别用 σ_α 与 τ_α 表示。

假想沿截面 ef 将单元体分成两部分，并取其左边部分为研究对象，如图 3-131d 所示。通过平衡关系可以求出 α 截面的正应力 σ_α 和切应力 τ_α 分别为

$$\sigma_\alpha = \frac{\sigma_x + \sigma_y}{2} + \frac{\sigma_x - \sigma_y}{2}\cos 2\alpha - \tau_x \sin 2\alpha \tag{3-61}$$

$$\tau_\alpha = \frac{\sigma_x - \sigma_y}{2}\sin 2\alpha + \tau_x \cos 2\alpha \tag{3-62}$$

利用式（3-61）和式（3-62）进行计算时，应注意符号规定：正应力以拉应力为正，压应力为负；切应力则以截面外法线顺时针方向转90°为正方向，反之为负。α 角则规定从 x 轴沿逆时针方向转到截面外法线 n 时，α 为正，反之为负。在计算时应注意按规定的正负号将 σ_x、σ_y、τ_x 和 α 的代数值代入上面两公式。

2. 二向应力状态的主应力与主平面

由式（3-61）和式（3-62）可以看出，斜截面上的正应力和切应力是随截面的方位而

改变的。为求得最大和最小正应力、切应力的值及其所在平面，可对式（3-61）求导，令 $\dfrac{\mathrm{d}\sigma_\alpha}{\mathrm{d}\alpha}=0$，$\dfrac{\mathrm{d}\tau_\alpha}{\mathrm{d}\alpha}=0$，求出使截面应力取得极值的 α 角，代入到式（3-61）、式（3-62）中，经数学推导得

正应力的极值

$$\left.\begin{array}{c}\sigma'\\\sigma''\end{array}\right\}=\frac{\sigma_x+\sigma_y}{2}\pm\sqrt{\left(\frac{\sigma_x-\sigma_y}{2}\right)^2+\tau_x^2} \tag{3-63}$$

主平面方位角

$$\tan2\alpha_0=-\frac{2\tau_x}{\sigma_x-\sigma_y} \tag{3-64}$$

式（3-64）对应相互垂直的两个截面。

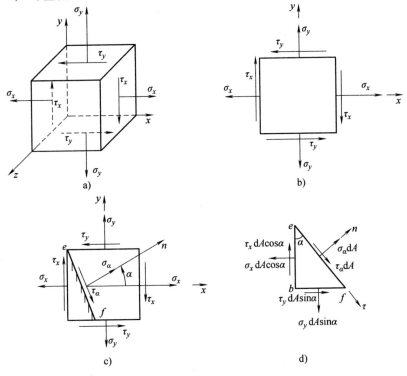

图 3-131 二向应力状态分析

a）二向应力状态　b）二向应力状态用平面图形来表示　c）截面法　d）截面法所取的研究对象

切应力的极值

$$\left.\begin{array}{c}\tau_{\max}=\sqrt{\left(\dfrac{\sigma_x-\sigma_y}{2}\right)^2+\tau_x^2}\\[3mm]\tau_{\min}=-\sqrt{\left(\dfrac{\sigma_x-\sigma_y}{2}\right)^2+\tau_x^2}\end{array}\right\} \tag{3-65}$$

所在截面方位角

$$\tan 2\alpha_0' = \frac{\sigma_x - \sigma_y}{2\,\tau_x} \tag{3-66}$$

式（3-66）对应相互垂直的两个截面，且与主平面呈45°夹角。

3. 图解法（应力圆法）

式（3-61）和式（3-62）表明，斜截面上正应力 σ_α 和切应力 τ_α 都是 α 的函数，若消去参变量 α，便可得到 σ_α 和 τ_α 的关系式。为此，将式（3-61）改写，并分别将其等号两边平方，得

$$\left(\sigma_\alpha - \frac{\sigma_x + \sigma_y}{2}\right)^2 = \left(\frac{\sigma_x - \sigma_y}{2}\cos 2\alpha - \tau_x \sin 2\alpha\right)^2 \tag{3-67}$$

将式（3-62）也两边平方，得

$$\tau_\alpha^2 = \left(\frac{\sigma_x - \sigma_y}{2}\sin 2\alpha + \tau_x \cos 2\alpha\right)^2 \tag{3-68}$$

将式（3-67）与式（3-68）相加，得

$$\left(\sigma_\alpha - \frac{\sigma_x + \sigma_y}{2}\right)^2 + \tau_\alpha^2 = \left(\frac{\sigma_x - \sigma_y}{2}\right)^2 + \tau_x^2 \tag{3-69}$$

可以看出，式（3-69）是以 σ_α 和 τ_α 为变量的圆的方程。若以横坐标表示 σ，纵坐标表示 τ，则式（3-69）所表示的 σ_α 和 τ_α 之间的关系，是以 $\left(\dfrac{\sigma_x + \sigma_y}{2},\ 0\right)$ 为圆心，以 $\sqrt{\left(\dfrac{\sigma_x - \sigma_y}{2}\right)^2 + \tau_x^2}$ 为半径的一个圆。此圆称为应力圆或莫尔圆。上述推导结果表明，圆周上一点的坐标就代表单元体的某一截面的应力情况。因此，应力圆上的点与单元体的斜截面有着一一对应的关系，应力圆表达了一点处的应力状态。

显然，可用应力圆来求单元体斜截面上的应力。这种方法就是图解法。下面以图3-131b所示的单元体为例，说明图解法的步骤和方法。

（1）画应力圆　①取 $O\sigma\tau$ 直角坐标系。②选定适当的比例尺，找到与 x 截面对应的点位于 $D\ (\sigma_x,\ \tau_x)$，与 y 截面对应的点位于 $E\ (\sigma_y,\ \tau_y)$。在确定 D 点和 E 点时，应根据 σ_x、τ_x、σ_y 和 τ_y 的代数值在坐标系中量取。③连接 D 点和 E 点，交横轴 σ 于 C 点，以 C 点为圆心，以 CD 或 CE 为半径，即可作出该单元体的应力圆，如图3-132所示。

（2）求 α 截面上的应力 σ_α 和 τ_α　将半径 CD 沿方位角 α 的转向旋转 2α 至 CH 处，所得点的纵、横坐标 τ_H、σ_H 即分别代表 α 截面的切应力 τ_α 与正应力 σ_α。

在用应力圆分析应力时，应注意：单元体上两个截面间的夹角若为 α，则在应力圆上相应两点间的圆弧所对的圆心角为 2α，而且两者转向相同。

（3）主应力与主平面　如图3-133所示应力圆与 σ 轴必有两个交点 A 和 B，A、B 两点的横坐标为应力圆上各点的横坐标的极值，而其纵坐标皆为零，即在单元体内与此两点对应的平面上正应力为极值，而切应力为零。因此，A 与 B 两点所对应的两个平面为两个主平面，其上的极值正应力分别为两个主应力，它的值为

$$\left.\begin{array}{c}\sigma'\\\sigma''\end{array}\right\} = \overline{OC} \pm \overline{CA} = \frac{\sigma_x + \sigma_y}{2} \pm \sqrt{\left(\frac{\sigma_x - \sigma_y}{2}\right)^2 + \tau_x^2} \tag{3-70}$$

式（3-70）与解析法计算的单元体主应力的式（3-63）相同。求得 σ' 与 σ'' 后，与已知的第三个主平面上的主应力 σ''' 比较，然后把三个主应力按代数值排序。

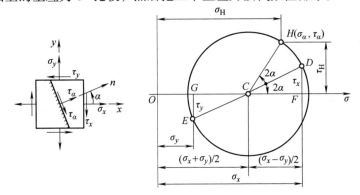

图 3-132　用图解法求任意斜截面上的应力

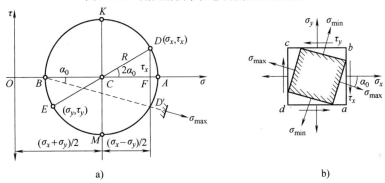

a)　　　　　　　　　　　　　　　　b)

图 3-133　二向应力状态分析

a）应力圆　b）主单元体

由图中可以看出，直线 BD' 所示方位即最大正应力 $\sigma_{\max}$ 的方位，因此，方位角 α_0 也可由下式确定

$$\tan 2\alpha_0 = -\frac{DF}{CF} = -\frac{\tau_x}{\dfrac{\sigma_x - \sigma_y}{2}} = -\frac{2\tau_x}{\sigma_x - \sigma_y} \tag{3-71}$$

可以看出，式（3-71）与式（3-64）相同，满足式（3-71）的角度有两个，即 α_0 和 $\alpha_0 + 90°$，它表明最大与最小正应力所在的截面互相垂直，因此各正应力极值所在截面的方位如图 3-133b 所示。

4. 极值切应力及其所在截面

从应力圆上，可直接得到最大切应力和最小切应力分别为

$$\left.\begin{aligned} \tau_{\max} = CK = \sqrt{\left(\frac{\sigma_x - \sigma_y}{2}\right)^2 + \tau_x^2} \\ \tau_{\min} = -CM = -\sqrt{\left(\frac{\sigma_x - \sigma_y}{2}\right)^2 + \tau_x^2} \end{aligned}\right\} \tag{3-72}$$

式（3-72）与式（3-65）相同，并与主平面成45°夹角。

例3-27 试用图解法分析圆轴扭转时塑性材料和脆性材料的破坏现象。

解 圆轴扭转时，最大切应力发生在圆轴的外表层，且 $\tau_x = \dfrac{T}{W_P} = \dfrac{M}{W_P}$。

在圆轴表面 K 点取一单元体，如图3-134a 所示，其应力状态如图3-134b所示。

在 $O\sigma\tau$ 坐标系内，按选定的比例尺，由坐标 $(0, \tau_x)$ 与 $(0, -\tau_x)$ 分别确定 D_1 点和 D_2 点，以 D_1D_2 为直径画圆即得相应的应力圆，如图3-134c所示。由应力圆可得

$$\sigma_1 = \tau_x, \quad \sigma_2 = 0, \quad \sigma_3 = -\tau_x$$

主平面的方位角 $\alpha_0 = -45°$，由 x 轴到主平面外法线按顺时针方向旋转，得到主单元体如图3-134b所示。

对于塑性材料（如低碳钢）制

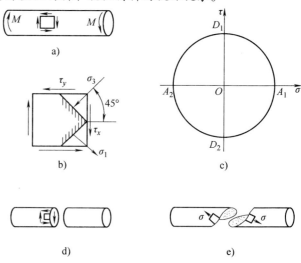

图3-134　扭转破坏分析

a）圆轴表面上一点的应力状态　b）主单元体　c）应力圆
d）塑性材料扭转破坏面　e）脆性材料扭转破坏面

成的圆轴，由于塑性材料的抗剪强度低于抗拉强度，扭转时沿横截面破坏，如图3-134d 所示；对于脆性材料（如铸铁）制成的圆轴，由于脆性材料的抗拉强度较低，扭转时沿与轴线45°方向破坏，如图3-134e 所示。

三、三向应力状态简介与广义胡克定律

1. 三向应力状态简介

三向应力状态的分析较为复杂，本节只研究三向应力状态下单元体内的最大正应力与最大切应力。

假设从受力构件内某点处取出一个主单元体，其上主应力 $\sigma_1 > \sigma_2 > \sigma_3 > 0$，如图3-135a 所示。首先研究与主应力 σ_3 平行任意斜截面 $abcd$ 上的应力，如图3-135b 所示。由于主应力 σ_3 所在的两平面上的力互相平衡，所以此斜截面 $abcd$ 上的应力仅与 σ_1 和 σ_2 有关，因而平行于 σ_3 的各斜截面上的应力简化成只受 σ_1 和 σ_2 作用的二向应力状态，其各斜截面上的应力可由 σ_1 和 σ_2 所确定的应力圆上相应点的坐标来表示，如图3-135c 所示。同理，平行于 σ_2 的平面上的应力，由 σ_1 和 σ_3 所确定的应力圆上相应点的坐标来表示；平行于 σ_1 的平面上的应力，由 σ_2 和 σ_3 所确定的应力圆上相应点的坐标来表示。对于与三个主应力均不平行的任意斜截面上的应力，在 $O\sigma\tau$ 直角坐标系中的对应点必定在图3-135c 中三个应力圆所围成的阴影区域内。因此，在三向应力状态下，一点处的最大和最小正应力为

$$\sigma_{\max} = \sigma_1, \quad \sigma_{\min} = \sigma_3$$

最大切应力为

$$\tau_{\max} = \frac{\sigma_1 - \sigma_3}{2} \tag{3-73}$$

$\tau_{\max}$位于与σ_1和σ_3均成45°的斜截面。

由上述分析可知，$\tau_{\max}$、$\sigma_{\max}$、$\sigma_{\min}$均发生在与σ_2平行的截面内。式（3-73）同样适用于二向应力状态和单向应力状态。

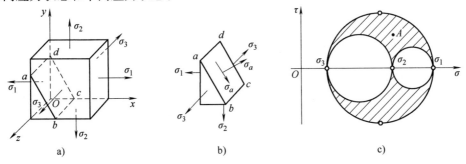

图3-135　三向应力状态分析

a）三向应力状态　b）与主应力σ_3平行的任意斜截面 *abcd* 上的应力

c）三向应力状态下的应力圆

2. 广义胡克定律

图3-136a所示为从受力物体中某点处取出的主单元体，设其上作用着已知的主应力σ_1、σ_2、σ_3。该单元体在受力后，在各个方向的长度都要发生变化，沿三个主应力方向的线应变称为主应变，并分别用ε_1、ε_2、ε_3表示。假如材料是各向同性的，且在线弹性范围内工作，同时变形是微小的，那么可以用叠加法求得。

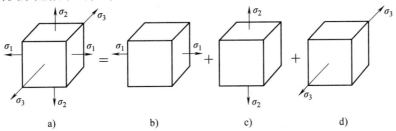

图3-136　三向应力状态分解

a）三向应力状态下的主单元体　b）σ_1作用下的单向应力状态

c）σ_2作用下的单向应力状态　d）σ_3作用下的单向应力状态

在σ_1单独作用下，单元体沿σ_1方向的线应变为$\varepsilon_1' = \dfrac{\sigma_1}{E}$。在$\sigma_2$与$\sigma_3$单独作用下，它们分别使单元体在$\sigma_1$的方向产生收缩。对于各向同性材料，$\sigma_2$与$\sigma_3$在$\sigma_1$方向引起的线应变分别为$\varepsilon_1'' = -\mu\dfrac{\sigma_2}{E}$、$\varepsilon_1''' = -\mu\dfrac{\sigma_3}{E}$。式中，$\mu$为泊松比。将它们叠加起来，即得三个主应力共同作用下在σ_1方向的主应变

$$\varepsilon_1 = \varepsilon_1' + \varepsilon_1'' + \varepsilon_1''' = \frac{1}{E}\left[\sigma_1 - \mu(\sigma_2 + \sigma_3)\right]$$

同理，可求得主应变ε_2和ε_3。现将结果汇集如下：

$$\left. \begin{array}{l} \varepsilon_1 = \dfrac{1}{E} \left[\sigma_1 - \mu (\sigma_2 + \sigma_3) \right] \\[3mm] \varepsilon_2 = \dfrac{1}{E} \left[\sigma_2 - \mu (\sigma_1 + \sigma_3) \right] \\[3mm] \varepsilon_3 = \dfrac{1}{E} \left[\sigma_3 - \mu (\sigma_1 + \sigma_2) \right] \end{array} \right\} \tag{3-74}$$

式（3-74）表达了在复杂应力状态下主应变与主应力的关系，称为广义胡克定律。式中主应力为代数值，拉应力为正，压应力为负。若求出的主应变为正值则表示伸长，反之则表示缩短。该式同样也适用于二向应力状态和单向应力状态。

四、强度理论概述

1. 强度理论的概念

前几章中，轴向拉压、圆轴扭转、平面弯曲的强度条件，可用 $\sigma_{max} \leqslant [\sigma]$ 或 $\tau_{max} \leqslant [\tau]$ 形式表示，许用应力 $[\sigma]$ 或 $[\tau]$ 是通过试验测出失效（断裂或屈服）时的极限应力，再除以安全因数后得出的，可见基本变形的强度条件是以试验为基础的。

但在工程实际中，构件的受力情况是多种多样的，危险点通常处于复杂应力状态下。材料的失效与三个主应力不同比例的组合有关，而由于受力情况的多样性，三个主应力不同比例的组合可能有无穷多组，从而需要进行无数次的试验。因此，要想直接通过材料试验的方法来建立复杂应力状态下的强度条件是不现实的。于是人们不得不从考察材料的破坏原因着手，研究在复杂应力状态下的强度条件。在长期的生产实践和大量的试验中发现，在常温静载下，材料的破坏主要有塑性屈服和脆性断裂两种形式。塑性屈服是指材料由于出现屈服现象或发生显著塑性变形而产生的破坏。例如，低碳钢试件拉伸屈服时在与轴线约成 45°的方向出现滑移线，这与最大切应力有关。脆性断裂是指在不出现显著塑性变形的情况下突然断裂的破坏。例如，灰铸铁拉伸时沿拉应力最大的横截面断裂，而无明显的塑性变形。

上述情况表明，在复杂应力状态下，尽管主应力的比值有无穷多种，但是材料的破坏却是有规律的，即某种类型的破坏都是同一因素引起的。据此，人们把在复杂应力状态下观察到的破坏现象同材料在单向应力状态的试验结果进行对比分析，将材料在单向应力状态达到危险状态的某一因素作为衡量材料在复杂应力状态达到危险状态的准则，先后提出了关于材料破坏原因的多种假说，这些假说就称为强度理论。根据不同的强度理论可以建立相应的强度条件，从而为解决复杂应力状态下构件的强度计算问题提供了依据。

2. 四种常用的强度理论

如上所述，材料的破坏主要有两种形式，因此相应地存在两类强度理论。一类是脆性断裂的强度理论，包括最大拉应力理论和最大拉应变理论；另一类是塑性屈服的强度理论，主要包括最大切应力理论和形状改变比能理论。

（1）最大拉应力理论（第一强度理论）　早在 17 世纪，著名科学家伽利略就提出了这一理论。这一理论认为，最大拉应力是引起材料脆性断裂的主要原因。也就是说，不论材料处于何种应力状态，只要危险点处的最大拉应力 σ_1 达到材料在单向拉伸断裂时的强度极限 σ_b 时，材料就发生脆性断裂破坏。因此，材料发生脆性断裂破坏的条件为

$$\sigma_1 = \sigma_b \tag{3-75}$$

相应的强度条件为

$$\sigma_{xd1} = \sigma_1 \leqslant [\sigma] \tag{3-76}$$

式中，σ_{xd1} 表示第一强度理论的相当应力；$[\sigma]$ 是单向拉伸断裂时材料的许用应力，$[\sigma] = \dfrac{\sigma_b}{n}$，$n$ 为安全因数。

试验证明，这一理论对解释材料的断裂破坏比较满意。例如，脆性材料在单向、二向和三向拉伸时所发生的断裂，塑性材料在三向拉伸应力状态下所发生的脆性断裂。但这个理论没有考虑到其他两个主应力对断裂破坏的影响；同时，对于压缩应力状态，由于根本不存在拉应力，这个理论就无法应用。

（2）最大拉应变理论（第二强度理论）　这一理论是 17 世纪后期由科学家马里奥特首先提出的。这个理论认为，最大拉应变是引起材料脆性断裂的主要原因。也就是说不论材料处于何种应力状态，只要危险点处的最大伸长线应变 ε_1 达到材料单向拉伸断裂时线应变的极限值 ε^0，材料即发生脆性断裂破坏，因此，材料发生脆性断裂破坏的条件为

$$\varepsilon_1 = \varepsilon^0 \tag{3-77}$$

对于铸铁等脆性材料，如果近似地认为从加载直至破坏，材料服从胡克定律，则有

$$\varepsilon^0 = \frac{\sigma_b}{E}$$

由广义胡克定律可知

$$\varepsilon_1 = \frac{1}{E} [\sigma_1 - \mu(\sigma_2 + \sigma_3)]$$

于是式（3-77）可写成

$$\sigma_1 - \mu(\sigma_2 + \sigma_3) = \sigma_b$$

相应的强度条件为

$$\sigma_{xd2} = \sigma_1 - \mu(\sigma_2 + \sigma_3) \leqslant [\sigma] \tag{3-78}$$

式中，σ_{xd2} 为第二强度理论的相当应力；$[\sigma]$ 为单向拉伸断裂时材料的许用应力，$[\sigma] = \dfrac{\sigma_b}{n}$；$n$ 为安全因数。

试验表明，第二强度理论对于塑性材料并不适合；对于脆性材料，只有在二向拉伸（压缩）应力状态，且压应力的绝对值较大时，试验与理论结果才比较接近，但也并不完全符合。所以在目前的强度计算中很少应用第二强度理论。

（3）最大切应力理论（第三强度理论）　这一理论是由科学家库伦首先提出的。这一理论认为，最大切应力是引起材料塑性屈服破坏的主要原因。也就是说，不论材料处于何种应力状态，只要危险点处的最大切应力 τ_{max} 达到单向拉伸屈服时的切应力值 τ_s，材料即发生塑性屈服破坏。因此，材料塑性屈服破坏的条件为

$$\tau_{max} = \tau_s \tag{3-79}$$

在单向拉伸的情况下，当横截面上的拉应力达到屈服极限 σ_s 时，在与轴线成 45° 的斜截面上有 $\tau_s = \dfrac{\sigma_s}{2}$；在复杂应力状态下的最大切应力为 $\tau_{max} = \dfrac{\sigma_1 - \sigma_3}{2}$，于是破坏条件可改写为

$$\sigma_1 - \sigma_3 = \sigma_s$$

相应的强度条件为

$$\sigma_{xd3} = \sigma_1 - \sigma_3 \leqslant [\sigma] \tag{3-80}$$

式中，σ_{xd3} 为第三强度理论的相当应力；$[\sigma]$ 为单向拉伸屈服时材料的许用应力，$[\sigma]$ = $\dfrac{\sigma_s}{n}$；n 为安全因数。

试验证明，第三强度理论不仅能说明塑性材料的屈服破坏，而且还能说明脆性材料在单向受压时的剪切破坏，并能解释在三向等值压应力状态下，无论应力增大到何种程度，材料都不会破坏，这是因为它的相当应力总等于零。但是这个理论没有考虑主应力 σ_2 对材料破坏的影响。对于三向等值拉伸应力状态，按照这个理论材料就不会发生破坏，这与事实不符合。所以第三强度理论仍然是有缺陷的。

（4）形状改变比能理论（第四强度理论）　1885 年，科学家贝尔特拉姆提出了能量强度理论，假定材料的破坏，取决于形状改变比能。1904 年波兰力学家胡勃在总结前人理论研究的基础上，提出了形状改变比能理论。

物体受力发生弹性变形后，其各质点的相对位置及质点间的相互作用力也都要发生改变，因而在其内部将储存能量，这种能量称为弹性变形能。弹性变形能包括体积改变能与形状改变能，单位体积内的形状改变能称为形状改变比能。在三向应力状态下，形状改变比能 u_d 的表达式为（推导从略）

$$u_d = \frac{1+\mu}{6E}[(\sigma_1 - \sigma_2)^2 + (\sigma_2 - \sigma_3)^2 + (\sigma_3 - \sigma_1)^2]$$

第四强度理论认为，形状改变比能是引起材料塑性屈服破坏的主要原因。也就是说，不论材料处于何种应力状态，只要危险点处内部积蓄的形状改变比能 u_d 达到材料在单向拉伸屈服时的形状改变比能值 u_d^0，材料即发生塑性屈服破坏。因此，材料塑性屈服破坏的条件为

$$u_d = u_d^0 \tag{3-81}$$

材料在单向拉伸屈服时，$\sigma_1 = \sigma_s$，$\sigma_2 = \sigma_3 = 0$，因此形状改变比能为

$$u_d^0 = \frac{1+\mu}{6E}[(\sigma_s - 0)^2 + (0 - 0)^2 + (0 - \sigma_s)^2] = \frac{1+\mu}{3E}\sigma_s^2$$

于是破坏条件改写为

$$\sqrt{\frac{1}{2}[(\sigma_1 - \sigma_2)^2 + (\sigma_2 - \sigma_3)^2 + (\sigma_3 - \sigma_1)^2]} = \sigma_s$$

相应的强度条件为

$$\sigma_{xd4} = \sqrt{\frac{1}{2}[(\sigma_1 - \sigma_2)^2 + (\sigma_2 - \sigma_3)^2 + (\sigma_3 - \sigma_1)^2]} \leqslant [\sigma] \tag{3-82}$$

式中，σ_{xd4} 为第四强度理论的相当应力；$[\sigma]$ 为单向拉伸屈服时材料的许用应力，$[\sigma]$ = $\dfrac{\sigma_s}{n}$；n 为安全因数。

试验表明，塑性材料在二向应力状态下，第四强度理论比第三强度理论更符合试验结果，因此在工程中得到广泛应用，例如对螺栓或丝杠的强度计算等。

3. 强度理论的适用范围

材料的失效是一个极其复杂的问题，四种常用的强度理论都是在一定的历史条件下产生的，受到经济发展和科学技术水平的制约，都有一定的局限性。大量的工程实践和试验结果表明，上述四种强度理论的适用范围与材料的类别和应力状态等有关。

1）脆性材料通常发生脆性断裂破坏，宜采用第一或第二强度理论。

2）塑性材料通常发生塑性屈服破坏，宜采用第三或第四强度理论。

3）在三向拉伸应力状态下，如果三个拉应力相近，无论是塑性材料还是脆性材料都将发生脆性断裂破坏，宜采用第一强度理论。

4）在三向压缩应力状态下，如果三个压应力相近，无论是塑性材料还是脆性材料都将发生塑性屈服破坏，宜采用第三或第四强度理论。

应用强度理论解决实际问题的步骤是：

1）分析计算危险点的应力。

2）确定主应力 σ_1、σ_2、σ_3。

3）根据危险点处的应力状态和构件材料的性质，选用适当的强度理论，应用相应的强度条件进行强度计算。

例 3-28 转轴边缘上某点处的应力状态如图 3-137 所示，试用第三和第四强度理论建立相应的强度条件。

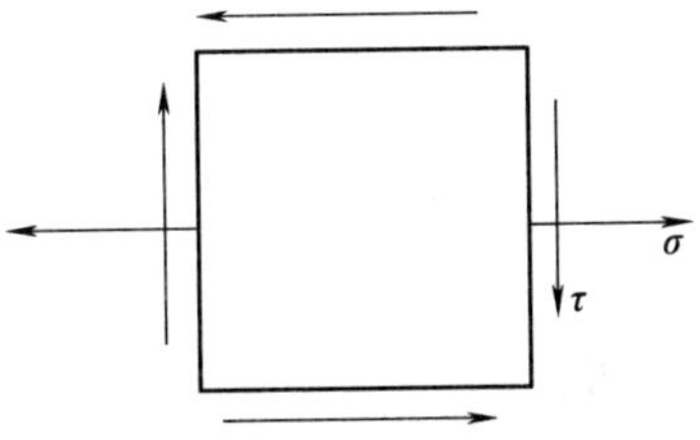

解 （1）确定该点的主应力 由单元体所示的已知应力，利用式（3-63）可得

$$\left.\begin{array}{c}\sigma' \\ \sigma''\end{array}\right\} = \frac{\sigma_x + \sigma_y}{2} \pm \sqrt{\left(\frac{\sigma_x - \sigma_y}{2}\right)^2 + \tau_x^2}$$

$$= \frac{\sigma}{2} \pm \sqrt{\left(\frac{\sigma}{2}\right)^2 + \tau^2}$$

图 3-137 转轴上某点处的应力状态

三个主应力分别为

$$\sigma_1 = \frac{\sigma}{2} + \sqrt{\left(\frac{\sigma}{2}\right)^2 + \tau^2}, \quad \sigma_2 = 0, \quad \sigma_3 = \frac{\sigma}{2} - \sqrt{\left(\frac{\sigma}{2}\right)^2 + \tau^2}$$

（2）第三和第四强度理论的强度条件 由式（3-80）和式（3-82）可得

$$\sigma_{xd3} = \sigma_1 - \sigma_3 = \sqrt{\sigma^2 + 4\tau^2}$$

$$\sigma_{xd4} = \sqrt{\frac{1}{2}[(\sigma_1 - \sigma_2)^2 + (\sigma_2 - \sigma_3)^2 + (\sigma_3 - \sigma_1)^2]} = \sqrt{\sigma^2 + 3\tau^2}$$

所以，强度条件分别为

$$\sigma_{xd3} = \sqrt{\sigma^2 + 4\tau^2} \leq [\sigma]$$

$$\sigma_{xd4} = \sqrt{\sigma^2 + 3\tau^2} \leq [\sigma]$$

▷▷▷ **任务实施**

二向应力状态下的应力分析如图 3-128 所示，用解析法和图解法确定主应力的大小和方位，并画出主单元体。二向应力状态分析如图 3-138 所示。

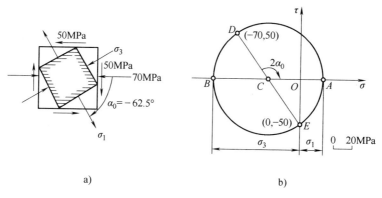

图 3-138　二向应力状态分析

a）主单元体　b）应力圆

解　（1）解析法　该单元体为二向应力状态，已知一个主应力为零，另外两个主应力可由式（3-63）求得

$$\left.\begin{array}{r}\sigma' \\ \sigma''\end{array}\right\} = \frac{\sigma_x + \sigma_y}{2} \pm \sqrt{\left(\frac{\sigma_x - \sigma_y}{2}\right)^2 + \tau_{\bar{x}}^2}$$

$$= \frac{-70 + 0}{2}\text{MPa} \pm \sqrt{\left(\frac{-70 - 0}{2}\right)^2 + 50^2}\text{MPa} = \left.\begin{array}{r}26\text{MPa} \\ -96\text{MPa}\end{array}\right.$$

因此，三个主应力为

$$\sigma_1 = 26\text{MPa}, \quad \sigma_2 = 0, \quad \sigma_3 = -96\text{MPa}$$

主平面的方位角可由式（3-64）求得

$$\tan 2\alpha_0 = -\frac{2\tau_x}{\sigma_x - \sigma_y} = -\frac{2 \times 50}{-70 - 0} = \frac{10}{7}$$

所以

$$\alpha_0 = \frac{1}{2}\arctan\left(\frac{10}{7}\right) = 27.5° \quad（逆时针方向）$$

另一个主平面与之垂直，即

$$\alpha_0 - 90° = -62.5°$$

从原单元体 x 轴顺时针方向转过 $62.5°$，得 σ_1 所在主平面，再转 $90°$ 得 σ_3 所在主平面，得到图 3-138a 所示的主单元体。

（2）图解法　在 $O\sigma\tau$ 坐标系内，按选定的比例尺，由坐标（-70，50）与（0，-50）分别确定 D 点和 E 点，以 DE 为直径画圆即得相应的应力圆。

应力圆与坐标轴 σ 相交于 A 点和 B 点，按选定的比例尺，量得 $OA = 26\text{MPa}$，$OB = 96\text{MPa}$（压应力），所以

$$\sigma_1 = 26\text{MPa}, \quad \sigma_2 = 0, \quad \sigma_3 = -96\text{MPa}$$

从应力圆中量得 $\angle DCA = 125°$，由于自半径 CD 至 CA 的转向为顺时针方向，因此主应力 σ_1 的方位角为

$$\alpha_0 = -\frac{\angle DCA}{2} = -\frac{125°}{2} = -62.5°$$

同样的方法可得到主单元体。

思考与练习

1. 何谓点的应力状态，为什么要研究它？

2. 何谓单向应力状态、二向应力状态、三向应力状态？图3-139所示单元体为何种应力状态？

3. 如何用解析法确定任一斜截面的应力，应力和方位角的正负号是怎样规定的？

4. 如何绘制应力圆，如何利用应力圆确定任一斜截面的应力？

5. 什么是主应力和主平面，如何确定主应力的大小和方位，通过受力构件内某一点有几个主平面？

6. 主应力和正应力有何区别和联系？

7. 在三向应力状态中，最大正应力和最大切应力各为何值？

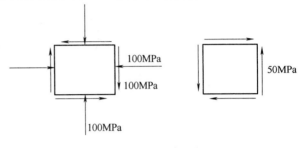

图3-139　题2图

8. 何谓广义胡克定律，该定律是怎样建立的，应用条件是什么？

9. 为什么要提出强度理论？在常温静载下，金属材料破坏有几种主要形式？工程中常用的强度理论有几个？请指出它们的应用范围。

10. 单元体各面的应力如图3-140所示（应力单位为MPa）。试用解析法和图解法计算指定截面上的正应力和切应力。

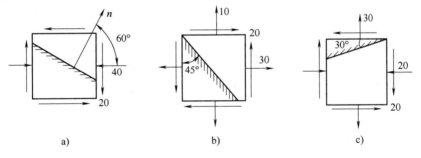

图3-140　题10图

11. 已知应力状态如图3-141所示（应力单位为MPa）。试求：（1）主应力的大小和主平面的位置；（2）在图中绘出主单元体；（3）最大切应力。

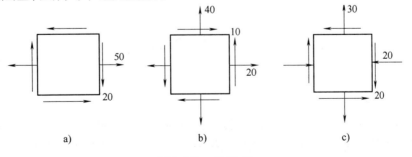

图3-141　题11图

12. 试求图3-142所示各单元体的主应力和最大切应力（应力单位为MPa）。

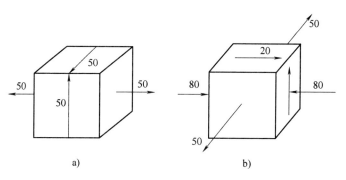

图 3-142　题 12 图

13. 试对钢制零件进行强度校核，已知 $[\sigma] = 120\text{MPa}$，危险点的主应力为：

（1）$\sigma_1 = 140\text{MPa}$，$\sigma_2 = 100\text{MPa}$，$\sigma_3 = 40\text{MPa}$。

（2）$\sigma_1 = 60\text{MPa}$，$\sigma_2 = 0$，$\sigma_3 = -50\text{MPa}$。

14. 试对铸铁零件进行强度校核，已知 $[\sigma] = 30\text{MPa}$，$\mu = 0.3$，危险点的主应力为：

（1）$\sigma_1 = 29\text{MPa}$，$\sigma_2 = 20\text{MPa}$，$\sigma_3 = -20\text{MPa}$。

（2）$\sigma_1 = 30\text{MPa}$，$\sigma_2 = 20\text{MPa}$，$\sigma_3 = 15\text{MPa}$。

习 题 答 案

10. a）$\sigma_\alpha = -27.3\text{MPa}$，$\tau_\alpha = -27.3\text{MPa}$

   b）$\sigma_\alpha = 40\text{MPa}$，$\tau_\alpha = 10\text{MPa}$

   c）$\sigma_\alpha = 34.82\text{MPa}$，$\tau_\alpha = 11.6\text{MPa}$

11. a）$\sigma_1 = 57\text{MPa}$，$\sigma_2 = 0$，$\sigma_3 = -7\text{MPa}$；$\alpha_0 = -19.33°$及 $70.67°$；$\tau_{max} = 32\text{MPa}$

   b）$\sigma_1 = 44.1\text{MPa}$，$\sigma_2 = 15.9\text{MPa}$，$\sigma_3 = 0$；$\alpha_0 = -22.5°$及 $67.5°$；$\tau_{max} = 14.1\text{MPa}$

   c）$\sigma_1 = 37\text{MPa}$，$\sigma_2 = 0$，$\sigma_3 = -27\text{MPa}$；$\alpha_0 = 19.33°$及 $-70.67°$；$\tau_{max} = 32\text{MPa}$

12. a）$\sigma_1 = \sigma_2 = 50\text{MPa}$，$\sigma_3 = -50\text{MPa}$；$\tau_{max} = 50\text{MPa}$

   b）$\sigma_1 = 50\text{MPa}$，$\sigma_2 = 4.7\text{MPa}$，$\sigma_3 = -84.7\text{MPa}$；$\tau_{max} = 67.4\text{MPa}$

13. （1）$\sigma_{xd3} = 100\text{MPa} < [\sigma]$，$\sigma_{xd4} = 87.2\text{MPa} < [\sigma]$，安全

    （2）$\sigma_{xd3} = 110\text{MPa} < [\sigma]$，$\sigma_{xd4} = 95.4\text{MPa} < [\sigma]$，安全

14. （1）$\sigma_{xd1} = 29\text{MPa} < [\sigma]$，$\sigma_{xd2} = 29\text{MPa} < [\sigma]$，安全

    （2）$\sigma_{xd1} = 30\text{MPa} < [\sigma]$，$\sigma_{xd2} = 19.5\text{MPa} < [\sigma]$，安全

任务六　组 合 变 形

任务描述

如图 3-143a 所示电动机驱动带轮轴转动，轴的直径 $d = 50\text{mm}$，轴的许用应力 $[\sigma] = 120\text{MPa}$。带轮的直径 $D = 300\text{mm}$，带的紧边拉力 $F_T = 5\text{kN}$，松边拉力 $F_t = 2\text{kN}$。按第三强度理论校核轴的强度。

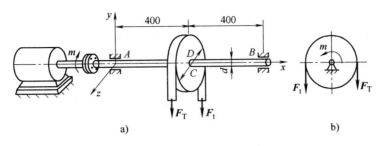

图 3-143 电动机驱动带轮轴工作简图

a) 驱动轴工作示意图 b) 带轮受力图

了解组合变形的概念，掌握组合变形构件的计算方法，分析拉伸（压缩）、弯曲和弯扭组合变形构件的强度计算。

前面几节分别讨论了杆件在拉伸、扭转、弯曲等基本变形时的强度和刚度计算。但在工程实际中，多数杆件受力情况比较复杂，它们的变形常常是由两种或两种以上基本变形组合而成的。例如，悬臂式吊车（图 3-144a），横梁 AB 在横向力 F 作用下产生弯曲变形，同时在轴向力 F_{Ax}、F_{Bx} 作用下产生压缩变形，它是弯曲与压缩的组合变形。偏心受拉立柱（图 3-144b），杆件上所受的轴向力 F 偏离杆件的轴线，使杆件产生拉伸与弯曲组合变形。又如转轴 AB（图 3-144c），同时产生扭转和弯曲变形。

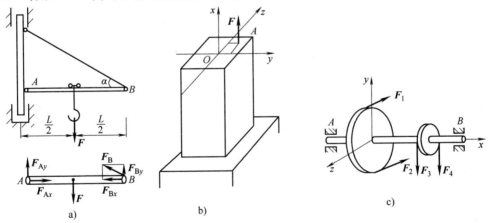

图 3-144 组合变形构件

a) 悬臂式吊车 b) 立柱 c) 转轴

杆件在载荷的作用下同时发生两种或两种以上的基本变形组合的形式，称为组合变形。计算组合变形杆件的应力和变形时，若杆件的变形很小，则不同基本变形所引起的应力和变形各自独立、互不影响，可以应用叠加原理进行计算。解决组合变形强度问题的基本方法是叠加法：首先应根据静力等效的原则，即在不改变杆件内力和变形的前提下，将载荷进行适当地简化，使每一组外力只产生一种基本变形；然后分别计算每一种基本变形在横截面上所引起的应力，将所得结果叠加起来；最后分析危险点的应力状态，建立其强度条件。当杆件的危险点处于单向应力状态时，可将同名应力进行代数叠加；若危险点处于复杂的应力状态，则需求出危险点的主应力，按有关强度理论进行强度计算。综上所述，可以把解决组合变形强度问题的方法归纳如下：

（1）外力分析　分析外力作用特点和构件的变形特点，将作用在杆件上的载荷分解为若干种，使杆件在每一种载荷作用下只产生一种基本变形。

（2）内力分析　分析在各种基本变形下杆件的内力并绘制内力图，确定危险截面。

（3）应力分析　分析内力在危险截面上引起应力的分布特点，确定危险点。

（4）强度分析　根据危险点的应力状态和材料的力学性能选择适当的强度理论，进行强度计算。

本章讨论组合变形时的静强度，研究如何运用叠加原理求组合变形时的内力和应力。

一、拉伸（压缩）与弯曲组合变形的强度计算

轴向拉伸（压缩）与弯曲的组合变形，根据其受力特点可分为两种情况：一是杆件上同时作用有与轴线重合的轴向力和与轴线垂直的横向力；二是杆件所受的轴向力与杆件的轴线平行，但不通过横截面形心，此时杆件产生拉伸（压缩）与弯曲的组合变形，这种受力形式常称为偏心拉压。本节分别介绍这两种情况。

1. 杆件上同时作用有与轴线重合的轴向力和与轴线垂直的横向力

如图 3-145a 所示的矩形截面悬臂梁，外力 F 位于梁的纵向对称平面 xy 内，并与梁的轴线成夹角 α。解决方法如下：

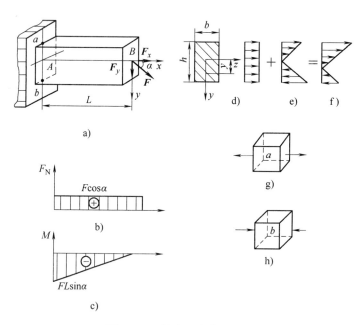

图 3-145　拉弯组合变形杆件

a）悬臂梁受力图　b）轴力图　c）弯矩图　d）横截面轴向拉伸正应力　e）横截面
弯曲正应力　f）横截面正应力合成　g）a 点应力状态　h）b 点应力状态

（1）外力分析，确定梁有几种基本变形 将力 F 沿轴线和垂直于轴线的方向分解成两个分力 F_x 和 F_y，则此二分力的大小为

$$F_x = F\cos\alpha \qquad F_y = F\sin\alpha$$

显然，轴向力 F_x 使梁产生拉伸变形，各横截面上轴力相同；垂直梁轴线的力 F_y 使梁产生弯曲变形。可见，梁 AB 发生拉伸与弯曲组合变形。

（2）内力分析，确定危险截面 对于 F_x 和 F_y 所对应的拉伸与弯曲两种基本变形，分别作出其轴力图（图3-145b）与弯矩图（图3-145c），得

$$F_N = F_x = F\cos\alpha \qquad M_{max} = F_y L = FL\sin\alpha$$

所以固定端横截面为危险截面。

（3）应力分析，确定危险点 危险截面上的应力分布情况，如图3-145d、e、f所示。由拉伸引起的正应力和由弯矩引起的最大正应力分别为

$$\sigma_N = \frac{F_N}{A} = \frac{F\cos\alpha}{A} \qquad \sigma_W = \pm\frac{M_{max}}{W_z} = \pm\frac{FL\sin\alpha}{W_z}$$

由于拉伸和弯曲引起的正应力都平行于轴线，故危险点的应力为

$$\sigma = \sigma_N + \sigma_W = \frac{F_N}{A} \pm \frac{M_{max}}{W_z}$$

a 点

$$\sigma_{+max} = \frac{F_N}{A} + \frac{M_{max}}{W_z}$$

b 点

$$\sigma_{-max} = \frac{F_N}{A} - \frac{M_{max}}{W_z}$$

不难看出，a 点是最大拉应力点，b 点是最大压应力点，两点都是危险点。

（4）根据应力状态、材料性质，选择强度理论，建立强度条件 由于危险点处于单向应力状态（图3-145g、h），故其强度条件为

$$\left.\begin{aligned}\sigma_{+max} &= \left|\frac{F_N}{A} + \frac{M_{max}}{W_z}\right| \leqslant [\sigma_+] \\ \sigma_{-max} &= \left|\frac{F_N}{A} - \frac{M_{max}}{W_z}\right| \leqslant [\sigma_-]\end{aligned}\right\} \tag{3-83}$$

式中，σ_{+max}、σ_{-max} 为危险点最大拉应力和最大压应力；F_N、M_{max} 为危险截面的轴力和弯矩；$[\sigma_+]$、$[\sigma_-]$ 为材料的许用拉应力和许用压应力。

应当指出：

1）应用式（3-83）进行强度计算时，轴力 F_N 和弯矩 M_{max} 都取绝对值。

2）对于抗拉和抗压能力不同的材料，需用以上两式分别校核杆件的强度。对于抗拉和抗压能力相同的材料，只需校核杆件危险点应力绝对值最大点处的强度。

3）对弯曲与拉伸（压缩）组合变形的杆件进行应力分析时，通常把弯曲切应力忽略不计，所以横截面上只有正应力，各点均处于单向应力状态，从而可使问题得以简化。

4）若为压弯组合变形，其强度条件为

$$\sigma_{+\max} = \left| -\frac{F_N}{A} + \frac{M_{\max}}{W_z} \right| \leqslant [\sigma_+]$$

$$\sigma_{-\max} = \left| -\frac{F_N}{A} - \frac{M_{\max}}{W_z} \right| \leqslant [\sigma_-]$$

(3-84)

例 3-29 简易悬臂式滑车架如图 3-146 所示。AB、DC 均为 18 号工字钢，材料的许用应力为 $[\sigma] = 100\text{MPa}$。当 $\alpha = 30°$，起吊力为 $F = 10\text{kN}$ 时，忽略 AB、DC 杆自重，试校核 AB 梁的强度。

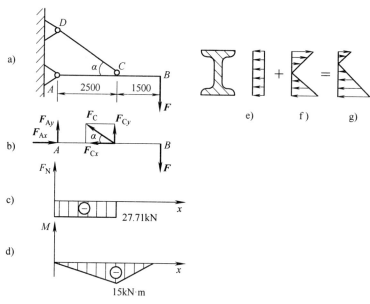

图 3-146　简易悬臂式滑车架

a）悬臂式滑车架工作示意图　　b）悬臂式滑车架受力图　　c）轴力图　　d）弯矩图
e）横截面轴向拉伸正应力　　f）横截面弯曲正应力　　g）横截面正应力合成

解　（1）外力分析　取横梁 AB 为研究对象，DC 为二力杆，受力如图 3-146b 所示。由静力平衡条件

$$\sum M_A(F) = 0 \qquad -F \times (2.5 + 1.5) + F_C \sin\alpha \times 2.5 = 0$$

从而求得

$$F_C = 32\text{kN}$$

故

$$F_{Cx} = F_C \cos\alpha = 27.71\text{kN} \qquad F_{Cy} = F_C \sin\alpha = 16\text{kN}$$

再由静力平衡条件

$$\sum F_x = 0 \qquad 得 \qquad F_{Ax} - F_{Cx} = 0$$

$$\sum F_y = 0 \qquad 得 \qquad F_{Ay} - F + F_{Cy} = 0$$

从而求得

$$F_{Ax} = F_{Cx} = 27.7\text{kN}$$

$$F_{Ay} = F - F_{Cy} = -6\text{kN}$$

其中，F、F_{Ay}、F_{Cy} 构成平衡力系，它们垂直于杆的轴线，使杆产生弯曲变形；F_{Ax}、F_{Cx} 沿杆件轴线，使杆产生压缩变形。所以梁 AB 产生弯曲和压缩的组合变形。

（2）内力分析　AB 梁的轴力图和弯矩图如图 3-146c、d 所示，由图可知，梁 AB 上 C 截面处是危险截面，其轴力和弯矩值（绝对值）分别为

$$F_N = 27.71kN （压） \qquad M_{max} = 15kN \cdot m$$

（3）应力分析　由于所给工字钢的拉、压许用应力相同，且截面形状对称于中性轴，故截面上应力分布情况如图 3-146e、f、g 所示。可见截面的下边缘各点为危险点，其最大压应力为（查附录型钢规格表，选取 18 号工字钢，$A = 3.07 \times 10^3 mm^2$，$W_z = 185 \times 10^3 mm^3$）

$$\sigma_{-max} = \left| -\frac{F_N}{A} - \frac{M_{max}}{W_z} \right| = \left| -\frac{27.71 \times 10^3}{3.07 \times 10^3} - \frac{15 \times 10^6}{185 \times 10^3} \right| MPa = 90.11MPa$$

（4）强度分析　因为 $\sigma_{-max} = 90.14MPa < [\sigma]$，所以梁 AB 的强度满足要求。

2. 偏心拉伸（压缩）的强度计算

当作用在直杆上的外力沿杆件轴线作用时，产生轴向拉伸或轴向压缩。然而如果外力的作用线平行于杆的轴线，但不通过横截面的形心，则将引起偏心拉伸或偏心压缩，这是拉伸（压缩）与弯曲组合变形的又一种形式。例如图 3-147 所示的钩头螺栓和受压立柱即为偏心拉伸和偏心压缩的实例。

在偏心外力作用下，杆件横截面上的应力不再均匀分布，即不能按 $\sigma = \dfrac{F_N}{A}$ 来计算其应力。为了转化成

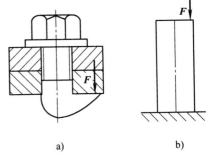

图 3-147　偏心拉压杆件
a) 钩头螺栓　b) 受压立柱

基本变形形式，可将力 F 向轴线简化，得到通过轴线的力和一个（或二个）附加力偶。显然，轴向力使杆件产生轴向拉压，而力偶使杆件发生弯曲。下面举例说明这类问题的解法。

如图 3-148a 所示，杆件受到偏心拉力作用时。首先将偏心力 F 向截面形心 C 平移，得到作用线与轴线一致的轴向力 F' 和力偶矩为 Fe 的力偶，使杆件产生拉伸与弯曲组合变形。由此，杆的任一横截面上的内力分量为：轴力 $F_N = F' = F$、弯矩 $M_z = Fe$。在小变形的情况下，横截面上的正应力是拉伸与弯曲两种应力的代数叠加。横截面上应力分布情况如图 3-148b 所示，其最大拉、压应力分别为

$$\left. \begin{array}{l} \sigma_{+max} = \dfrac{F_N}{A} + \dfrac{M_z}{W_z} \\[3mm] \sigma_{-max} = \dfrac{F_N}{A} - \dfrac{M_z}{W_z} \end{array} \right\} \qquad (3-85)$$

同理，当杆件受到偏心压力作用时，最大拉、压应力为

$$\left. \begin{array}{l} \sigma_{+max} = -\dfrac{F_N}{A} + \dfrac{M_z}{W_z} \\[3mm] \sigma_{-max} = -\dfrac{F_N}{A} - \dfrac{M_z}{W_z} \end{array} \right\} \qquad (3-86)$$

二、弯曲与扭转组合变形的强度计算

工程中的传动轴，大多数处于弯扭组合变形状态。当弯曲变形较小时，轴可近似地按扭转问

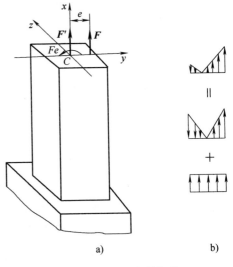

图 3-148　偏心拉伸杆件
a) 杆件偏心拉伸示意图　b) 横截面正应力合成

题来计算。当弯曲变形不能忽略时，则需要按弯扭组合变形计算。

现以曲拐为例（图 3-149），介绍弯扭组合时的强度分析方法。

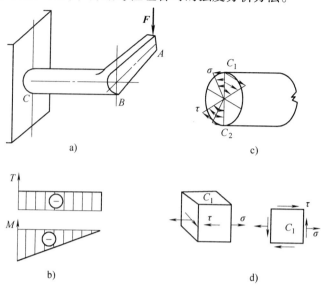

图 3-149　弯扭组合

a）曲拐受力示意图　b）扭矩图和弯矩图　c）横截面的应力分布情况　d）危险点 C_1 的应力状态

（1）外力分析　曲拐端点 A 作用集中力 F，BC 段为圆截面杆件。如果设想把外力 F 由 A 点平移到 B 点，则得到一个与 F 作用线平行的力和一个附加力偶；这个力将引起 BC 杆铅垂平面内的弯曲，力偶引起杆扭转，所以 BC 杆为弯扭组合变形杆件。

（2）内力分析　作出 BC 杆的扭矩图和弯矩图（图 3-149b）。对 BC 杆而言，固定端 C 是危险截面。

（3）应力分析　沿危险截面 C_1、C_2 连线上的应力分布情况，如图 3-149c 所示。当圆轴承受弯矩 M 作用时，弯曲发生在铅垂平面内。所以正应力 σ 在 $C_1 C_2$ 连线上，垂直于横截面呈两三角形分布。当圆轴承受扭矩作用时，最大切应力 τ_{max} 作用在圆轴横截面的外圆周处，相切于横截面。

根据应力计算公式可得

最大切应力
$$\tau_{max} = \frac{T}{W_p}$$

最大正应力
$$\sigma_{max} = \frac{M_{max}}{W_z}$$

两者都作用在 C_1 和 C_2 点上。如果材料的抗拉、抗压强度相同，则这两点都是危险点。如果取出其中的一点 C_1 来研究，它处于二向应力状态，如图 3-149d 所示，要按有关的强度理论进行强度分析。根据应力状态理论，C_1 点的主应力为

$$\left.\begin{array}{r}\sigma_1 \\ \sigma_3\end{array}\right\} = \frac{\sigma}{2} \pm \sqrt{\left(\frac{\sigma}{2}\right)^2 + \tau^2} = \frac{\sigma}{2} \pm \frac{1}{2}\sqrt{\sigma^2 + 4\tau^2}$$

（4）强度分析　对于塑性材料而言，通常采用第三或第四强度理论进行强度计算。

按第三强度理论，其强度条件为

$$\sigma_{xd3} = \sigma_1 - \sigma_3 \leqslant [\sigma]$$

把 σ_1 和 σ_3 的计算关系代入上式得

$$\sigma_{xd3} = \sqrt{\sigma^2 + 4\tau^2} \leqslant [\sigma] \tag{3-87}$$

式（3-87）为圆轴弯扭组合时以应力表示的强度条件。

注意到 $\tau_{max} = \dfrac{T}{W_p}$，$\sigma_{max} = \dfrac{M_{max}}{W_z}$，$W_p = 2W_z$，得

$$\sigma_{xd3} = \frac{1}{W_z}\sqrt{M^2 + T^2} \leqslant [\sigma] \tag{3-88}$$

式（3-88）为圆轴弯扭组合时以内力表示的强度条件。

同理，按第四强度理论，其强度条件为

$$\sigma_{xd4} = \sqrt{\sigma^2 + 3\tau^2} \leqslant [\sigma] \tag{3-89}$$

和

$$\sigma_{xd4} = \frac{1}{W_z}\sqrt{M^2 + 0.75T^2} \leqslant [\sigma] \tag{3-90}$$

应当指出，以上所述是圆轴只在某一个平面内发生弯曲的情形。如果圆轴在扭转的同时还在两个平面内发生弯曲，其弯矩分别为 M_y 和 M_z，这时对于圆截面杆件，通过圆心的任意直径都是形心主轴，可以直接求出其合弯矩，即 $M = \sqrt{M_y^2 + M_z^2}$，然后仍按平面弯曲计算其应力。

例 3-30 电动机通过带轮带动传动轴如图 3-150 所示，传递功率 $P = 7.5\text{kW}$，轴的转速 $n = 100\text{r/min}$，轴的直径 $d = 50\text{mm}$，材料的许用应力 $[\sigma] = 150\text{MPa}$；带的拉力为 $F_1 + F_2 = 5.4\text{kN}$，两带轮的直径均为 $D = 600\text{mm}$，且 $F_1 > F_2$。试按第四强度理论校核轴的强度。

解（1）外力分析　转轴的扭转力矩为　$T = 9550 \times \dfrac{P}{n} = 9550 \times \dfrac{7.5}{100} \times 10^{-3}\text{kN·m} = 0.7\text{kN·m}$

因 T 是通过带的拉力 F_1 和 F_2 传递的，故

$$(F_1 - F_2)\frac{D}{2} = T$$

$$(F_1 - F_2) = \frac{2T}{D} = \frac{2 \times 0.7}{600 \times 10^{-3}}\text{kN} = 2.3\text{kN}$$

已知　　　$F_1 + F_2 = 5.4\text{kN}$

可得　　　$F_1 = 3.85\text{kN}$　　$F_2 = 1.55\text{kN}$

将力向轴心简化，受力如图 3-150b 所示。力偶 M_e 使轴产生扭转变形，$F_1 + F_2$ 分别使轴产生铅垂平面和水平面内的弯曲变形。

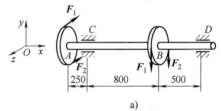

a)

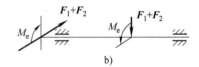

b)

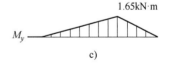

c)

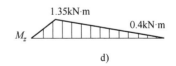

d)

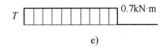

e)

图 3-150　传动轴

a) 传动轴工作示意图　b) 传动轴受力图
c) 铅垂平面弯矩图　d) 水平面弯矩图
e) 传动轴扭矩图

（2）内力分析　这是扭转与两个平面内弯曲组合的情形。扭矩图如图 3-150e 所示，$T = 0.7\text{kN} \cdot \text{m}$。分别作出铅垂平面和水平面的弯矩图，如图 3-150c、d 所示。对于圆截面，任一直径都是其形心主轴，故圆轴在两个垂直平面内弯曲时，可直接求其合弯矩，即

$$M = \sqrt{M_y^2 + M_z^2}$$

由内力图可知，在截面 B 处合成弯矩最大，其值为

$$M_B = \sqrt{M_{By}^2 + M_{Bz}^2} = \sqrt{0.4^2 + 1.65^2}\text{kN} \cdot \text{m} = 1.7\text{kN} \cdot \text{m}$$

（3）校核轴的强度　由于截面 B 处弯矩最大，轴的扭矩为常量，故 B 截面为危险截面。按第四强度理论

$$\sigma_{xd4} = \frac{1}{W_z}\sqrt{M_B^2 + 0.75T^2}$$

$$= \frac{32}{\pi \times 50^3} \times \sqrt{(1.7 \times 10^6)^2 + 0.75 \times (0.7 \times 10^6)^2}\text{MPa}$$

$$= 147\text{MPa} < [\sigma] = 150\text{MPa}$$

故此轴安全。

▶▶ 任务实施

如图 3-143a 所示电动机驱动带轮轴转动，按第三强度理论校核电动机驱动带轮轴的强度。电动机驱动带轮轴工作分析如图 3-151 所示。

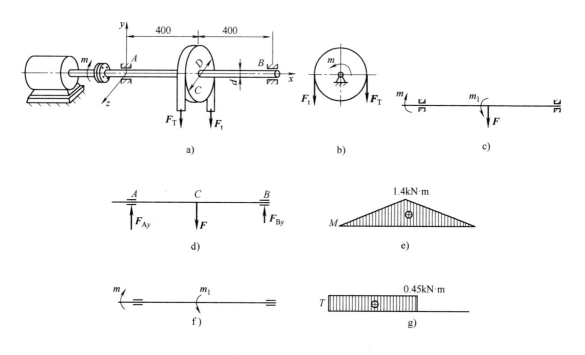

图 3-151　电动机驱动带轮轴工作分析

a）驱动轴工作示意图　b）带轮受力图　c）驱动轴受力图　d）驱动轴弯曲变形示意图

e）驱动轴弯矩图　f）驱动轴扭转变形示意图　g）驱动轴扭矩图

解 (1) 外力分析 把作用于带轮边缘上的紧边拉力 F_T 和松边拉力 F_t 都平移到轴线上，并去掉带轮，得到 AB 轴的受力简图，如图 3-151c 所示。

铅垂力 $\qquad F = F_T + F_t = 5kN + 2kN = 7kN = 7000N$

平移后的附加力偶矩

$$m_1 = \frac{F_T D}{2} - \frac{F_t D}{2} = (5 - 2) \times 1000 \times 150 \text{N} \cdot \text{mm} = 0.45 \times 10^6 \text{N} \cdot \text{mm}$$

可见，圆轴 AB 在铅垂力 F 的作用下发生弯曲，而圆轴的 AC 段在附加力偶 m_1 及电动机驱动力偶 m 的共同作用下发生扭转，CB 段并没有扭转变形，即圆轴的 AC 段发生弯曲与扭转的组合变形。

(2) 内力分析 由铅垂力 F 所产生的弯矩图如图 3-151d、e 所示，其最大值为

$$M = \frac{Fl}{4} = \frac{7000 \times 800}{4} \text{N} \cdot \text{mm} = 1.4 \times 10^6 \text{N} \cdot \text{mm}$$

不考虑由铅垂力 F 所产生的剪力。

由附加力偶 m 所产生的扭矩图如图 3-151f、g 所示，其 AC 段的扭矩值处处相等，即

$$T = m_1 = m = 0.45 \times 10^6 \text{N} \cdot \text{mm}$$

由此可见，轴的中央截面 C 处为危险截面。

(3) 应力分析 因为按第三或第四强度理论的强度条件式（3-88）或式（3-90）中不直接含有应力，故应力分析这一步可以省略。

(4) 强度分析 按第三强度理论的强度条件式（3-88）可得

$$\sigma_{xd3} = \frac{\sqrt{M^2 + T^2}}{W_z} = \frac{32 \times \sqrt{(1.4 \times 10^6)^2 + (0.45 \times 10^6)^2}}{\pi \times 50^3} \text{MPa} = 120 \text{MPa} = [\sigma]$$

所以此轴有足够强度。

思考与练习

1. 何谓组合变形？当杆件处于组合变形时，应力分析的理论依据是什么，有何限制？

2. 试判别图 3-152 所示曲杆 ABCD 上的 AB、BC 和 CD 将产生何种变形。

3. 拉弯组合杆件危险点的位置如何确定？建立强度条件时为什么不必利用强度理论？

4. 弯扭组合的圆截面杆，在建立强度条件时，为什么要用强度理论？

5. 对于同时受轴向拉伸、扭转和弯曲变形的杆，按第三强度理论建立的强度条件是否可写成如下形式，为什么？

$$\sigma_{xd3} = \frac{F_N}{A} + \frac{\sqrt{M^2 + T^2}}{W_z} \leq [\sigma]$$

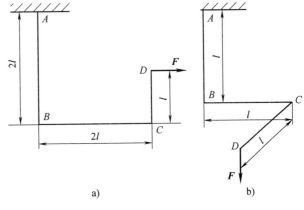

图 3-152 题 2 图

6. 用公式 $\sigma_{xd3} = \frac{1}{W_z}\sqrt{M^2 + T^2} \leq [\sigma]$、$\sigma_{xd4} = \frac{1}{W_z}\sqrt{M^2 + 0.75T^2} \leq [\sigma]$ 进行轴的强度计算时是否应考虑轴的截面形状，为什么？

7. 如果某轴危险点处在变应力状态中, 本章介绍的一些强度理论是否适用? 为什么?

8. 有一斜梁 AB 如图 3-153 所示, 其横截面为正方形, 边长为 100mm, 若 F = 3kN, 试求最大拉应力和最大压应力。

9. 起重机的最大起吊量 (包括小车) 为 F = 40kN, 横梁 AC 由两根 18b 号槽钢组成, 如图 3-154 所示, 材料的许用应力 [σ] = 120MPa, 试校核梁的强度。

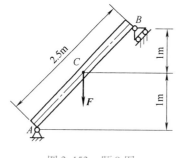 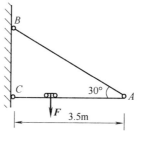 

图 3-153　题 8 图　　　　　　　　　　图 3-154　题 9 图

10. 一夹具装置, 如图 3-155 所示。最大夹紧力 F = 5kN, 偏心距 e = 100mm, b = 10mm, 其许用应力 [σ] = 80MPa。试设计立柱截面的尺寸。

11. 已知: F = 20kN, [σ] = 160MPa, 拐轴受铅垂载荷 F 作用如图 3-156 所示, 试按第三强度理论确定轴 AB 的直径。

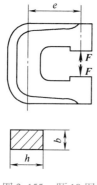 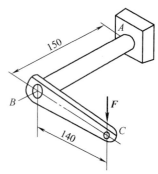

图 3-155　题 10 图　　　　　　　　　　图 3-156　题 11 图

12. 一传动轴如图 3-157 所示, 轮 A 的直径 D_1 = 300mm, 其上作用铅垂力 F_z = 1kN; 轮 B 的直径 D_2 = 150mm, 其上作用水平力 F_x = 2kN, 许用应力 [σ] = 160MPa, 试按第四强度理论设计轴的直径。

13. 一传动轴如图 3-158 所示, 传递的功率 P = 2kW, 转速 n = 100r/min, 带轮直径 D = 250mm。带的拉力 F_T = $2F_t$, 许用应力 [σ] = 80MPa, 轴的直径 d = 45mm。试按第三强度理论校核轴的强度。

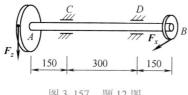 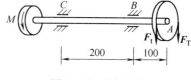

图 3-157　题 12 图　　　　　　　　　　图 3-158　题 13 图

习 题 答 案

8. $\sigma_{l\max}$ = 6.75MPa; $\sigma_{y\max}$ = 6.99MPa

9. $\sigma_{max} = 120.9\text{MPa}$，超过许用应力 0.75%，可以使用

10. $h = 64.4\text{mm}$

11. $d \geq 64\text{mm}$

12. $d = 27.5\text{mm}$

13. $\sigma_{xd3} = 55.5\text{MPa}$，安全

任务七 压杆稳定

>>> **任务描述**

螺旋千斤顶如图 3-159 所示，螺杆旋出的最大长度 $l = 375\text{mm}$，螺杆的螺纹内径 $d = 40\text{mm}$，材料为 45 钢，千斤顶的最大起重量 $P = 80\text{kN}$，规定的稳定安全系数 $n_w = 4$，试校核千斤顶的稳定性。

>>> **任务分析**

了解压杆稳定的基本概念，掌握不同类型压杆的临界力和临界应力的计算方法。

>>> **知识准备**

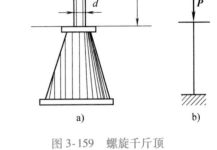

图 3-159 螺旋千斤顶

a) 螺旋千斤顶工作简图 b) 螺旋千斤顶计算简图

一、压杆稳定概述

1. 压杆稳定的概念

承受轴向压力作用的直杆，如果杆是短粗的，虽然压力很大，直杆也不会变弯。例如压缩试验用的碳钢短柱，当压应力达到屈服极限时，将发生塑性变形，而铸铁短柱当压应力达到强度极限时，将发生断裂。这些破坏现象是由于强度不足而引起的。

对于承受轴向压力的细长直杆，仅仅满足强度条件，还不能保证安全可靠地工作。当所加的压力还不很大，杆内应力还远小于极限应力时，直杆就可能突然变弯曲，甚至弯断。细长压杆的这种不能维持原有直线平衡状态，而发生突然变弯甚至折断的现象，称为压杆失去稳定性，简称压杆失稳或屈曲。

为了说明压杆失稳现象，我们做一个实验，取一根宽 30mm、厚 2mm、长 400mm 的钢板条，其材料的许用应力 $[\sigma] = 160\text{MPa}$，按压缩强度条件计算，它的承载能力为

$$F \leqslant A[\sigma] = 30 \times 2 \times 160\text{N} = 9600\text{N} = 9.6\text{kN}$$

逐渐加载时发现，在压力接近 7kN 时，它在外界的微扰动下已开始弯曲（图 3-160）。若压力继续增大，则弯曲变形急剧增加而最终导致折断，此时压力远小于 9.6kN。它之所以丧失工作能力，是由于它不能保持原有的直线形状而发生弯曲造成的。这说明钢板

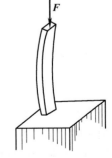

图 3-160 压杆的屈曲

条不是强度不足，而是稳定性不够。

工程中，如连杆、桁架中的某些压杆、薄壁筒等，这些构件除了要有足够的强度外，还必须有足够的稳定性，才能保证正常的工作。

2. 临界力的概念

为了研究压杆的稳定问题，可做如下实验，如图 3-161a 所示压杆，在杆端加轴向力 F，当力 F 不大时，压杆将保持直线平衡状态；当给一个微小的横向干扰力时，压杆只发生微小的弯曲，干扰力消除后，杆经过几次摆动后仍恢复到原来直线平衡的位置，压杆处于稳定的平衡状态（图 3-161b）；当轴向力 F 增大到某一值 F_{cr} 时，杆件由原来稳定的平衡状态，过渡到不稳定的平衡状态（图 3-161c），这种过渡称为临界状态，F_{cr} 称为临界压力或临界力。当轴向力 F 大于 F_{cr} 时，只要有一点轻微的干扰，杆件就会在微弯的基础上继续弯曲，甚至破坏（图 3-161d），这说明杆件已处于不稳定状态。

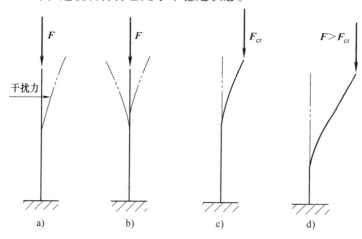

图 3-161　压杆的临界压力

a）压杆受力示意图　b）压杆稳定平衡　c）压杆临界平衡　d）压杆失稳

二、压杆的临界应力

1. 临界应力

对于受压杆件来说，由原来稳定的平衡状态过渡到不稳定的平衡状态时，其截面上存在轴向压力，即临界力 F_{cr}，那么单位面积的临界力即为其临界应力，由于它是截面法线方向上的，与轴向拉（压）的正应力方位相似，所以临界应力用 σ_{cr} 表示，即

$$\sigma_{cr} = \frac{F_{cr}}{A} \tag{3-91}$$

σ_{cr} 的大小不仅与外载荷有关，还与杆件的长度、杆件支承情况、截面的形状和尺寸、杆件的材料有关。

2. 临界应力的计算公式

综合考虑受压杆件外载荷大小、杆件的长度、杆件支承情况、截面的形状和尺寸、杆件的材料等因素的情况下，得到临界应力的计算总图，如图 3-162 所示。

图中，λ 称为压杆的柔度，是一个量纲为 1 的量，λ_p、λ_s 是反映材料特性的数值，不同的材料 λ_p、λ_s 数值不同。λ 综合反映了压杆的长度、横截面尺寸和杆端约束情况等因素

对临界应力的影响，因而是稳定计算中的一个重要参数。λ 的大小可由下式确定

$$\lambda = \frac{\mu l}{i} \tag{3-92}$$

式中，μ 是与压杆两端的支承情况有关的系数，称为长度系数，不同支承情况下的 μ 值列于表 3-8 中；μl 称为相当长度；i 为惯性半径。

惯性半径 i 反映压杆截面形状和尺寸对稳定性的影响，即

$$i = \sqrt{\frac{I}{A}} \tag{3-93}$$

式中，I 为截面对轴的惯性矩；A 为截面面积。

对于圆截面，$i = \sqrt{\dfrac{\pi d^4 / 64}{\pi d^2 / 4}} = \dfrac{d}{4}$，其单位为 cm 或 m。

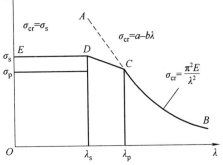

图 3-162　压杆临界应力总图

从式（3-92）、式（3-93）可以看出，λ 越大，杆件越细长；λ 越小，杆件越短粗。工程上根据 λ 的数值把受压杆件分为细长杆（$\lambda \geqslant \lambda_p$）、中长杆（$\lambda_s \leqslant \lambda < \lambda_p$）和粗短杆（$\lambda < \lambda_s$）。

表 3-8　不同支承情况下的长度系数

支承情况	一端固定一端自由	两端铰支	一端固定一端铰支	两端固定
简图	F_{cr}	F_{cr}	F_{cr}	F_{cr}
μ	2	1	0.7	0.5

对于不同柔度系数的受压杆件，计算临界应力所用的公式总结归纳如下：

1）大柔度杆也称细长杆（$\lambda \geqslant \lambda_p$），用欧拉公式

$$\sigma_{cr} = \frac{\pi^2 E}{\lambda^2} \tag{3-94}$$

式中，E 为材料的弹性模量。

2）中柔度杆也称中长杆（$\lambda_s \leqslant \lambda < \lambda_p$），用经验公式

$$\sigma_{cr} = a - b\lambda \qquad (3\text{-}95)$$

式 (3-95) 称为压杆稳定的经验公式。a 与 b 是与材料性质有关的常数，表 3-9 列出了一些材料的 a 与 b 的数值。

表 3-9　直线公式的系数 a 与 b

材　料	a/MPa	b/MPa	材　料	a/MPa	b/MPa
Q235A 钢	304	1.12	铸铁	332.2	1.454
优质碳钢	461	2.568	强铝	373	2.15
硅钢	578	3.744	松木	28.7	0.19
铬钼钢	9807	5.296			

3）小柔度杆也称短粗杆（$\lambda < \lambda_s$），用压缩强度公式

$$\sigma_{cr} = \sigma_s \qquad (3\text{-}96)$$

例 3-31　三个圆截面压杆，直径均为 $d = 160\text{mm}$，材料为 Q235A 钢，$a = 304\text{MPa}$，$b = 1.12\text{MPa}$，$E = 206\text{MPa}$，$\lambda_p = 100$，$\lambda_s = 61.6$，$\sigma_p = 200\text{MPa}$，$\sigma_s = 235\text{MPa}$，各杆两端均为铰支，长度分别为 $l_1 = 5\text{m}$，$l_2 = 2.5\text{m}$，$l_3 = 1.25\text{m}$。计算各杆的临界力。

解　（1）对于长度为 $l_1 = 5\text{m}$ 的杆件

$$\lambda_1 = \frac{\mu l_1}{i} = \frac{1 \times 5 \times 10^3}{40} = 125 > \lambda_p$$

所以杆件 1 属于细长杆，用欧拉公式计算得

$$F_{cr1} = \sigma_{cr} A = \frac{\pi^2 E}{\lambda^2} \cdot \frac{\pi d^2}{4} = \frac{\pi^3 \times 206 \times 10^3 \times 160^2}{125^2 \times 4}\text{N} \approx 2612\text{kN}$$

（2）对于长度为 $l_2 = 2.5\text{m}$ 的杆件

$$\lambda_2 = \frac{\mu l_2}{i} = \frac{1 \times 2.5 \times 10^3}{40} = 62.5$$

$\lambda_s \leqslant \lambda_2 < \lambda_p$，所以杆件 2 属于中长杆，用直线公式计算如下

$$F_{cr2} = \sigma_{cr} A = (a - b\lambda_2) \cdot \frac{\pi d^2}{4} = (304 - 1.12 \times 62.5) \times \frac{\pi \times 160^2}{4}\text{N} = 4702\text{kN}$$

（3）对于长度为 $l_3 = 1.25\text{m}$ 的杆件

$$\lambda_3 = \frac{\mu l_3}{i} = \frac{1 \times 1.25 \times 10^3}{40} = 31.3$$

则 $\lambda_3 < \lambda_s$，所以杆件 3 属于短粗杆，应按强度计算，得

$$F_{cr3} = \sigma_{cr} A = 235 \times \frac{\pi \times 160^2}{4}\text{N} = 4723\text{kN}$$

三、压杆稳定性校核

在掌握了各种柔度压杆的临界应力的计算公式之后，就可以在此基础上建立压杆的稳定条件，进行压杆的稳定性校核。

由临界力的意义可知，$\boldsymbol{F}_{cr}$ 相当于稳定性方面的破坏载荷，即临界应力 σ_{cr} 是压杆丧失工

作能力时的危险应力。为了保证压杆具有足够的稳定性，能够安全可靠地工作，不但要求压杆的轴向工作压力 F（或工作应力 σ）小于临界力 F_{cr}（或临界应力 σ_{cr}），而且还要有适当的稳定性储备，即要有适当的安全因数，因此压杆的稳定条件为

$$F \leqslant \frac{F_{cr}}{n_w} \qquad 或者 \qquad \sigma \leqslant \frac{\sigma_{cr}}{n_w} \qquad (3\text{-}97)$$

式中，n_w 称为稳定的安全因数。考虑到压杆的初曲率、加载的偏心以及材料的不均匀等因素对临界力的影响，规定的稳定安全因数 n_w 一般比强度安全因数要大些。令

$$\frac{F_{cr}}{F} = n_g \qquad 或 \qquad \frac{\sigma_{cr}}{\sigma} = n_g \qquad (3\text{-}98)$$

n_g 可称为压杆工作过程中的稳定安全因数，于是得

$$n_g \geqslant n_w \qquad (3\text{-}99)$$

即实际的稳定安全因数应大于或等于规定的稳定安全因数。

这样的计算方法称为压杆稳定性校核的安全因数法。

需要指出，压杆的临界力是由整个杆件的弯曲变形来决定的，杆件上的小孔、沟槽等对临界载荷的影响很小，在稳定性的计算中不必考虑。

例 3-32　图 3-163 所示为用 20a 工字钢制成的压杆，材料为 Q235 钢，$E = 200\text{GPa}$，$\lambda_p = 100$，压杆长度 $l = 5\text{m}$，$F = 200\text{kN}$。若 $n_w = 2$，试校核压杆的稳定性。

解　（1）计算 λ　由附录中的型钢表查得　$i_y = 2.12\text{cm}$，$i_z = 8.15\text{cm}$，$A = 35.5\text{cm}^2$。压杆在 i 最小的纵向平面内抗弯刚度最小，柔度最大，临界应力将最小。因而压杆失稳一定发生在压杆 λ_{max} 的纵向平面内

$$\lambda_{max} = \frac{\mu l}{i_y} = \frac{0.5 \times 5}{2.12 \times 10^{-2}} = 117.9$$

（2）计算临界应力，校核稳定性　因为 $\lambda_{max} > \lambda_p$，所以，此压杆属细长杆，要用欧拉公式来计算临界应力

$$\sigma_{cr} = \frac{\pi^2 E}{\lambda_{max}^2} = \frac{\pi^2 \times 200 \times 10^3}{117.9^2}\text{MPa} = 142\text{MPa}$$

$$F_{cr} = A\sigma_{cr} = 35.5 \times 10^{-4} \times 142 \times 10^6 \text{N}$$
$$= 504.1 \times 10^3 \text{N} = 504.1\text{kN}$$

$$n = \frac{F_{cr}}{F} = \frac{504.1}{200} = 2.57 > n_w$$

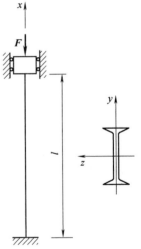

图 3-163　压杆简图

所以此压杆稳定。

四、提高压杆稳定性的措施

从上面的分析和讨论可知，对于细长杆和中长杆才有稳定性的问题，而粗短杆只是压缩强度问题。如前所述，临界应力 σ_{cr}（或临界力 F_{cr}）的大小表征压杆稳定性的高低，所以要提高压杆的稳定性，就要设法提高压杆的临界应力 σ_{cr}（或临界力 F_{cr}）。根据欧拉公式和经验公式以及柔度公式可知，临界应力的大小与压杆的材料、长度、横截面的形状和尺寸，

以及压杆两端的支承情况等因素有关，因此，应该从这几方面着手，采取相应的措施，来提高压杆的稳定性。

1. 合理选择材料

（1）细长杆　由欧拉公式可知，临界应力 σ_{cr} 与材料的强度指标 σ_s 无关，而与材料的弹性模量 E 成正比。但是优质钢和普通钢的 E 值近似，所以选用优质钢并不能明显提高其稳定性，不如选用普通钢，这样既合理又经济。

（2）中长杆　由经验公式可知，临界应力 σ_{cr} 随着材料的强度指标 σ_s 的增大而提高，所以可以选用优质钢来提高其稳定性。

2. 合理选择横截面的形状

（1）选择惯性矩 I 大的截面形状　当横截面面积 A 一定时，增大惯性矩 I，就增大了惯性半径 i，即减小了压杆的柔度 λ，所以材料的分布远离中性轴或轴线是合理的，因而框形好于方形；空心圆好于实心圆；两条槽钢的组合，"面对面"好于"背对背"，如图 3-164 所示。

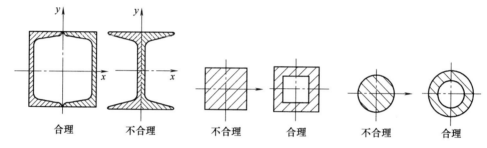

图 3-164　合理选择横截面的形状

（2）根据支座情况选择横截面的形状　当压杆两端的支座是固定端或球形铰链时，横截面应选择正方形或圆形，这样可使各个方向的柔度相当。

3. 减小压杆长度

由柔度公式可知，减小压杆的长度 l，可减小压杆的柔度 λ。当压杆的工作长度不能减小时，可增加中间支座，以提高稳定性，如图 3-165 所示。

4. 提高支座的约束能力

如前所述，两端固定的支座，对构件的约束能力是最强的，所以应尽量采用固定端支座。对于压杆的连接处，应尽可能做成刚性连接或采用紧密的配合，以提高支座的约束能力。如图 3-166 所示，立柱的柱脚与底板的连接方式 a）图好于 b）图。

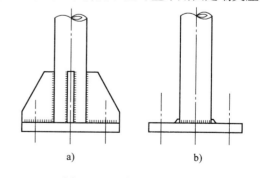

a)　　　　　　b)

图 3-166　采用固定端支座

a）紧密配合的刚性连接　b）非紧密配合的刚性连接

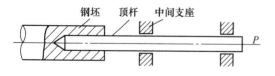

图 3-165　增加支座

最后如有可能，将机械或结构中的压杆转换成拉杆，以从根本上消除失稳的隐患。如图 3-167 所示，a）图中的 BD 杆是压杆，而 b）图中的 BD 杆是拉杆。

任务实施

螺旋千斤顶如图 3-159 所示，校核千斤顶的稳定性。

解 可把千斤顶螺杆简化为上端自由，下端固定的压杆，故支座系数 $\mu = 2$。

（1）计算螺杆的柔度 由于螺杆是圆形，所以横截面的惯性矩 $I = \dfrac{\pi d^4}{64}$，面

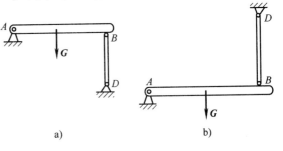

图 3-167 压杆转换成拉杆
a）BD 为受压杆件 b）BD 为受拉杆件

积 $A = \dfrac{\pi d^2}{4}$，惯性半径 $i = \sqrt{\dfrac{I}{A}} = \dfrac{d}{4} = 10\text{mm}$。将有关参数代入柔度计算式得

$$\lambda = \frac{\mu l}{i} = \frac{2 \times 375}{10} = 75$$

（2）计算临界载荷 查资料可知 45 钢，$\lambda_s = 60$，$\lambda_p = 100$。

可见 $60 < \lambda < 100$，螺杆是中柔度杆，应采用经验公式求临界力。查资料可知，$a = 578\text{MPa}$，$b = 3.744\text{MPa}$，所以临界力

$$F_{cr} = \sigma_{cr} A = (a - b\lambda) A = (a - b\lambda) \frac{\pi d^2}{4}$$

$$= (578 - 3.744 \times 75) \times 3.14 \times \frac{40^2}{4}\text{kN} = 373\text{kN}$$

（3）校核稳定性 螺杆的实际稳定安全系数 $n_g = \dfrac{F_{cr}}{p} = \dfrac{373}{80} = 4.66$

$$n_g = 4.66 > n_w = 4$$

所以千斤顶螺杆的稳定性是足够的。

思考与练习

1. 如何判断压杆失稳的方向？各种柔度压杆的临界应力应如何确定？

2. 如果杆件上有孔和槽，计算压杆稳定性问题与强度问题时截面面积该如何确定？

3. 提高压杆稳定性的措施是什么？

4. 如图 3-168 所示压杆，其材料都是 Q235A 钢，$E = 206\text{GPa}$，直径均为 $d = 160\text{mm}$。求各杆的临界力 F_{cr}，并判断哪一根的临界力最大。

5. 如图 3-169 所示两端球形铰支细长压杆，弹性模量 $E = 200\text{GPa}$。试用欧拉公式计算其临界力。

（1）圆形截面，$d = 25\text{mm}$，$l = 1\text{m}$。

（2）矩形截面，$h = 2b = 40\text{mm}$，$l = 1\text{m}$。

（3）16 号工字钢，$l = 2\text{m}$。

6. 如图 3-170 所示，三根相同的压杆，$l = 400\text{mm}$，$b = 12\text{mm}$，$h = 20\text{mm}$，材料为 Q235A 钢，$E = 206\text{GPa}$，$\sigma_p = 200\text{MPa}$。试求三种支承情况下压杆的临界力。

7. 压杆材料为 Q235A 钢，$E = 206\text{GPa}$，$\sigma_p = 200\text{MPa}$，横截面为图 3-171 所示四种形状，面积均为

$3.6 \times 10^3 \mathrm{mm}^2$。试计算它们的临界应力，并比较它们的稳定性。

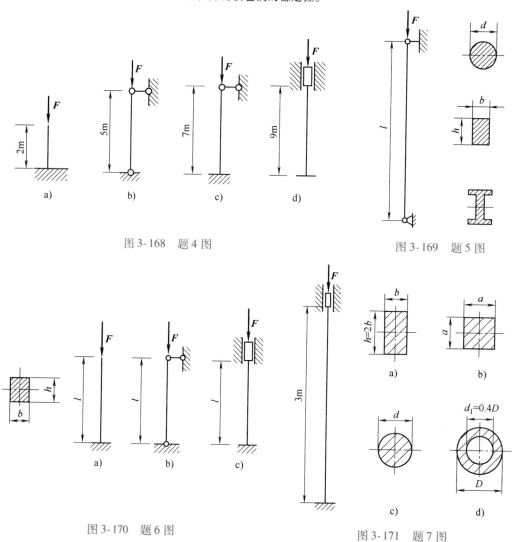

图 3-168 题 4 图

图 3-169 题 5 图

图 3-170 题 6 图

图 3-171 题 7 图

8. 如图 3-172 所示一连杆，材料为 Q235A 钢，$E = 206\mathrm{GPa}$，横截面面积 $A = 4.4 \times 10^3 \mathrm{mm}^2$，惯性矩 $I_y = 120 \times 10^4 \mathrm{mm}^4$，$I_z = 797 \times 10^4 \mathrm{mm}^4$。试计算临界力 F_{cr}。

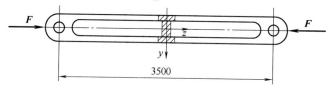

图 3-172 题 8 图

9. 如图 3-173 所示下端固定、上端铰支的钢柱，其横截面为 22b 号工字钢，弹性模量 $E = 206\mathrm{GPa}$，试求其工作安全系数 n_g。

10. 如图 3-174 所示构架，承受载荷 $F = 10\mathrm{kN}$，已知杆的外径 $D = 50\mathrm{mm}$，内径 $d = 40\mathrm{mm}$，两端为球铰，材料为 Q235A 钢，$E = 206\mathrm{GPa}$，$\sigma_p = 200\mathrm{MPa}$。若规定 $n_w = 3$，试问 AB 杆是否稳定？

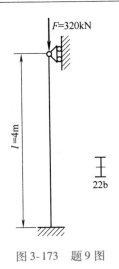

图 3-173　题 9 图

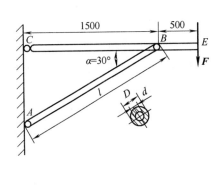

图 3-174　题 10 图

习　题　答　案

4. 图 3-168a 中的临界力最大

5. （1）$F_{cr} = 37.8kN$；（2）$F_{cr} = 52.6kN$；（3）$F_{cr} = 459kN$

6. a) $F_{cr} = 8.87kN$；b) $F_{cr} = 35.5kN$；c) $F_{cr} = 51.04kN$

7. a) $\sigma_{cr} = 135.4MPa$；b) $\sigma_{cr} = 185MPa$；c) $\sigma_{cr} = 182MPa$；d) $\sigma_{cr} = 217MPa$

8. $F_{cr} = 795kN$

9. $n_g \geqslant 1.94$

10. $n_g = 4.42$，稳定

任务八　动载荷与交变应力

>>> **任务描述**

　　一桥式起重机以等加速度提升一重物，如图 3-175 所示。物体重量 $W = 10kN$，$a = 4m/s^2$。起重机横梁为 28a 工字钢，跨度 $l = 6m$。不计横梁和钢丝绳的重量，求此时钢丝绳所受的拉力及梁的最大正应力。

>>> **任务分析**

　　理解动载荷、疲劳破坏、交变应力和持久极限的概念。

>>> **知识准备**

一、动载荷及动应力的概念

　　前面各章研究了各种构件在静载荷

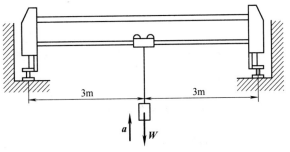

图 3-175　桥式起重机

作用下的强度、刚度和稳定性的问题。静载荷是指从零开始缓慢地增加到最终值，然后不再变化的载荷。在静载荷作用下，构件内各点的加速度很小，可以忽略不计。

在工程中，除了受静载荷作用的构件之外，还有各种各样受动载荷作用的构件，如加速提升重物的绳索、汽锤锻压的坯件、内燃机的连杆以及高速旋转的转轴等，当它们受到的载荷随时间明显地变化或者速度发生显著变化时，工程上就称这些零件承受了动载荷。

动载荷问题按其特点不同可分为惯性力问题（构件做变速直线运动或转动）、冲击问题、机械振动问题。

由于动载荷的作用，构件产生的变形和应力，分别称为动变形和动应力，以符号 σ_d 和 δ_d 表示。通常动载荷的强度计算，可以转化为按照静载荷的方法来计算。将动荷应力 σ_d 与静荷应力 σ 相比，所得比值称为动荷系数，以符号 K_d 表示，即

$$K_d = \frac{\sigma_d}{\sigma} \qquad\qquad (3\text{-}100)$$

由于 $\sigma_d > \sigma$，故 K_d 是一个大于 1 的系数，其数值由实验或理论计算得出，也可在有关手册中查到。如图 3-176 所示鹤式起重机匀加速提升重物时，钢丝绳截面上的 $K_d = 1 + \dfrac{a}{g}$。如图 3-177 所示，杆件受冲击时，$k_d = 1 + \sqrt{1 + \dfrac{2h}{\delta_j}}$（$\delta_j$ 为静变形）。

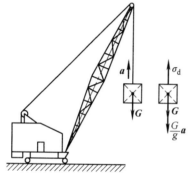

图 3-176　鹤式起重机匀加速提升重物

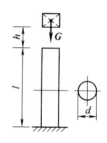

图 3-177　杆件受冲击载荷

为了保证构件在动载荷作用下能安全工作，其实际动荷应力 σ_d 不能超过材料的许用应力 $[\sigma]$，即

$$\sigma_d = K_d\sigma \leqslant [\sigma] \quad \text{或} \quad \sigma \leqslant \frac{[\sigma]}{K_d} \qquad\qquad (3\text{-}101)$$

式（3-101）便是动荷计算的强度条件。用式（3-101）进行动载荷强度计算时，只需将许用应力降低 K_d 倍，就可以转化为按照静载荷的方法进行强度计算。

二、交变应力及材料的持久极限

1. 交变应力的概念

工程中，很多构件工作时某点上的应力往往随时间作周期性变化，这种应力称为交变应力。产生交变应力的原因分为两种：一种是构件受交变载荷的作用；另一种是载荷不变，而构件本身在转动，从而引起构件内部应力发生交替变化。现举两个工程实例加以说明。

（1）齿轮工作时齿根处的应力情况　如图3-178a所示，轴旋转1周，这个齿啮合一次，每次啮合过程中，齿根处A点的弯曲正应力就从零变化到某一最大值，然后再回到零。轴不停地旋转，A点的弯曲正应力也就不断地重复上述过程。若以时间t为横坐标，弯曲正应力σ为纵坐标，应力随时间变化的曲线如图3-178b所示。

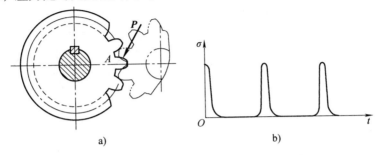

图3-178　齿轮工作时齿根处的应力变化图
a）齿轮工作受力图　b）齿轮工作时齿根处的应力变化情况

（2）火车轮轴上外边缘点处的应力情况　如图3-179所示，虽然集中载荷P不随时间改变，但由于轴的转动，而使轮轴横截面边缘上C点的位置将按1—2—3—4—1变化，C点的应力也经历了从0—σ_{max}—0—σ_{min}—0的变化。若以时间t为横坐标，弯曲正应力σ为纵坐标，应力随时间变化的曲线如图3-179b所示。

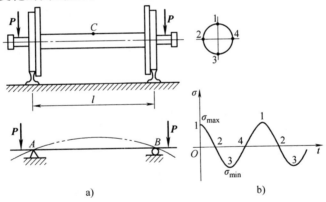

图3-179　车轴受力
a）车轴受力图　b）车轴上一点应力变化规律

2. 交变应力的类型

图3-180所示为杆件横截面上一点的应力随时间的变化曲线。通常把由最大应力σ_{max}变到最小应力σ_{min}，再由最小应力σ_{min}变回到最大应力σ_{max}的过程，称为一个应力循环。

工程上把应力循环中最小应力与最大应力的比值称为应力循环特性，用r表示，即

$$r = \frac{\sigma_{min}}{\sigma_{max}} \quad (当 |\sigma_{min}| \leq |\sigma_{max}| 时) \tag{3-102}$$

$$r = \frac{\sigma_{max}}{\sigma_{min}} \quad (当 |\sigma_{max}| \leq |\sigma_{min}| 时) \tag{3-103}$$

式中，σ_{max}、σ_{min} 均取代数值，拉应力为正，压应力为负；r 的值在 -1 和 $+1$ 之间变化。

应力循环中最大应力和最小应力的平均值称为平均应力 σ_m，即

$$\sigma_m = \frac{1}{2}\left(\sigma_{max} + \sigma_{min}\right) \tag{3-104}$$

应力循环中最大应力和最小应力差的一半称为应力幅 σ_α，即

$$\sigma_\alpha = \frac{1}{2}\left(\sigma_{max} - \sigma_{min}\right) \tag{3-105}$$

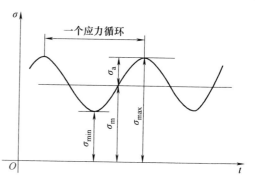

图 3-180　交变应力

工程上根据 r 的数值把交变应力分为以下几种类型：

（1）对称循环　应力循环中，$\sigma_{max} = -\sigma_{min}$，这种循环称为对称循环。例如火车轮轴的交变应力，此时 $r = -1$，$\sigma_m = 0$，$\sigma_\alpha = \sigma_{max}$。

（2）非对称循环　最大应力与最小应力数值不等的交变应力，统称为非对称循环。例如图 3-180 所示的交变应力就是非对称循环，此时 $-1 < r < 1$，$\sigma_{max} = \sigma_m + \sigma_\alpha$，$\sigma_{min} = \sigma_m - \sigma_\alpha$。

（3）脉动循环　脉动循环是在非对称循环中，应力的方向不变，变动于零到某一最大值之间的交变应力。例如图 3-178 所示的齿轮齿根 A 点处的应力，此时 $r = 0$，$\sigma_{min} = 0$。

（4）静应力　可看作是交变应力的一种特殊情况，应力不随时间而变化，此时 $r = 1$，$\sigma_\alpha = 0$，$\sigma_{max} = \sigma_{min} = \sigma_m$。

注意：以上为弯曲或拉、压产生的正应力变化规律。对于构件由扭转变形产生的交变切应力 τ，只需将 σ 改为 τ 即可。

3. 疲劳破坏

实践表明，在交变应力作用下材料的破坏与静应力完全不同。在应力值远低于屈服极限的情况下，经过长时间的交变应力作用，构件会突然发生断裂。即使对于塑性较好的材料，断裂前也无明显的塑性变形。在 19 世纪 30 年代，欧洲的一些科学家和工程师首先开始对这类问题进行研究，并引入"疲劳"一词来描述这种在反复加载下构件的突然失效，并把这种现象称为疲劳破坏。

疲劳破坏的主要特点是：

1）破坏时构件内的最大应力远低于材料的强度极限，甚至低于屈服极限。

2）构件在确定的应力水平下发生疲劳破坏需要一个过程，即需要一定数量的应力交变次数。

3）构件在破坏前和破坏时都没有明显的塑性变形，即使在静载下塑性很好的材料，也将呈现脆性断裂。

4）疲劳破坏断口表面一般可区分成光滑区和粗糙区，如图 3-181 所示。

通常认为，产生疲劳破坏的原因是：材料内部往往存在一些缺陷，如空穴、夹杂物及表面机加工留下的刻痕等，当交变应力的大小超过一定限度时，经过多次的应力循环，首先在缺

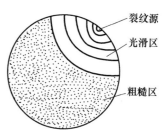

图 3-181　疲劳断口

陷处因较大的应力集中引起微观裂纹，裂纹尖端的严重应力集中，促使裂纹逐渐扩展。裂纹尖端一般处于三向拉伸应力状态，不易出现塑性变形。在这一过程中，裂纹两边的材料时分时合，类似研磨作用，形成断口的光滑区。随着裂纹的进一步扩展，构件截面逐渐削弱，以致不能承受所受的载荷而突然发生脆性断裂，形成了断口的粗糙区。

疲劳破坏往往在没有明显预兆下突然发生，从而容易造成严重的后果，飞机、车辆和机器发生的事故中，有很大比例是因为零件疲劳破坏引起的。因此，对于承受变应力的构件，在设计、制造、使用过程中，应特别注意裂纹的形成和扩展过程。如当火车进站时，铁路工人用小锤轻轻敲击车轴，检查车轴是否发生裂纹，以防突然发生事故。

4. 材料的持久极限

由于材料在交变应力作用下表现出来的性质与静载时完全不同，因此在静载试验中获得的屈服极限或强度极限已不能作为疲劳强度指标，必须重新测定材料在交变应力下的强度指标。

试验表明，材料发生疲劳破坏，不仅与最大应力 σ_{max} 有关，而且与循环特性 r 及循环次数 N 有关。在一定的循环特性下，当最大应力 σ_{max} 不超过某一极限值时，材料可以经受无限多次应力循环而不发生疲劳破坏。所以，材料在交变应力的作用下，能够经受无限多次（对于钢材 $N = 10^7$ 次）应力循环而不发生疲劳破坏的最大应力值，称为材料的持久极限，用 σ_r 表示。例如 σ_{-1} 表示对称循环时材料的持久极限，σ_0 表示脉动循环时材料的持久极限。

材料的持久极限标志着材料抵抗疲劳破坏的能力，是在交变应力作用下衡量材料强度的重要指标。同一种材料在不同的循环特性下，其持久极限是不同的，以对称循环下的持久极限为最低，换言之，对称循环下的交变应力对构件危害最大。

对称循环下材料的持久极限是使用光滑小试件用纯弯曲试验机测定的。

三、构件的持久极限和疲劳强度计算

1. 构件的持久极限

材料的持久极限测得后，用这种材料制成的工程构件的持久极限与之并不相同。这是因为构件的持久极限除了与所用材料有关外，还与其外形、截面尺寸、表面状况以及工作环境等因素密切相关。

综合考虑以上各方面的因素，对称循环下构件的持久极限为

$$\sigma_{-1}^0 = \frac{\varepsilon_\sigma \beta}{K_\sigma} \sigma_{-1} \tag{3-106}$$

σ_{-1} 是光滑小试件在对称循环下的持久极限，即材料的持久极限。

ε_σ 是一个小于1的系数，它表示相同材料、形状的构件尺寸大小对持久极限的影响。构件尺寸越大，其内部所含的杂质和缺陷随之增多，产生疲劳裂纹的可能性就越大，材料的持久极限则相应降低。

β 是一个小于1的系数，它表示表面加工质量对构件持久极限的影响。通常，构件的最大应力发生在表层，疲劳裂纹也会在此形成。测定材料持久极限的标准试件，其表面是经过磨削加工的，而实际构件的表面加工质量若低于标准试件，就会因表面存在刀痕或擦伤而引起应力集中，疲劳裂纹将由此产生并扩展，材料的持久极限就会随之降低。

K_σ 是一个大于 1 的系数，它表示应力集中对构件持久极限的影响。由于实际构件上可能存在着沟槽、切口、孔洞、轴肩等外形突变部位，这些位置很容易发生应力集中现象。实验表明，构件内的应力集中，将使其持久极限比同样尺寸光滑试样的持久极限降低。

σ_{-1}、ε_σ、β、K_σ 的数值可以查阅相关的工程设计手册得到。

对扭转交变应力的情况同样有

$$\tau^0_{-1} = \frac{\varepsilon_\tau \beta}{K_\tau} \tau_{-1} \tag{3-107}$$

构件外形、截面尺寸、表面状况以及工作环境等因素对在静应力下的塑性材料（如钢）和组织不均匀的脆性材料（如铸铁）则基本上没有什么影响，所以在研究静应力下构件的强度问题时都不考虑这些因素。

2. 对称循环下构件的疲劳强度计算

在交变应力作用下，构件的持久极限是构件所能承受的极限应力。考虑一定的安全因数，构件在对称循环下的许用应力可表示为

$$[\sigma^0_{-1}] = \frac{\sigma^0_{-1}}{n}$$

式中，n 为规定的安全因数。

构件的疲劳强度条件为

$$\sigma_{max} \leqslant [\sigma^0_{-1}] = \frac{\varepsilon_\sigma \beta}{n K_\sigma} \sigma_{-1} \tag{3-108}$$

式中，σ_{max} 是构件危险点的最大工作应力。

3. 提高构件疲劳强度的措施

所谓提高疲劳强度，通常是指在不改变构件的基本尺寸和材料的前提下，通过减小应力集中和改善表面质量，以提高构件的持久极限。通常有以下措施：

（1）减缓应力集中　截面突变处的应力集中是产生裂纹以及裂纹扩展的重要原因。因此，通过适当加大截面突变处的过渡圆角以及其他措施，有利于减缓应力集中，从而可以明显提高构件的疲劳强度。

（2）提高构件表面质量　在应力非均匀分布的情形下，疲劳裂纹大都从构件表面开始形成和扩展。因此，通过机械的或化学的方法对构件表面进行强化处理，改善表面层质量，将使构件的疲劳强度有明显的提高。

表面热处理和化学处理（例如表面高频感应加热淬火、渗碳、渗氮和液体碳氮共渗等）、冷压机械加工（例如表面滚压和喷丸处理等），都有助于提高构件表面的质量。

>>> 任务实施

一桥式起重机以等加速度提升一重物，如图 3-175 所示。求此时钢丝绳所受的拉力及梁的最大正应力。

解　由动载荷的概念求得钢丝绳提升重物时所受的拉力为

$$F_{Nd} = W\left(1 + \frac{a}{g}\right) = 10\left(1 + \frac{4}{9.8}\right)\text{kN} = 14.08\text{kN}$$

横梁的最大弯矩在中点处，其值为 $M_{\text{dmax}} = \dfrac{F_{\text{Nd}}}{4}l = \dfrac{14.08 \times 6}{4}\text{kN} \cdot \text{m} = 21.12\text{kN} \cdot \text{m}$

查表得 28a 工字钢 $W_z = 508.15\text{cm}^3$，梁的最大应力为

$$\sigma_{\text{dmax}} = \frac{M_{\text{dmax}}}{W_z} = \frac{21.12 \times 10^3 \times 10^3}{508.15 \times 10^3}\text{MPa} = 41.56\text{MPa}$$

思考与练习

1. 动载荷与静载荷有何区别？

2. 砂轮的转速为何要有一定的限制？

3. 何为交变应力？在交变应力中，何为最大应力、最小应力、平均应力、应力幅及应力循环特性？

4. 何为对称循环、非对称循环和脉动循环？它们的循环特征各为何值？试各举一例。

5. 如图 3-182 所示桥式起重机，横梁由两根 32b 工字钢组成，起重机 A 的重力为 20kN，用钢丝绳吊起的物体重力 G 为 60kN。起吊时第 1s 内重物等加速上升 2.5m。求钢丝绳所受的拉力及梁内最大的正应力（考虑梁的自重）。

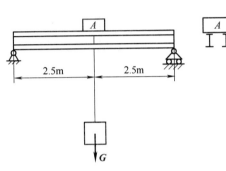

图 3-182 题 5 图

6. 计算图 3-183 所示交变应力的循环特性 r、平均应力 σ_{m}。

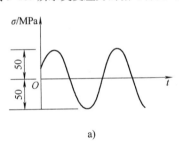

a)

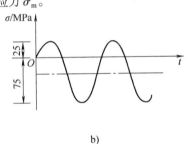

b)

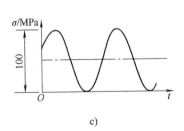

c)

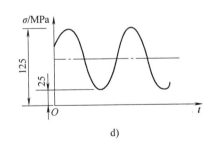

d)

图 3-183 题 6 图

习 题 答 案

5. $T_{\text{d}} = 90.6\text{kN}$，$\sigma_{\text{dmax}} = 97.6\text{MPa}$

附录　热轧型钢常用参数表

附录A　等边角钢截面尺寸、截面面积、理论质量及截面特性（GB/T 706—2016）

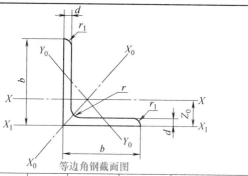

等边角钢截面图

b——边宽度；

d——边厚度；

r——内圆弧半径；

r_1——边端圆弧半径；

Z_0——重心距离。

型号	截面尺寸/mm			截面面积/ cm²	理论重量/ （kg/m）	外表面积/ （m²/m）	惯性矩/ cm⁴				惯性半径/ cm			截面模数/ cm³			重心距离/ cm
	b	d	r				I_x	I_{x1}	I_{x0}	I_{y0}	i_x	i_{x0}	i_{y0}	W_x	W_{x0}	W_{y0}	Z_0
2	20	3	3.5	1.132	0.89	0.078	0.40	0.81	0.63	0.17	0.59	0.75	0.39	0.29	0.45	0.20	0.60
		4		1.459	1.15	0.077	0.50	1.09	0.78	0.22	0.58	0.73	0.38	0.36	0.55	0.24	0.64
2.5	25	3		1.432	1.12	0.098	0.82	1.57	1.29	0.34	0.76	0.95	0.49	0.46	0.73	0.33	0.73
		4		1.859	1.46	0.097	1.03	2.11	1.62	0.43	0.74	0.93	0.48	0.59	0.92	0.40	0.76
3.0	30	3		1.749	1.37	0.117	1.46	2.71	2.31	0.61	0.91	1.15	0.59	0.68	1.09	0.51	0.85
		4		2.276	1.79	0.117	1.84	3.63	2.92	0.77	0.90	1.13	0.58	0.87	1.37	0.62	0.89
3.6	36	3	4.5	2.109	1.66	0.141	2.58	4.68	4.09	1.07	1.11	1.39	0.71	0.99	1.61	0.76	1.00
		4		2.756	2.16	0.141	3.29	6.25	5.22	1.37	1.09	1.38	0.70	1.28	2.05	0.93	1.04
		5		3.382	2.65	0.141	3.95	7.84	6.24	1.65	1.08	1.36	0.7	1.56	2.45	1.00	1.07
4	40	3	5	2.359	1.85	0.157	3.59	6.41	5.69	1.49	1.23	1.55	0.79	1.23	2.01	0.96	1.09
		4		3.086	2.42	0.157	4.60	8.56	7.29	1.91	1.22	1.54	0.79	1.60	2.58	1.19	1.13
		5		3.792	2.98	0.156	5.53	10.7	8.76	2.30	1.21	1.52	0.78	1.96	3.10	1.39	1.17
4.5	45	3	5	2.659	2.09	0.177	5.17	9.12	8.20	2.14	1.40	1.76	0.89	1.58	2.58	1.24	1.22
		4		3.486	2.74	0.177	6.65	12.2	10.6	2.75	1.38	1.74	0.89	2.05	3.32	1.54	1.26
		5		4.292	3.37	0.176	8.04	15.2	12.7	3.33	1.37	1.72	0.88	2.51	4.00	1.81	1.30
		6		5.077	3.99	0.176	9.33	18.4	14.8	3.89	1.36	1.70	0.80	2.95	4.64	2.06	1.33
5	50	3	5.5	2.971	2.33	0.197	7.18	12.5	11.4	2.98	1.55	1.96	1.00	1.96	3.22	1.57	1.34
		4		3.897	3.06	0.197	9.26	16.7	14.7	3.82	1.54	1.94	0.99	2.56	4.16	1.96	1.38
		5		4.803	3.77	0.196	11.2	20.9	17.8	4.64	1.53	1.92	0.98	3.13	5.03	2.31	1.42
		6		5.688	4.46	0.196	13.1	25.1	20.7	5.42	1.52	1.91	0.98	3.68	5.85	2.63	1.46
5.6	56	3	6	3.343	2.62	0.221	10.2	17.6	16.1	4.24	1.75	2.20	1.13	2.48	4.08	2.02	1.48
		4		4.39	3.45	0.220	13.2	23.4	20.9	5.46	1.73	2.18	1.11	3.24	5.28	2.52	1.53
		5		5.415	4.25	0.220	16.0	29.3	25.4	6.61	1.72	2.17	1.10	3.97	6.42	2.98	1.57
		6		6.42	5.04	0.220	18.7	35.3	29.7	7.73	1.71	2.15	1.10	4.68	7.49	3.40	1.61
		7		7.404	5.81	0.219	21.2	41.2	33.6	8.82	1.69	2.13	1.09	5.36	8.49	3.80	1.64
		8		8.367	6.57	0.219	23.6	47.2	37.4	9.89	1.68	2.11	1.09	6.03	9.44	4.16	1.68

（续）

型号	截面尺寸/mm			截面面积/cm²	理论重量/(kg/m)	外表面积/(m²/m)	惯性矩/cm⁴				惯性半径/cm			截面模数/cm³			重心距离/cm
	b	d	r				I_x	I_{x1}	I_{x0}	I_{y0}	i_x	i_{x0}	i_{y0}	W_x	W_{x0}	W_{y0}	Z_0
6	60	5	6.5	5.829	4.58	0.236	19.9	36.1	31.6	8.21	1.85	2.33	1.19	4.59	7.44	3.48	1.67
		6		6.914	5.43	0.235	23.4	43.3	36.9	9.60	1.83	2.31	1.18	5.41	8.70	3.98	1.70
		7		7.977	6.26	0.235	26.4	50.7	41.9	11.0	1.82	2.29	1.17	6.21	9.88	4.45	1.74
		8		9.02	7.08	0.235	29.5	58.0	46.7	12.3	1.81	2.27	1.17	6.98	11.0	4.88	1.78
6.3	63	4	7	4.978	3.91	0.248	19.0	33.4	30.2	7.89	1.96	2.46	1.26	4.13	6.78	3.29	1.70
		5		6.143	4.82	0.248	23.2	41.7	36.8	9.57	1.94	2.45	1.25	5.08	8.25	3.90	1.74
		6		7.288	5.72	0.247	27.1	50.1	43.0	11.2	1.93	2.43	1.24	6.00	9.66	4.46	1.78
		7		8.412	6.60	0.247	30.9	58.6	49.0	12.8	1.92	2.41	1.23	6.88	11.0	4.98	1.82
		8		9.515	7.47	0.247	34.5	67.1	54.6	14.3	1.90	2.40	1.23	7.75	12.3	5.47	1.85
		10		11.66	9.15	0.246	41.1	84.3	64.9	17.3	1.88	2.36	1.22	9.39	14.6	6.36	1.93
7	70	4	8	5.570	4.37	0.275	26.4	45.7	41.8	11.0	2.18	2.74	1.40	5.14	8.44	4.17	1.86
		5		6.876	5.40	0.275	32.2	57.2	51.1	13.3	2.16	2.73	1.39	6.32	10.3	4.95	1.91
		6		8.160	6.41	0.275	37.8	68.7	59.9	15.6	2.15	2.71	1.38	7.48	12.1	5.67	1.95
		7		9.424	7.40	0.275	43.1	80.3	68.4	17.8	2.14	2.69	1.38	8.59	13.8	6.34	1.99
		8		10.67	8.37	0.274	48.2	91.9	76.4	20.0	2.12	2.68	1.37	9.68	15.4	6.98	2.03
7.5	75	5	9	7.412	5.82	0.295	40.0	70.6	63.3	16.6	2.33	2.92	1.50	7.32	11.9	5.77	2.04
		6		8.797	6.91	0.294	47.0	84.6	74.4	19.5	2.31	2.90	1.49	8.64	14.0	6.67	2.07
		7		10.16	7.98	0.294	53.6	98.7	85.0	22.2	2.30	2.89	1.48	9.93	16.0	7.44	2.11
		8		11.50	9.03	0.294	60.0	113	95.1	24.9	2.28	2.88	1.47	11.2	17.9	8.19	2.15
		9		12.83	10.1	0.294	66.1	127	105	27.5	2.27	2.86	1.46	12.4	19.8	8.89	2.18
		10		14.13	11.1	0.293	72.0	142	114	30.1	2.26	2.84	1.46	13.6	21.5	9.56	2.22
8	80	5	9	7.912	6.21	0.315	48.8	85.4	77.3	20.3	2.48	3.13	1.60	8.34	13.7	6.66	2.15
		6		9.397	7.38	0.314	57.4	103	91.0	23.7	2.47	3.11	1.59	9.87	16.1	7.65	2.19
		7		10.86	8.53	0.314	65.6	120	104	27.1	2.46	3.10	1.58	11.4	18.4	8.58	2.23
		8		12.30	9.66	0.314	73.5	137	117	30.4	2.44	3.08	1.57	12.8	20.6	9.46	2.27
		9		13.73	10.8	0.314	81.1	154	129	33.6	2.43	3.06	1.56	14.3	22.7	10.3	2.31
		10		15.13	11.9	0.313	88.4	172	140	36.8	2.42	3.04	1.56	15.6	24.8	11.1	2.35
9	90	6	10	10.64	8.35	0.354	82.8	146	131	34.3	2.79	3.51	1.80	12.6	20.6	9.95	2.44
		7		12.30	9.66	0.354	94.8	170	150	39.2	2.78	3.50	1.78	14.5	23.6	11.2	2.48
		8		13.94	10.9	0.353	106	195	169	44.0	2.76	3.48	1.78	16.4	26.6	12.4	2.52
		9		15.57	12.2	0.353	118	219	187	48.7	2.75	3.46	1.77	18.3	29.4	13.5	2.56
		10		17.17	13.5	0.353	129	244	204	53.3	2.74	3.45	1.76	20.1	32.0	14.5	2.59
		12		20.31	15.9	0.352	149	294	236	62.2	2.71	3.41	1.75	23.6	37.1	16.5	2.67
10	100	6	12	11.93	9.37	0.393	115	200	182	47.9	3.10	3.90	2.00	15.7	25.7	12.7	2.67
		7		13.80	10.8	0.393	132	234	209	54.7	3.09	3.89	1.99	18.1	29.6	14.3	2.71
		8		15.64	12.3	0.393	148	267	235	61.4	3.08	3.88	1.98	20.5	33.2	15.8	2.76
		9		17.46	13.7	0.392	164	300	260	68.0	3.07	3.86	1.97	22.8	36.8	17.2	2.80
		10		19.26	15.1	0.392	180	334	285	74.4	3.05	3.84	1.96	25.1	40.3	18.5	2.84
		12		22.80	17.9	0.391	209	402	331	86.8	3.03	3.81	1.95	29.5	46.8	21.1	2.91
		14		26.26	20.6	0.391	237	471	374	99.0	3.00	3.77	1.94	33.7	52.9	23.4	2.99
		16		29.63	23.3	0.390	263	540	414	111	2.98	3.74	1.94	37.8	58.6	25.6	3.06

（续）

型号	截面尺寸/mm			截面面积/cm²	理论重量/(kg/m)	外表面积/(m²/m)	惯性矩/cm⁴				惯性半径/cm			截面模数/cm³			重心距离/cm
	b	d	r				I_x	I_{x1}	I_{x0}	I_{y0}	i_x	i_{x0}	i_{y0}	W_x	W_{x0}	W_{y0}	Z_0
11	110	7	12	15.20	11.9	0.433	177	311	281	73.4	3.41	4.30	2.20	22.1	36.1	17.5	2.96
		8		17.24	13.5	0.433	199	355	316	82.4	3.40	4.28	2.19	25.0	40.7	19.4	3.01
		10		21.26	16.7	0.432	242	445	384	100	3.38	4.25	2.17	30.6	49.4	22.9	3.09
		12		25.20	19.8	0.431	283	535	448	117	3.35	4.22	2.15	36.1	57.6	26.2	3.16
		14		29.06	22.8	0.431	321	625	508	133	3.32	4.18	2.14	41.3	65.3	29.1	3.24
12.5	125	8	14	19.75	15.5	0.492	297	521	471	123	3.88	4.88	2.50	32.5	53.3	25.9	3.37
		10		24.37	19.1	0.491	362	652	574	149	3.85	4.85	2.48	40.0	64.9	30.6	3.45
		12		28.91	22.7	0.491	423	783	671	175	3.83	4.82	2.46	41.2	76.0	35.0	3.53
		14		33.37	26.2	0.490	482	916	764	200	3.80	4.78	2.45	54.2	86.4	39.1	3.61
		16		37.74	29.6	0.489	537	1050	851	224	3.77	4.75	2.43	60.9	96.3	43.0	3.68
14	140	10	14	27.37	21.5	0.551	515	915	817	212	4.34	5.46	2.78	50.6	82.6	39.2	3.82
		12		32.51	25.5	0.551	604	1100	959	249	4.31	5.43	2.76	59.8	96.9	45.0	3.90
		14		37.57	29.5	0.550	689	1280	1090	284	4.28	5.40	2.75	68.8	110	50.5	3.98
		16		42.54	33.4	0.549	770	1470	1220	319	4.26	5.36	2.74	77.5	123	55.6	4.06
15	150	8		23.75	18.6	0.592	521	900	827	215	4.69	5.90	3.01	47.4	78.0	38.1	3.99
		10		29.37	23.1	0.591	638	1130	1010	262	4.66	5.87	2.99	58.4	95.5	45.5	4.08
		12		34.91	27.4	0.591	749	1350	1190	308	4.63	5.84	2.97	69.0	112	52.4	4.15
		14		40.37	31.7	0.590	856	1580	1360	352	4.60	5.80	2.95	79.5	128	58.8	4.23
		15		43.06	33.8	0.590	907	1690	1440	374	4.59	5.78	2.95	84.6	136	61.9	4.27
		16		45.74	35.9	0.589	958	1810	1520	395	4.58	5.77	2.94	89.6	143	64.9	4.31
16	160	10	16	31.50	24.7	0.630	780	1370	1240	322	4.98	6.27	3.20	66.7	109	52.8	4.31
		12		37.44	29.4	0.630	917	1640	1460	377	4.95	6.24	3.18	79.0	129	60.7	4.39
		14		43.30	34.0	0.629	1050	1910	1670	432	4.92	6.20	3.16	91.0	147	68.2	4.47
		16		49.07	38.5	0.629	1180	2190	1870	485	4.89	6.17	3.14	103	165	75.3	4.55
18	180	12		42.24	33.2	0.710	1320	2330	2100	543	5.59	7.05	3.58	101	165	78.4	4.89
		14		48.90	38.4	0.709	1510	2720	2410	622	5.56	7.02	3.56	116	189	88.4	4.97
		16		55.47	43.5	0.709	1700	3120	2700	699	5.54	6.98	3.55	131	212	97.8	5.05
		18		61.96	48.6	0.708	1880	3500	2990	762	5.50	6.94	3.51	146	235	105	5.13
20	200	14	18	54.64	42.9	0.788	2100	3730	3340	864	6.20	7.82	3.98	145	236	112	5.46
		16		62.01	48.7	0.788	2370	4270	3760	971	6.18	7.79	3.96	164	266	124	5.54
		18		69.30	54.4	0.787	2620	4810	4160	1080	6.15	7.75	3.94	182	294	136	5.62
		20		76.51	60.1	0.787	2870	5350	4550	1180	6.12	7.72	3.93	200	322	147	5.69
		24		90.66	71.2	0.785	3340	6460	5290	1380	6.07	7.64	3.90	236	374	167	5.87
22	220	16	21	68.67	53.9	0.866	3190	5680	5060	1310	6.81	8.59	4.37	200	326	154	6.03
		18		76.75	60.3	0.866	3510	6400	5620	1450	6.79	8.55	4.35	223	361	168	6.11
		20		84.76	66.5	0.865	3870	7110	6150	1590	6.76	8.52	4.34	245	395	182	6.18
		22		92.68	72.8	0.865	4200	7830	6670	1730	6.73	8.48	4.32	267	429	195	6.26
		24		100.5	78.9	0.864	4520	8550	7170	1870	6.71	8.45	4.31	289	461	208	6.33
		26		108.3	85.0	0.864	4830	9280	7690	2000	6.68	8.41	4.30	311	492	221	6.41
25	250	18	24	87.84	69.0	0.985	5270	9380	8370	2170	7.75	9.76	4.97	290	473	224	6.84
		20		97.05	76.2	0.984	5780	10400	9180	2380	7.72	9.73	4.95	320	519	243	6.92
		22		106.2	83.3	0.983	6280	11500	9970	2580	7.69	9.69	4.93	349	564	261	7.00
		24		115.2	90.4	0.984	6770	12500	10700	2790	7.67	9.66	4.92	378	608	278	7.07
		26		124.2	97.5	0.982	7240	13600	11500	2980	7.64	9.62	4.90	406	650	295	7.15
		28		133.0	104	0.982	7700	14600	12200	3180	7.61	9.58	4.89	433	691	311	7.22
		30		141.8	111	0.981	8160	15700	12900	3380	7.58	9.55	4.88	461	731	327	7.30
		32		150.5	118	0.981	8600	16800	13600	3570	7.56	9.51	4.87	488	770	342	7.37
		35		163.4	128	0.980	9240	18400	14600	3850	7.52	9.46	4.86	527	827	364	7.48

注：截面图中的 $r_1 = 1/3d$ 及表中 r 的数据用于孔型设计，不做交货条件。

附录 B　不等边角钢截面尺寸、截面面积、理论质量及截面特性（GB/T 706—2016）

B—长边宽度；
b—短边宽度；
d—边厚度；
r—内圆弧半径；
r₁—边端圆弧半径；
X_0—重心距离；
Y_0—重心距离。

不等边角钢截面图

型号	截面尺寸/mm				截面面积/cm²	理论重量/(kg/m)	外表面积/(m²/m)	惯性矩/cm⁴					惯性半径/cm			截面模数/cm³			tanα	重心距离/cm	
	B	b	d	r				I_x	I_{x1}	I_y	I_{y1}	I_u	i_x	i_y	i_u	W_x	W_y	W_u		X_0	Y_0
2.5/1.6	25	16	3	3.5	1.162	0.91	0.080	0.70	1.56	0.22	0.43	0.14	0.78	0.44	0.34	0.43	0.19	0.16	0.392	0.42	0.86
			4		1.499	1.18	0.079	0.88	2.09	0.27	0.59	0.17	0.77	0.43	0.34	0.55	0.24	0.20	0.381	0.46	0.90
3.2/2	32	20	3		1.492	1.17	0.102	1.53	3.27	0.46	0.82	0.28	1.01	0.55	0.43	0.72	0.30	0.25	0.382	0.49	1.08
			4		1.939	1.52	0.101	1.93	4.37	0.57	1.12	0.35	1.00	0.54	0.42	0.93	0.39	0.32	0.374	0.53	1.12
4/2.5	40	25	3	4	1.890	1.48	0.127	3.08	5.39	0.93	1.59	0.56	1.28	0.70	0.54	1.15	0.49	0.40	0.385	0.59	1.32
			4		2.467	1.94	0.127	3.93	8.53	1.18	2.14	0.71	1.36	0.69	0.54	1.49	0.63	0.52	0.381	0.63	1.37
4.5/2.8	45	28	3	5	2.149	1.69	0.143	4.45	9.10	1.34	2.23	0.80	1.44	0.79	0.61	1.47	0.62	0.51	0.383	0.64	1.47
			4		2.806	2.20	0.143	5.69	12.1	1.70	3.00	1.02	1.42	0.78	0.60	1.91	0.80	0.66	0.380	0.68	1.51
5/3.2	50	32	3	5.5	2.431	1.91	0.161	6.24	12.5	2.02	3.31	1.20	1.60	0.91	0.70	1.84	0.82	0.68	0.404	0.73	1.60
			4		3.177	2.49	0.160	8.02	16.7	2.58	4.45	1.53	1.59	0.90	0.69	2.39	1.06	0.87	0.402	0.77	1.65
5.6/3.6	56	36	3	6	2.743	2.15	0.181	8.88	17.5	2.92	4.7	1.73	1.80	1.03	0.79	2.32	1.05	0.87	0.408	0.80	1.78
			4		3.590	2.82	0.180	11.5	23.4	3.76	6.33	2.23	1.79	1.02	0.79	3.03	1.37	1.13	0.408	0.85	1.82
			5		4.415	3.47	0.180	13.9	29.3	4.49	7.94	2.67	1.77	1.01	0.78	3.71	1.65	1.36	0.404	0.88	1.87
6.3/4	63	40	4	7	4.058	3.19	0.202	16.5	33.3	5.23	8.63	3.12	2.02	1.14	0.88	3.87	1.70	1.40	0.398	0.92	2.04
			5		4.993	3.92	0.202	20.0	41.6	6.31	10.9	3.76	2.00	1.12	0.87	4.74	2.07	1.71	0.396	0.95	2.08

（续）

型号	截面尺寸/mm				截面面积/cm²	理论重量/(kg/m)	外表面积/(m²/m)	惯性矩/cm⁴					惯性半径/cm			截面模数/cm³			tanα	重心距离/cm	
	B	b	d	r	cm²	(kg/m)	(m²/m)	I_x	I_{x1}	I_y	I_{y1}	I_u	i_x	i_y	i_u	W_x	W_y	W_u		X_0	Y_0
6.3/4	63	40	6	7	5.908	4.64	0.201	23.4	50.0	7.29	13.1	4.34	1.96	1.11	0.86	5.59	2.43	1.99	0.393	0.99	2.12
			7		6.802	5.34	0.201	26.5	58.1	8.24	15.5	4.97	1.98	1.10	0.86	6.40	2.78	2.29	0.389	1.03	2.15
7/4.5	70	45	4	7.5	4.553	3.57	0.226	23.2	45.9	7.55	12.3	4.40	2.26	1.29	0.98	4.86	2.17	1.77	0.410	1.02	2.24
			5		5.609	4.40	0.225	28.0	57.1	9.13	15.4	5.40	2.23	1.28	0.98	5.92	2.65	2.19	0.407	1.06	2.28
			6		6.644	5.22	0.225	32.5	68.4	10.6	18.6	6.35	2.21	1.26	0.98	6.95	3.12	2.59	0.404	1.09	2.32
			7		7.658	6.01	0.225	37.2	80.0	12.0	21.8	7.16	2.20	1.25	0.97	8.03	3.57	2.94	0.402	1.13	2.36
7.5/5	75	50	5	8	6.126	4.81	0.245	34.9	70.0	12.6	21.0	7.41	2.39	1.44	1.10	6.83	3.3	2.74	0.435	1.17	2.40
			6		7.260	5.70	0.245	41.1	84.3	14.7	25.4	8.54	2.38	1.42	1.08	8.12	3.88	3.19	0.435	1.21	2.44
			8		9.467	7.43	0.244	52.4	113	18.5	34.2	10.9	2.35	1.40	1.07	10.5	4.99	4.10	0.429	1.29	2.52
			10		11.59	9.10	0.244	62.7	141	22.0	43.4	13.1	2.33	1.38	1.06	12.8	6.04	4.99	0.423	1.36	2.60
8/5	80	50	5	8	6.376	5.00	0.255	42.0	85.2	12.8	21.1	7.66	2.56	1.42	1.10	7.78	3.32	2.74	0.388	1.14	2.60
			6		7.560	5.93	0.255	49.5	103	15.0	25.4	8.85	2.56	1.41	1.08	9.25	3.91	3.20	0.387	1.18	2.65
			7		8.724	6.85	0.255	56.2	119	17.0	29.8	10.2	2.54	1.39	1.08	10.6	4.48	3.70	0.384	1.21	2.69
			8		9.867	7.75	0.254	62.8	136	18.9	34.3	11.4	2.52	1.38	1.07	11.9	5.03	4.16	0.381	1.25	2.73
9/5.6	90	56	5	9	7.212	5.66	0.287	60.5	121	18.3	29.5	11.0	2.90	1.59	1.23	9.92	4.21	3.49	0.385	1.25	2.91
			6		8.557	6.72	0.285	71.0	146	21.4	35.6	12.9	2.88	1.58	1.23	11.7	4.96	4.13	0.384	1.29	2.95
			7		9.881	7.76	0.286	81.0	170	24.4	41.7	14.7	2.86	1.57	1.22	13.5	5.70	4.72	0.382	1.33	3.00
			8		11.18	8.78	0.286	91.0	194	27.2	47.9	16.3	2.85	1.56	1.21	15.3	6.41	5.29	0.380	1.36	3.04
10/6.3	100	63	6	10	9.618	7.55	0.320	99.1	200	30.9	50.5	18.4	3.21	1.79	1.38	14.6	6.35	5.25	0.394	1.43	3.24
			7		11.11	8.72	0.320	113	233	35.3	59.1	21.0	3.20	1.78	1.38	16.9	7.29	6.02	0.394	1.47	3.28
			8		12.58	9.88	0.319	127	266	39.4	67.9	23.5	3.18	1.77	1.37	19.1	8.21	6.78	0.391	1.50	3.32
			10		15.47	12.1	0.319	154	333	47.1	85.7	28.3	3.15	1.74	1.35	23.3	9.98	8.24	0.387	1.58	3.40
10/8	100	80	6	10	10.64	8.35	0.354	107	200	61.2	103	31.7	3.17	2.40	1.72	15.2	10.2	8.37	0.627	1.97	2.95
			7		12.30	9.66	0.354	123	233	70.1	120	36.2	3.16	2.39	1.72	17.5	11.7	9.60	0.626	2.01	3.00
			8		13.94	10.9	0.353	138	267	78.6	137	40.6	3.14	2.37	1.71	19.8	13.2	10.8	0.625	2.05	3.04
			10		17.17	13.5	0.353	167	334	94.7	172	49.1	3.12	2.35	1.69	24.2	16.1	13.1	0.622	2.13	3.12

型号	B	b	r	d																	
11/7	110	70	10	6	10.64	8.35	0.354	133	266	42.9	69.1	25.4	3.54	2.01	1.54	17.9	7.90	6.53	0.403	1.57	3.53
				7	12.30	9.66	0.354	153	310	49.0	80.8	29.0	3.53	2.00	1.53	20.6	9.09	7.50	0.402	1.61	3.57
				8	13.94	10.9	0.353	172	354	54.9	92.7	32.5	3.51	1.98	1.53	23.3	10.3	8.45	0.401	1.65	3.62
				10	17.17	13.5	0.353	208	443	65.9	117	39.2	3.48	1.96	1.51	28.5	12.5	10.3	0.397	1.72	3.70
12.5/8	125	80	11	7	14.10	11.1	0.403	228	455	74.4	120	43.8	4.02	2.30	1.76	26.9	12.0	9.92	0.408	1.80	4.01
				8	15.99	12.6	0.403	257	520	83.5	138	49.2	4.01	2.28	1.75	30.4	13.6	11.2	0.407	1.84	4.06
				10	19.71	15.5	0.402	312	650	101	173	59.5	3.98	2.26	1.74	37.3	16.6	13.6	0.404	1.92	4.14
				12	23.35	18.3	0.402	364	780	117	210	69.4	3.95	2.24	1.72	44.0	19.4	16.0	0.400	2.00	4.22
14/9	140	90	12	8	18.04	14.2	0.453	366	731	121	196	70.8	4.50	2.59	1.98	38.5	17.3	14.3	0.411	2.04	4.50
				10	22.26	17.5	0.452	446	913	140	246	85.8	4.47	2.56	1.96	47.3	21.2	17.5	0.409	2.12	4.58
				12	26.40	20.7	0.451	522	1100	170	297	100	4.44	2.54	1.95	55.9	25.0	20.5	0.406	2.19	4.66
				14	30.46	23.9	0.451	594	1280	192	349	114	4.42	2.51	1.94	64.2	28.5	23.5	0.403	2.27	4.74
15/9	150	90	12	8	18.84	14.8	0.473	442	898	123	196	74.1	4.84	2.55	1.98	43.9	17.5	14.5	0.364	1.97	4.92
				10	23.26	18.3	0.472	539	1120	149	246	89.9	4.81	2.53	1.97	54.0	21.4	17.7	0.362	2.05	5.01
				12	27.60	21.7	0.471	632	1350	173	297	105	4.79	2.50	1.95	63.8	25.1	20.8	0.359	2.12	5.09
				14	31.86	25.0	0.471	721	1570	196	350	120	4.76	2.48	1.94	73.3	28.8	23.8	0.356	2.20	5.17
				15	33.95	26.7	0.471	764	1680	207	376	127	4.74	2.47	1.93	78.0	30.5	25.3	0.354	2.24	5.21
				16	36.03	28.3	0.470	806	1800	217	403	134	4.73	2.45	1.93	82.6	32.3	26.8	0.352	2.27	5.25
16/10	160	100	13	10	25.32	19.9	0.512	669	1360	205	337	122	5.14	2.85	2.19	62.1	26.6	21.9	0.390	2.28	5.24
				12	30.05	23.6	0.511	785	1640	239	406	142	5.11	2.82	2.17	73.5	31.3	25.8	0.388	2.36	5.32
				14	34.71	27.2	0.510	896	1910	271	476	162	5.08	2.80	2.16	84.6	35.8	29.6	0.385	2.43	5.40
				16	39.28	30.8	0.510	1000	2180	302	548	183	5.05	2.77	2.16	95.3	40.2	33.4	0.382	2.51	5.48
18/11	180	110	14	10	28.37	22.3	0.571	956	1940	278	447	167	5.80	3.13	2.42	79.0	32.5	26.9	0.376	2.44	5.89
				12	33.71	26.5	0.571	1120	2330	325	539	195	5.78	3.10	2.40	93.5	38.3	31.7	0.374	2.52	5.98
				14	38.97	30.6	0.570	1290	2720	370	632	222	5.75	3.08	2.39	108	44.0	36.3	0.372	2.59	6.06
				16	44.14	34.6	0.569	1440	3110	412	726	249	5.72	3.06	2.38	122	49.4	40.9	0.369	2.67	6.14
20/12.5	200	125	14	12	37.91	29.8	0.641	1570	3190	483	788	286	6.44	3.57	2.74	117	50.0	41.2	0.392	2.83	6.54
				14	43.87	34.4	0.640	1800	3730	551	922	327	6.41	3.54	2.73	135	57.4	47.3	0.390	2.91	6.62
				16	49.74	39.0	0.639	2020	4260	615	1060	366	6.38	3.52	2.71	152	64.9	53.3	0.388	2.99	6.70
				18	55.53	43.6	0.639	2240	4790	677	1200	405	6.35	3.49	2.70	169	71.7	59.2	0.385	3.06	6.78

注：截面图中的 $r_1 = 1/3d$ 及表中 r 的数据用于孔型设计，不做交货条件。

附录 C　工字钢截面尺寸、截面面积、理论质量及截面特性（GB/T 706—2016）

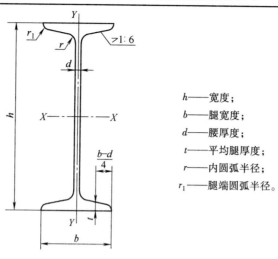

h——宽度；
b——腿宽度；
d——腰厚度；
t——平均腿厚度；
r——内圆弧半径；
r_1——腿端圆弧半径。

工字钢截面图

型号	截面尺寸/mm						截面面积/cm²	理论重量/（kg/m）	外表面积/（m²/m）	惯性矩/cm⁴		惯性半径/cm		截面模数/cm³	
	h	b	d	t	r	r_1				I_x	I_y	i_x	i_y	W_x	W_y
10	100	68	4.5	7.6	6.5	3.3	14.33	11.3	0.432	245	33.0	4.14	1.52	49.0	9.72
12	120	74	5.0	8.4	7.0	3.5	17.80	14.0	0.493	436	46.9	4.95	1.62	72.7	12.7
12.6	126	74	5.0	8.4	7.0	3.5	18.10	14.2	0.505	488	46.9	5.20	1.61	77.5	12.7
14	140	80	5.5	9.1	7.5	3.8	21.50	16.9	0.553	712	64.4	5.76	1.73	102	16.1
16	160	88	6.0	9.9	8.0	4.0	26.11	20.5	0.621	1130	93.1	6.58	1.89	141	21.2
18	180	94	6.5	10.7	8.5	4.3	30.74	24.1	0.681	1660	122	7.36	2.00	185	26.0
20a	200	100	7.0	11.4	9.0	4.5	35.55	27.9	0.742	2370	158	8.15	2.12	237	31.5
20b	200	102	9.0	11.4	9.0	4.5	39.55	31.1	0.746	2500	169	7.96	2.06	250	33.1
22a	220	110	7.5	12.3	9.5	4.8	42.10	33.1	0.817	3400	225	8.99	2.31	309	40.9
22b	220	112	9.5	12.3	9.5	4.8	46.50	36.5	0.821	3570	239	8.78	2.27	325	42.7
24a	240	116	8.0	13.0	10.0	5.0	47.71	37.5	0.878	4570	280	9.77	2.42	381	48.4
24b	240	118	10.0	13.0	10.0	5.0	52.51	41.2	0.882	4800	297	9.57	2.38	400	50.4
25a	250	116	8.0	13.0	10.0	5.0	48.51	38.1	0.898	5020	280	10.2	2.40	402	48.3
25b	250	118	10.0	13.0	10.0	5.0	53.51	42.0	0.902	5280	309	9.94	2.40	423	52.4
27a	270	122	8.5	13.7	10.5	5.3	54.52	42.8	0.958	6550	345	10.9	2.51	485	56.6
27b	270	124	10.5	13.7	10.5	5.3	59.92	47.0	0.962	6870	366	10.7	2.47	509	58.9
28a	280	122	8.5	13.7	10.5	5.3	55.37	43.5	0.978	7110	345	11.3	2.50	508	56.6
28b	280	124	10.5	13.7	10.5	5.3	60.97	47.9	0.982	7480	379	11.1	2.49	534	61.2
30a	300	126	9.0	14.4	11.0	5.5	61.22	48.1	1.031	8950	400	12.1	2.55	597	63.5
30b	300	128	11.0	14.4	11.0	5.5	67.22	52.8	1.035	9400	422	11.8	2.50	627	65.9
30c	300	130	13.0	14.4	11.0	5.5	73.22	57.5	1.039	9850	445	11.6	2.46	657	68.5

（续）

型号	截面尺寸/mm						截面面积/cm²	理论重量/(kg/m)	外表面积/(m²/m)	惯性矩/cm⁴		惯性半径/cm		截面模数/cm³	
	h	b	d	t	r	r_1				I_x	I_y	i_x	i_y	W_x	W_y
32a		130	9.5				67.12	52.7	1.084	11100	460	12.8	2.62	692	70.8
32b	320	132	11.5	15.0	11.5	5.8	73.52	57.7	1.088	11600	502	12.6	2.61	726	76.0
32c		134	13.5				79.92	62.7	1.092	12200	544	12.3	2.61	760	81.2
36a		136	10.0				76.44	60.0	1.185	15800	552	14.4	2.69	875	81.2
36b	360	138	12.0	15.8	12.0	6.0	83.64	65.7	1.189	16500	582	14.1	2.64	919	84.3
36c		140	14.0				90.84	71.3	1.193	17300	612	13.8	2.60	962	87.4
40a		142	10.5				86.07	67.6	1.285	21700	660	15.9	2.77	1090	93.2
40b	400	144	12.5	16.5	12.5	6.3	94.07	73.8	1.289	22800	692	15.6	2.71	1140	96.2
40c		146	14.5				102.1	80.1	1.293	23900	727	15.2	2.65	1190	99.6
45a		150	11.5				102.4	80.4	1.411	32200	855	17.7	2.89	1430	114
45b	450	152	13.5	18.0	13.5	6.8	111.4	87.4	1.415	33800	894	17.4	2.84	1500	118
45c		154	15.5				120.4	94.5	1.419	35300	938	17.1	2.79	1570	122
50a		158	12.0				119.2	93.6	1.539	46500	1120	19.7	3.07	1860	142
50b	500	160	14.0	20.0	14.0	7.0	129.2	101	1.543	48600	1170	19.4	3.01	1940	146
50c		162	16.0				139.2	109	1.547	50600	1220	19.0	2.96	2080	151
55a		166	12.5				134.1	105	1.667	62900	1370	21.6	3.19	2290	164
55b	550	168	14.5				145.1	114	1.671	65600	1420	21.2	3.14	2390	170
55c		170	16.5	21.0	14.5	7.3	156.1	123	1.675	68400	1480	20.9	3.08	2490	175
56a		166	12.5				135.4	106	1.687	65600	1370	22.0	3.18	2340	165
56b	560	168	14.5				146.6	115	1.691	68500	1490	21.6	3.16	2450	174
56c		170	16.5				157.8	124	1.695	71400	1560	21.3	3.16	2550	183
63a		176	13.0				154.6	121	1.862	93900	1700	24.5	3.31	2980	193
63b	630	178	15.0	22.0	15.0	7.5	167.2	131	1.866	98100	1810	24.2	3.29	3160	204
63c		180	17.0				179.8	141	1.870	102000	1920	23.8	3.27	3300	214

注：表中 r、r_1 的数据用于孔型设计，不做交货条件。

附录 D 槽钢截面尺寸、截面面积、理论质量及截面特性（GB/T 706—2016）

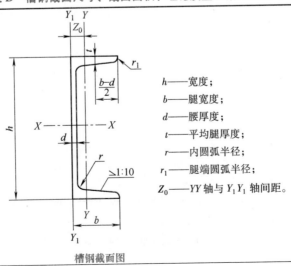

h——宽度；

b——腿宽度；

d——腰厚度；

t——平均腿厚度；

r——内圆弧半径；

r_1——腿端圆弧半径；

Z_0——YY 轴与 Y_1Y_1 轴间距。

槽钢截面图

（续）

型号	截面尺寸/mm						截面面积/cm²	理论重量/(kg/m)	外表面积/(m²/m)	惯性矩/cm⁴			惯性半径/cm		截面模数/cm³		重心距离/cm
	h	b	d	t	r	r_1				I_x	I_y	I_{y1}	i_x	i_y	W_x	W_y	Z_0
5	50	37	4.5	7.0	7.0	3.5	6.925	5.44	0.226	26.0	8.30	20.9	1.94	1.10	10.4	3.55	1.35
6.3	63	40	4.8	7.5	7.5	3.8	8.446	6.63	0.262	50.8	11.9	28.4	2.45	1.19	16.1	4.50	1.36
6.5	65	40	4.3	7.5	7.5	3.8	8.292	6.51	0.267	55.2	12.0	28.3	2.54	1.19	17.0	4.59	1.38
8	80	43	5.0	8.0	8.0	4.0	10.24	8.04	0.307	101	16.6	37.4	3.15	1.27	25.3	5.79	1.43
10	100	48	5.3	8.5	8.5	4.2	12.74	10.0	0.365	198	25.6	54.9	3.95	1.41	39.7	7.80	1.52
12	120	53	5.5	9.0	9.0	4.5	15.36	12.1	0.423	346	37.4	77.7	4.75	1.56	57.7	10.2	1.62
12.6	126	53	5.5	9.0	9.0	4.5	15.69	12.3	0.435	391	38.0	77.1	4.95	1.57	62.1	10.2	1.59
14a	140	58	6.0	9.5	9.5	4.8	18.51	14.5	0.480	564	53.2	107	5.52	1.70	80.5	13.0	1.71
14b	140	60	8.0	9.5	9.5	4.8	21.31	16.7	0.484	609	61.1	121	5.35	1.69	87.1	14.1	1.67
16a	160	63	6.5	10.0	10.0	5.0	21.95	17.2	0.538	866	73.3	144	6.28	1.83	108	16.3	1.80
16b	160	65	8.5	10.0	10.0	5.0	25.15	19.8	0.542	935	83.4	161	6.10	1.82	117	17.6	1.75
18a	180	68	7.0	10.5	10.5	5.2	25.69	20.2	0.596	1270	98.6	190	7.04	1.96	141	20.0	1.88
18b	180	70	9.0	10.5	10.5	5.2	29.29	23.0	0.600	1370	111	210	6.84	1.95	152	21.5	1.84
20a	200	73	7.0	11.0	11.0	5.5	28.83	22.6	0.654	1780	128	244	7.86	2.11	178	24.2	2.01
20b	200	75	9.0	11.0	11.0	5.5	32.83	25.8	0.658	1910	144	268	7.64	2.09	191	25.9	1.95
22a	220	77	7.0	11.5	11.5	5.8	31.83	25.0	0.709	2390	158	298	8.67	2.23	218	28.2	2.10
22b	220	79	9.0	11.5	11.5	5.8	36.23	28.5	0.713	2570	176	326	8.42	2.21	234	30.1	2.03
24a	240	78	7.0	12.0	12.0	6.0	34.21	26.9	0.752	3050	174	325	9.45	2.25	254	30.5	2.10
24b	240	80	9.0	12.0	12.0	6.0	39.01	30.6	0.756	3280	194	355	9.17	2.23	274	32.5	2.03
24c	240	82	11.0	12.0	12.0	6.0	43.81	34.4	0.760	3510	213	388	8.96	2.21	293	34.4	2.00
25a	250	78	7.0	12.0	12.0	6.0	34.91	27.4	0.722	3370	176	322	9.82	2.24	270	30.6	2.07
25b	250	80	9.0	12.0	12.0	6.0	39.91	31.3	0.776	3530	196	353	9.41	2.22	282	32.7	1.98
25c	250	82	11.0	12.0	12.0	6.0	44.91	35.3	0.780	3690	218	384	9.07	2.21	295	35.9	1.92
27a	270	82	7.5	12.5	12.5	6.2	39.27	30.8	0.826	4360	216	393	10.5	2.34	323	35.5	2.13
27b	270	84	9.5	12.5	12.5	6.2	44.67	35.1	0.830	4690	239	428	10.3	2.31	347	37.7	2.06
27c	270	86	11.5	12.5	12.5	6.2	50.07	39.3	0.834	5020	261	467	10.1	2.28	372	39.8	2.03
28a	280	82	7.5	12.5	12.5	6.2	40.02	31.4	0.846	4760	218	388	10.9	2.33	340	35.7	2.10
28b	280	84	9.5	12.5	12.5	6.2	45.62	35.8	0.850	5130	242	428	10.6	2.30	366	37.9	2.02
28c	280	86	11.5	12.5	12.5	6.2	51.22	40.2	0.854	5500	268	463	10.4	2.29	393	40.3	1.95
30a	300	85	7.5	13.5	13.5	6.8	43.89	34.5	0.897	6050	260	467	11.7	2.43	403	41.1	2.17
30b	300	87	9.5	13.5	13.5	6.8	49.89	39.2	0.901	6500	289	515	11.4	2.41	433	44.0	2.13
30c	300	89	11.5	13.5	13.5	6.8	55.89	43.9	0.905	6950	316	560	11.2	2.38	463	46.4	2.09
32a	320	88	8.0	14.0	14.0	7.0	48.50	38.1	0.947	7600	305	552	12.5	2.50	475	46.5	2.24
32b	320	90	10.0	14.0	14.0	7.0	54.90	43.1	0.951	8140	336	593	12.2	2.47	509	49.2	2.16
32c	320	92	12.0	14.0	14.0	7.0	61.30	48.1	0.955	8690	374	643	11.9	2.47	543	52.6	2.09

（续）

型号	截面尺寸/mm						截面面积/ cm²	理论重量/ (kg/m)	外表面积/ (m²/m)	惯性矩/cm⁴			惯性半径 /cm		截面模数 /cm³		重心距离/cm
	h	b	d	t	r	r_1	cm²	(kg/m)	(m²/m)	I_x	I_y	I_{y1}	i_x	i_y	W_x	W_y	Z_0
36a		96	9.0				60.89	47.8	1.053	11900	455	818	14.0	2.73	660	63.5	2.44
36b	360	98	11.0	16.0	16.0	8.0	68.09	53.5	1.057	12700	497	880	13.6	2.70	703	66.9	2.37
36c		100	13.0				75.29	59.1	1.061	13400	536	948	13.4	2.67	746	70.0	2.34
40a		100	10.5				75.04	58.9	1.144	17600	592	1070	15.3	2.81	879	78.8	2.49
40b	400	102	12.5	18.0	18.0	9.0	83.04	65.2	1.148	18600	640	1140	15.0	2.78	932	82.5	2.44
40c		104	14.5				91.04	71.5	1.152	19700	688	1220	14.7	2.75	986	86.2	2.42

注：表中 r、r_1 的数据用于孔型设计，不做交货条件。

参 考 文 献

［1］张秉荣. 工程力学［M］. 4 版. 北京：机械工业出版社，2011.

［2］范钦珊，唐静静，刘荣梅. 工程力学［M］. 2 版. 北京：清华大学出版社，2012.

［3］刘鸿文. 材料力学［M］. 6 版. 北京：高等教育出版社，2017.

［4］陈为官. 工程力学［M］. 3 版. 北京：高等教育出版社，2012.

［5］张春梅，段翠芳. 工程力学. 哈尔滨：哈尔滨工程大学出版社，2010.

［6］刘思俊. 工程力学［M］. 4 版. 北京：机械工业出版社，2019.